쉽게쓴
후성유전학

EPIGENETICS by Richard C. Francis

Copyright ⓒ 2011 by Richard C. Francis
All rights reserved.

Korean Translation Copyright ⓒ 2013 by SIGONGSA Co., Ltd.
This Korean translation edition is published by arrangement with
W. W. Norton & Co., New York through Duran Kim Agency, Seoul.

이 책의 한국어판 저작권은 듀란킴 에이전시를 통해
W. W. Norton & Co. 와 독점 계약한 ㈜SIGONGSA에 있습니다.
저작권법에 의해 한국 내에서 보호를 받는 저작물이므로 무단 전재와 무단 복제를 금합니다.

쉽게쓴
후성유전학

21세기를 바꿀 새로운 유전학을 만나다

리처드 C. 프랜시스 지음
김명남 옮김

SIGONGSA

| 서문 |

유전자가 입은 옷

이런 수수께끼가 있다. 이제 갓 스무 살이 된 두 형제의 사례다. 앨이라는 이름의 한 아이는 전형적인 청년의 모습이다. 그러나 다른 한 아이인 보는 전혀 그 나이의 청년답지 않다. 보는 사춘기가 지나지 않은 남자처럼 보인다. 근육은 빈약하고, 수염은 한 가닥도 없고, 목소리도 그런 모습에 어울리는 톤이다. 당연히 형제의 어머니는 보가 걱정되었다. 그래서 보가 막 스무 살을 넘기자 마침내 그를 설득하여 의사에게 보였다. 보가 옷을 벗자, 의사는 한눈에 무언가 부족하다는 것을 알아차렸다. 보는 생식기가 없었다. 좀 더 면밀하게 보니 생식기가 있기는 있었지만, 스무 살 청년의 생식기라고 할 만한 것은 아니었다. 그것은 흔적기관처럼 보였다. 의사는 성 발달 장애의 일종인 칼만 증후군Kallmann syndrome이라고 진단했다.[1] 여기에서 수수께끼는 앨과 보가 자연의 클론(복제)인 일란성 쌍둥이라는 점이다. 대체 보에게는 무슨 일이 벌어진 걸까? 왜 그 일이 앨에게는 벌어지지 않았을까?

칼만 증후군은 몇 가지 발달 장애를 함께 드러내는데, 그 조합은 언뜻 기묘해 보인다. 성 발달뿐만 아니라 후각도 영향을 받는다. 환자는 후각이 몹시 손상된 상태고, 냄새를 전혀 못 맡는 경우도 있다. 희한해 보이는 이 연관성은 배아의 뇌에서 후각 기원판olfactory placode의 발달에 문제가 있을 때 칼만 증후군이 발생한다는 사실을 반영한다.[2] 이름이 암시하듯, 후각 기원판은 뇌에서 후각의 발달을 담당하는 영역이다. 그런데 역시 후각 기원판에서 비롯한 몇몇 뉴런(신경세포)들은 성 발달에서도 중요한 역할을 맡는다. 정상적인 성 발달 과정에서는 그 뉴런들이 후각 기원판에서 시상하부로 이동하지만, 칼만 증후군 환자는 그 이동 과정이 망가진 상태다.

따라서 형제 중에서 성 발달이 손상된 것은 보뿐이지만 앨도 보처럼 후각이 손상된 상태라는 점은 주목할 만하다. 사실은 둘 다 칼만 증후군인 것이다. 그렇다면 왜 보만 증상이 심할까? 칼만 증후군은 일반적으로 유전 질환이라고 알려져 있다.[3] 그러나 보의 상태를 만든 유전적 결함이 무엇이든, 앨과 보는 그 요소를 똑같이 공유하고 있다. 그렇다면 그들이 공유하지 않은 것은 무엇일까? 앨과 보의 이야기는 실제 사례를 바탕으로 한 것인데,[4] 이는 유전적 일란성 쌍둥이들의 불일치discordance 사례 중에서도 극적인 경우에 해당한다. 물론, 자연의 클론들이 완벽하게 동일한 것은 아니다. 한때 일란성 쌍둥이를 '동일한 쌍둥이identical twins'라고 불렀지만 지금은 '일란성 쌍둥이

monozygotic twins'라고 부르는 것은 바로 그 때문이다(우리말로는 어차피 모두 일란성 쌍둥이로 옮긴다 – 옮긴이).⁵ 일란성 쌍둥이의 불일치는 사실상 무작위적으로 발생하는 생화학적 과정들 때문에 생길 때가 많다. 그런 생화학적 무작위성 중에서 한 형태는 우리가 잘 아는 것으로, 바로 DNA 서열을 바꿔놓는 돌연변이다. 보의 DNA가 수정란 분열 이후에 돌연변이를 일으켰을 가능성은 아주 없지는 않지만 낮다. 그런 경우에는 두 쌍둥이가 유전적으로 다를 것이다. 그보다는 앨과 보의 차이가 후성유전적 차이일 가능성이 더 높다. 후성유전epigenetic이란 DNA 서열 자체를 바꾸지는 않으면서도 장기적으로 DNA에 변화를 일으키는 현상을 말한다. 아마도 앨의 DNA가 칼만 증후군을 완화시키는 방향으로 후성유전적으로 바뀌었거나, 보의 DNA가 증후군을 악화시키는 방향으로 후성유전적으로 바뀌었거나, 둘 중 하나일 것이다.

　벌거벗은 상태의 유전자는 그 유명한 이중나선 형태의 DNA다. 그러나 우리 세포 속 유전자들은 벌거벗은 상태일 때가 거의 없다. 유전자들은 다른 다양한 유기 분자들로 이루어진 옷을 입고 있다. 달리 말해, 그 분자들은 유전자와 화학결합을 하고 있다. 이런 화학적 부착물들은 왜 중요할까? 그것들이 자신이 결합한 유전자의 행동을 바꾸어, 유전자의 활성을 더 높이거나 낮출 수 있기 때문이다. 부착물들은 오랫동안 붙어 있을 수 있기 때문에 더 중요한데, 심지어 평생 붙어 있는 경우도 있다. 후성유전학은 이렇게 장기적으로 유전자를 조절하는 부착물들이 어떻게 붙고 떨어지는지를 연구한다.[6] 후성유전적 부착과 분리가 돌연변이처럼 대체로 무작위로 벌어질 때도 있지만, 후성유전적 변화는 우리의 환경, 우리가 먹는 음식, 우리가 노출된 오염물질, 심지어 우리의 사회적 상호작용에 대한 반응으로서 벌어질 때가 더 많다. 후성유전적 과정은 환경과 유전자의 접점에서 벌어지는 것이다.

쌍둥이 앨과 보에게 돌아가보자. 그들의 후성유전적 차이가 무작위적 현상인지 환경에 의해 유도된 현상인지 가려내기는 불가능하다. 이 특정한 사례에 정확히 어떤 유전자가 관여하는지를 알아내기도 어렵다. 어쩌면 칼만 증후군에 연관된 돌연변이를 일으켰던 유전자일 수도 있고, 그 유전자는 아니지만 역시 성 발달에 영향을 끼치는 다른 유전자에서 후성유전적 차이가 생겼을 수도 있다. 과학자들은 하나의 사례만 연구해서는 이런 문제를 결정할 수 없다.

앨과 보는 평생 후성유전적으로 서로 다르게 변해갈 것이다. 후성유전적 차이들 때문에 앨 혹은 보가 상대 형제보다 알츠하이머병, 루푸스(전신 홍반성 루푸스), 암에 더 취약할 수도 있다. 이것은 가능성 있는 여러 질환들 중에서 몇 가지만 꼽은 것인데,[7] 특히 암은 후성유전적 측면에서 많이 연구되었다. 암세포에서는 많은 유전자가 정상적인 메틸 부착물을 잃어버린다. 달리 말해, 탈메틸화 demethylation 된다. 탈메틸화는 갖가지 비정상적인 유전자 활동을 일으키는데, 그중 하나가 세포의 마구잡이 증식이다. 어느 하나의 특정한 돌연변이가 아니라 이런 전체적인 탈메틸화야말로 암의 고유한 특징이다. 이것은 좋은 소식이다. 돌연변이와는 달리 후성유전적 변화는 되돌릴 수 있기 때문이다. 후성유전학적 의학의 목표는 주로 병리적인 후성유전적 사건들을 되돌릴 방법을 찾는 것이다. 그래서 요즘 많은 사람은 후성유전학에 의학 혁명의 잠재력이 담겨 있다고 본다.

후성유전학이 활발하게 적용되는 또 다른 분야는 태내 환경을 연구하는 것이다. 앨과 보는 쌍둥이가 아닌 보통의 형제들보다는 후성유전적 차이가 적다. 두 사람은 평생 비슷한 환경을 공유하기 때문이다. 두 사람이 자궁에서 경험했던 환경은 특히 더 그랬다. 그 시기에 그들의 어머니가 먹었던 모든 음식은 두 사람에게 똑같은 영향을 미쳤을 것이다. 어머니가 임신 중에 겪었던 스트레스도 모두 마찬가지다. 반면에 보통의 형제들은 서로 상당히 다른 태내 환경을 경험했을 수 있고, 그로 인한 후성유전적 변화 때문에 한 형제가 다른 형제보다 비만, 당뇨, 심장질환, 동맥경화증, 나아가 우울증, 불안증, 정신분열증에까지 더 취약할 수 있다.

후성유전학에서 일반적으로 화제가 되는 주제는 우리를 아프게 만드는 질병의 문제지만, 생물학자들은 그와는 다른 종류의 후성유전적 과정들을 더 근본적인 문제로 여긴다. 특히 중요한 것은 어떻게 수정란이 나나 당신과 같은 성체로 자라는가 하는 발생의 문제다. 발생의 문제는 몇 가지 하위 문제들로 더 나뉘는데, 그중 하나인 세포 분화의 문제에 관해서는 후성유전학이 이미 중요한 진전을 이루었다. 모든 인간은 한때 줄기세포stem cell 라는 일반적인 세포(여기에서 '일반적인generic '이란 어떤 구체적인 세포 종류의 성격도 띠지 않는다는 뜻이다 – 옮긴이)로 만들어진 속 빈 공의 단계를 거친다. 줄기세포들은 유전적으로 서로 같을 뿐만 아니라, 물리적으로도 구별이 불가능할 만큼 같다. 그렇다면 어떻게 우리가 피부세포, 혈액세포, 뉴런, 근육세포, 뼈세포 등 다양한 세포들을 갖게 될까? 게다가 이 세포들은 유전적으로는 여전히 모두 같지 않은가? 후성유전학은 이 수수께끼를 풀 열쇠를 쥐고 있다.

후성유전학은 유전에 관한 몇 가지 수수께끼를 풀 정보도 준다. 우리의 아버지와 어머니가 우리에게 물려주는 유전적 기여는 서로 내용은 다르지만 동등하다. 그런데 아버지와 어머니가 물려주는 후성유전학적 기여는 서로 다른 것은 물론이거니와 동등하지도 않다. 어떤 유전자는 우리가 그것을 아버지로부터 받았는가 어머니로부터 받았는가에 따라 차이가 있는 것이다. 우리가 그 유전자를 어머니로부터 받았을 때는 유전자가 후성유전적으로 활성화하지만, 아버지로부터 받았을 때는 비활성화한다(혹은 그 반대다). 또 어떤 후성유전적 상태는 조부모로부터 손자에게까지 전달되는데, 그런 상태 중에서도 일부는 환경에 의해 유도된 변화다.

이 책은 후성유전학이라는 흥미진진한 신생 분야에 익숙하지 않은 보통 사람들을 위한 안내서다. 나는 이 중요한 주제를 알고 싶어 하는 비전문가들을 위해 이 책을 썼다. 후성유전학의 범위는 몹시 방대하기 때문에, 이 책에서 종합적으로 모두 논하기는 어렵다. 내가 염두에 둔 독자들을 생각한다면 그렇게 하는 것이 바람직하지도 않다. 그저 독자들이 이 분야가 어떻게 돌아가는지를 파악할 수 있기를 바라는 마음에서, 나는 후성유전학의 주요한 부분들만을 이야기할 것이다.

내가 책을 쓰면서 두 번째로 염두에 둔 것은 후성유전학의 의미를 논하는 것이다. 후성유전학은 유전자에 대한 우리의 시각을 대대적으로 바꿔놓을 것이다. 유전자란 무엇이고, 무슨 일을 하고, 특히 수정란에서 성체로의 발생에 어떤 역할을 하는지에 대한 기존의 시각을 바꿔놓을 것이다. 전통적인 시각에서 유전자는 발생 과정을 안내하는 감독처럼 기능한다. 그러나 내가 지지하는 대안적 시각에서는 세포 차원에 감독 기능이 존재하고, 유전자는 세포가 활용하는 하나의 자원으로 기능한다. 나는 이 주제에 별반 흥미가 없는 독자라도 후성유전학에 관한 귀중한 정보를 얻을 수 있도록 관련 자료를 많이 넣었다.

책에서 나는 사람과 직접적으로 관계된 연구들을 강조하려고 노력했다. 일반 독자들과 소통하려면 그 방법이 좋다고 생각했기 때문이다. 그러나 사실 사람은, 윤리적인 이유에서나 현실적인 이유에서나, 연구 대상으로 그다지 바람직하지 않다. 훌륭한 후성유전학 연구는 식물을 대상으로 한 것이 많지만, 나는 사람과 더 가까운 다른 적절한 사례가 없을 때만 그 작업들을 언급할 것이다. 식물보다는 동물에 집중할 것이고, 특히 포유류에게 집중할 것이다. 나는 많은 대중 과학책이 따르는 규범에 충실하여 특정 실험실, 특정 연구자, 특정 실험을 강조하지는 않을 것이다. 이야기의 흐름을 매끄럽게 하기 위해서도 그렇지만, 어차피 이 책은 한 사람 또는 소수의 작업을 중점적으로 서술하기에는 너무나 넓은 영역을 다루는 데다가 너무나 많은 연구자의 작업을 소개하고 있다. 나는 독자들이 그런 사항보다도 이 연구들이 밝혀낸 결과에 줄곧 집중하기를 바란다. 책에 소개된 연구자나 실험에 관심이 있어서 더 많은 정보를 원하는 독자는 '주'를 참고하기를 바란다.

또한 나는 전문적인 서술을 피하려고 최대한 노력했다. 더 상세한 내용에 관심이 있는 독자는 역시 각 장의 '주'를 참고하라. 나는 후성유전학의 여러 주제들을 나름의 순서에 따라 살펴보았으므로, 각 장은 어느 정도 앞선 장들의 내용을 바탕에 깔고 있다.

1장은 제2차 세계대전 당시 네덜란드의 기근과 그 후성유전적 영향이라는 역사적 사건을 다룬다. 이어지는 장들에서는 어떻게 기근이 어머니의 배 속에서 직접 그것을 겪은 사람들뿐 아니라 그 자녀들에게까지 건강에 장기적으로 영향을 미치는지 이해하는 데 필요한 도구를 차례차례 배워나갈 것이다. 2장에서는 후성유전학을 이해하는 데 꼭 필요한 기초적인 유전학적 배경 정보를 알아본다. 여기에는 유전자 조절이라는 핵심 개념이 포함된다. 3장은 평범한 유전자 조절, 즉 우리가 후성유전적 유전자 조절을 알기 전까지 유전자 조절에 대해 알았던 내용을 다룬다. 이어지는 4, 5, 6장은 후성유전적 유전자 조절을 파헤치고, 그것이 어떻게 자궁에서부터 환경의 영향을 받는지를 살펴본다. 7장에서는 후성유전적 상태가 유전되는 현상으로 시선을 돌린다. 여기에는 태내 환경과 사회적 환경에 의해 유도되는 상태들도 포함되어 있다. 이 단계에 다다르면, 우리는 네덜란드 기근의 영향이 오늘날까지 지속되는 이유를 더 잘 이해할 수 있을 것이다. 책의 나머지 부분에서는 네덜란드 기근 사례로부터 알아낼 수 있는 후성유전학적 정보를 넘어, 생물학자들이 후성유전학의 가장 중요한 응용으로 여기는 작업들을 살펴본다. 여기에는 줄기세포 연구와 암이 포함된다.

| 차례 |

서문_유전자가 입은 옷 • 5

1부
후성유전학과의 만남

1장_환경이 어떻게 유전자를 바꾸는가 • 19
2장_유전학이란 무엇인가 • 29
3장_유전자 조절에 관해 • 48

2부
후성유전과 유전

4장_사회화한 유전자 • 65
5장_태내 환경과 비만의 상관성 • 87
6장_외상과 모성, 그리고 유전 • 108

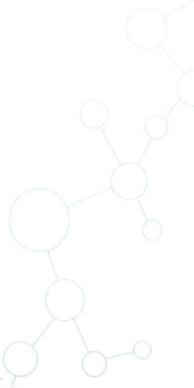

3부
후성유전적 효과

7장_후성유전적 유전이란 • 127
8장_X염색체의 활약과 X-우먼 • 147
9장_각인된 유전자 • 164

4부
후성유전적 과정의 이해

10장_전성설 vs. 후성설 • 183
11장_후성유전과 암 • 208

후기 _ 야누스 유전자 • 232

주 • 236
참고문헌 • 256
찾아보기 • 289

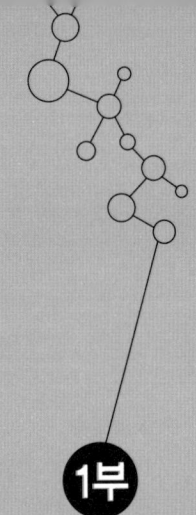

1부
후성유전학과의 만남

1장_환경이 어떻게 유전자를 바꾸는가

2장_유전학이란 무엇인가

3장_유전자 조절에 관해

EPIGENETICS

1장

환경이 어떻게 유전자를 바꾸는가

제2차 세계대전의 잔학 행위 중에서도 가장 덜 알려진 사건 중 하나는 전쟁이 끝을 향해 가던 무렵에 저질러졌다. 1944년 9월, 독일군은 유럽 대부분의 지역에서 퇴각하는 중이었다. 그러나 네덜란드 북서부의 인구 밀집 지역만큼은 거점으로 유지하고 있었는데, 그곳은 점차 퇴색하는 나치의 대의에서 전략적으로나 상징적으로나 중요한 장소였다.

그런데 연합군이 남쪽에서 접근해오며 독일군의 통제력에 위협을 가했고, 네덜란드 망명 정부는 연합군을 지원하고자 철도 파업을 지시했다. 연합군은 아르헴 지역에서 멈췄지만, 독일군은 철도 파업과 네덜란드 빨치산의 적대 행위에 보복하는 의미에서 식량 봉쇄 조치를 내렸다. 안타깝게도 봉쇄는 유달리 혹한이었던 겨울의 시작과 맞물렸다. 운하가 얼어붙어, 배를 이용한 운송마저 중단되었다. 더구나 퇴각하는 독일군은 남쪽에서 전진해오는 연합군에 대응할 요량으로 그나마 남은 운송 하부구조를 파괴했고, 네덜란드 서부 농경지의 대부분을 범람시켰다.

11월 말이 되자, 암스테르담을 포함한 네덜란드 서부 주요 도시들의 시민들은 대부분 하루에 겨우 1,000칼로리를 섭취했다. 정상적인 상황에서 활동적인 여성이 하루 2,300칼로리를 섭취하고 활동적인 남성이 2,900칼로리를 섭취하는 것에 비하면 엄청나게 줄어든 셈이었다.[1] 1945년 2월 말, 네덜란드 서부 일부 지역에서는 식량 배급이 580칼로리까지 떨어졌다. 도시 거주자들은 주로 빵, 감자, 각설탕으로 이루어진 빈약한 식사를 보충하고자 근처 농장까지 수 킬로미터를 걸어가서 무엇이든 자신이 가진 것과 식량을 교환했다. 교환할 것이 없는 사람들은 최후의 수단으로 튤립 구근과 사탕무를 먹었다. 기근의 피해를 가장 크게 입은 사람들은 네덜란드 서부 주요 도시들의 시민이었고, 그중에서도 빈곤층과 중산층이었다. 서부에서도 시골에 거주하는 농부들은 자급자족할 수 있었다. 네덜란드 인구의 절반가량이 사는 동부는 대체로 기근을 겪지 않았다.

1945년 5월에 연합군이 네덜란드를 해방시켰을 때는 네덜란드 서부에서 이미 2만 2,000명이 죽은 뒤였다. 전통적으로 기근의 영향을 측정하는 잣대는 굶어 죽은 사람의 수다. 그러나 알고 보니 이 잣대는 적절하지 못했다. 기근에서 살아남은 사람들도 심각한 악영향을 받았고, 심지어 어머니의 자궁 속에서 기근을 겪은 아이들도 그랬기 때문이다. 이들은 영양실조에 대한 선구적인 조사로서 오늘날까지도 이어지는 '네덜란드 기근 출생 코호트cohort(인구통계학적 연구에서 조사의 핵심이 되는 특성을 공유하는 인구 집단 - 옮긴이) 연구'의 대상이 되었다.²

네덜란드 기근은 그것이 시작된 날짜와 끝난 날짜가 정확하게 밝혀졌다는 점에서 독특했다. 게다가 네덜란드 사람들은 그 기간 동안 모든 시민들의 건강 기록을 꼼꼼하게 작성하여 보관해두었다. 두 조건 덕분에, 네덜란드 기근은 과학자들이 자연 실험natural experiment이라고 부르는 상황이 되었다. 누구보다 먼저 이 점을 알아차린 사람은 하버드 의대의 클레멘트 스미스Clement Smith였다.³ 스미스는 독일이 항복한 직후인 1945년 5월에 네덜란드로 날아간 영국과 미국의 의사들 중 한 명이었다. 그는 그 비극 덕분에 산모의 영양이 태아의 발달에 미치는 영향을 알아볼 절호의 기회가 주어졌다는 것을 눈치챘다.

뜻밖의 결과

스미스는 헤이그와 로테르담에서 산과産科 기록을 입수했다. 분석 결과, 기근 중에 태어난 아기들은 기근 전에 태어난 아기들보다 몸무게가 상당히 덜 나갔다. 지금 우리에게는 이 사실이 전혀 놀랍게 느껴지지 않는데, 그것은 어느 정도 스미스의 선구적인 연구 때문이다. 그리고 스미스가 일찌감치 짐작했듯이, 후속 연구에서는 출생 시 저체중과 신생아의 나쁜 건강 사이에 강한 연관성이 있음이 확인되었다.

기근의 장기적 영향에 관심을 품은 연구자들도 있었다. 장기적 효과가 처음 확인된 것은 18세 신병들을 대상으로 소급 조사한 연구에서였다. 어머니의 배 속에서 기근을 겪은 아이들이 군대에 갈 나이가 된 것은—당시에 네덜란드에서는 모든 남성들이 의무적으로 군대에 가야 했다—1960년대 초였다. 청년들은 입영할 때 철저한 신체 검사를 받았는데, 1970년대에 한 무리의 과학자들이 그 기록을 조사해보았다.[4] 분석 결과, 임신 중기와 후기(전체 임신 기간을 삼등분하여 그 각각을 제1석달trimester, 제2석달, 제3석달, 혹은 초기, 중기, 후기라고 부른다 – 옮긴이)에 기근에 노출되었던 사람들은 기근 전이나 후에 태어난 사람들에 비해 비만률이 상당히 높았다. 무려 약 2배였다.

그다음으로 진행된 연구는 남자와 여자를 모두 포함했고, 정신적인 영향에 집중했다. 이 연구도 상세한 의료 기록을 남기기 좋아하는 네덜란드 사람들의 성향 덕분에 가능했다. 데이터를 발굴한 과학자들은 출생 전에 기근에 노출되었던 사람들의 정신분열증 발병률이 유의미하게 더 높다는 것을 발견했다.[5] 우울증과 같은 정동장애 affective disorders(정서장애, 감정장애라고도 부른다 – 옮긴이)의 발병률이 더 높다는 증거도 있었다. 남자들은 반사회적 성격장애의 발병률도 더 높았다.

1990년대 초, 이번에는 병원에 출생 기록이 남은 사람들을 대상으로 일련의 새로운 연구가 실시되었다. 가장 주목할 만한 자료는 암스테르담에 있는 빌헬미나 병원의 자료였다. 첫 연구는 여자들을 대상으로 했고, 주로 출생 시 몸무게에 집중했다. 이번에도 연구자들은 임신 후기에 기근에 노출된 아이들이 출생 시에 비정상적으로 몸집이 작았다는 사실을 확인했다. 그러나 초기에 노출된 아이들은 오히려 평균보다 몸집이 더 컸다. 이것은 아마도 임신 초기의 음식 스트레스를 보완하는 반응이 태반을 통해 벌어진 탓인 것 같았다.[6]

두 번째 연구는 그 코호트가 쉰 살이 되었을 때 실시했고, 남자와 여자를 모두 포함했다. 연구자들은 심장혈관 기능을 비롯한 생리적 기능에 처음으로 관심을 쏟았다. 이 쉰 살의 코호트를 확인했더니, 출생 전에 기근을 겪었던 사람들은 그렇지 않았던 사람들보다 비만에 더 취약했다. 고혈압, 심장동맥질환, 2형 당뇨 발병률도 더 높았다. 연구자들은 코호트가 쉰여덟 살이 되었을 때 다시 검사했는데, 이때도 건강 문제는 계속 나쁜 방향으로 진행되고 있었다.[7]

그러나 기근에 노출된 태아가 겪는 악영향의 성격은 노출 시기에 크게 좌우되었다. 예를 들어, 임신 초기에 일찍감치 노출된 사람들은 심장동맥질환 및 비만과 관련이 있었다. 초기에 노출된 여자들은 유방암 발병률도 높았다. 한편 중기에 노출된 사람들은 폐질환과 신장질환이 더 문제였다. 그리고 후기에 노출된 사람들은 포도당 못견딤증(불내성)이 가장 뚜렷한 증상이었다(포도당 못견딤증은 고혈당 상태를 만들기 때문에 당뇨로 이어지기 쉽다 – 옮긴이).[8]

1990년대 말부터는 여러 연구진들이 독립적으로 네덜란드 기근 코호트를 조사했고, 오늘날까지도 연구가 이어지고 있다. 이 연구들의 종합적인 성과는 태내 환경이 건강에 미치는 장기적 영향에 관한 가장 설득력 있는 증거다. 이렇게 기근의 영향을 기록하는 데 참여했던 과학자들 중 일부는 그 바탕에 깔린 메커니즘으로 시선을 돌렸다. 이제 그들은 산모의 영양실조가 어떤 메커니즘을 통해서 자식에게 영향을 미치기에 자식이 어른이 되었을 때 비만이나 정신분열증을 일으키는지 연구하기 시작했다.

환경에서 유전자로

우리의 외부 환경이 우리의 유전자 활동을 조정함으로써 우리에게 영향을 미친다고 말하면, 많은 독자는 놀랄 것이다. 환경이 유전자에 직접 영향을 미치는 것은 아니다. 환경은 유전자가 담겨 있는 세포의 변화를 매개로 삼아 유전자에 영향을 미친다. 서로 다른 세포들은 동일한 환경적 요인에 대해 서로 다른 반응을 보인다. 사회적 스트레스든 태내에서의 식량 결핍이든 마찬가지다. 그렇기 때문에 우리 몸의 세포들은 모두 동일한 유전자를 갖고 있지만, 환경이 우리에게 미치는 영향은 늘 세포 특정적이다. 영양 부족에 대해서 간세포는 이렇게 반응하고, 뉴런은 저렇게 반응하고, 다른 종류의 세포들은 아예 반응하지 않는 식이다. 따라서 어떤 환경적 요인이 유전자 활동에 어떤 영향을 미치는지 알고 싶다면, 우리는 특정 세포 집단을 겨냥하여 살펴보아야 한다. 이를테면 뇌의 특정 부분에 있는 뉴런들을 보거나, 간세포들을 보거나, 이자세포들을 봐야 한다.

네덜란드 기근을 겪은 사람들은 분명 여러 종류의 세포들에 영향을 받았다. 뇌세포의 일부도, 심장세포의 일부도, 간세포의 일부도, 이자세포의 일부도, 그 밖의 세포들도 영향을 받았을 것이다. 만일 우리가 네덜란드 기근 코호트의 간세포를 기근을 겪지 않은 사람들의 간세포와 비교한다면, 아마도 유전자 활동의 패턴이 다른 것을 발견할 수 있을 것이다. 영향을 받은 사람들의 간세포에서 어떤 유전자는 영향을 받지 않은 사람들의 유전자보다 더 활성화된 상태일 것이고, 또 다른 어떤 유전자는 덜 활성화된 상태일 것이다. 이때 과학자들의 첫 번째 목표는 간세포의 유전자들 중에서 태내 영양 결핍 때문에 활동성에 변화가 생긴 유전자를 찾아내는 것이다. 그다음은 간세포의 유전자 활동 변화와 당뇨든 뭐든 우리가 설명하고자 하는 모종의 상태 사이에서 인과관계를 입증하는 험난한 단계다.

세포가 유전자 활동을 제어하는 것을 가리켜 과학자들은 유전자 조절gene regulation이라고 부른다. 유전자 조절, 특히 후성유전적 유전자 조절에 대해서는, 뒤에서 더 자세히 설명하겠다. 지금은 대강 개요만 그려보자.

후성유전학이 등장하기 전에도 생물학자들은 단기적 유전자 조절에 관해 많은 것을 알고 있었다. 단기적 조절이란 몇 분에서 몇 주에 걸쳐 벌어지는 유전자 조절이다. 나는 단기적 유전자 조절을 '평범한' 유전자 조절이라고 부르겠다. 우리가 오래전부터 기초 생물학 수업에서 배운 유전자 조절이 바로 이 형태이기 때문이다. 후성유전적 유전자 조절은 평범한 유전자 조절과는 다르다. 앞으로 살펴볼 이유들 때문에, 후성유전적 유전자 조절은 훨씬 더 긴 시간에 걸쳐 벌어진다. 심지어 평생에 걸쳐 진행될 때도 있다. 후성유전적 유전자 조절은 장기적 유전자 조절이고, 바로 이런 유전자 조절이 네덜란드 기근 코호트와 좀 더 관련이 깊다.

우리는 후성유전적 조절을 받은 유전자를 어떻게 가려낼 수 있을까? 유전자에 매달린 특별한 화학적 부착물들이 그 독특한 표지다. 그중에서 가장 흔한 것은 탄소원자 하나와 수소원자 세 개가 결합한 메틸기^{CH_3}를 포함한 부착물이다. 과학자들은 메틸기가 붙은 유전자를 가리켜 메틸화되었다고 말한다. 메틸화는 '모 아니면 도' 식의 현상은 아니다. 유전자는 다양한 수준으로 메틸화된다. 보통은 유전자가 더 많이 메틸화될수록 활동성이 더 낮아진다. 이 사실을 염두에 둔 채, 과학자들은 네덜란드 기근이 일으킨 후성유전적 변화를 살펴보기 시작했다. 연구는 아직 초기 단계이지만, 벌써 적잖은 결실을 맺었다.

네덜란드 기근 코호트에 대한 최근의 한 연구는 후성유전적 변화를 겪은 유전자들 중에서 많은 수가 혈액세포에 있다는 사실을 확인했다.⁹ 기근에 노출된 사람들과 노출되지 않은 사람들은 그 유전자들의 메틸화 정도가 서로 달랐던 것이다. 특히, 인슐린 유사 성장인자2^{IGF2}라는 호르몬을 암호화한 유전자가 후성유전적 차이를 보인다는 점이 중요했다. 이 호르몬은 인슐린을 빼닮은 모양이고 다양한 종류의 세포에서 세포 분열을 통한 성장을 촉진하기 때문에 이런 이름이 붙었다(숫자 '2'는 두 종류의 IGF 분자 중에서 두 번째로 발견된 분자라는 뜻이다). IGF2는 사실상 성장호르몬으로 기능하고, 특히 태아의 성장에 중요한 역할을 한다.

아직 과학자들은 IGF2를 만드는 유전자인 *IGF2*에 발생한 유전적 변화, 그리고 출생 시 몸무게, 당뇨, 정신분열증 등 네덜란드 기근이 건강에 미친 갖가지 악영향 사이에 인과관계를 확립하는 단계까지는 다다르지 못했다. 과학자들은 우선 다른 종류의 세포들에서도 *IGF2* 유전자에 비슷한 후성유전적 변화가 일어났는지를 확인해보아야 할 것이다. 다음에는 *IGF2*의 세포 특정적인(조사 결과 혈액세포에만 특정적으로 벌어지는 변화임이 확인되었다고 가정하고서 하는 말이다 – 옮긴이) 후성유전적 변화와 모종의 건강 상태 사이에 인과관계를 확립해야 할 것이다. 그야 어쨌든, 태내 환경의 후성유전적 영향이 60년 넘게 지속된다는 것을 보여주었다는 점에서 지금까지의 성과만으로도 중요한 의미가 있다.

후성유전적 부착물은 정자와 난자가 만들어지는 과정에서 대부분 떨어져나간다. 따라서 수정란은 후성유전적으로 깨끗한 백지 상태에서 발생 과정을 밟기 시작한다. 그러나 이따금 유전자에 붙은 후성유전적 부착물이 유전자와 함께 후세대로 전달될 때가 있다. 기근의 악영향이 그것을 직접 겪은 사람에게 국한되지 않는다는 사실은 바로 이 점에 비추어 주목할 만하다. 어머니의 자궁을 통해서 기근을 겪은 자식 또한 기근을 겪지 않은 여성의 자식보다 살면서 건강 문제를 겪을 가능성이 더 높았던 것이다.[10]

이 발견은 정말로 꽤 충격적이다. 비유전자적 유전 방식이 건강에 영향을 미친다는 말이기 때문이다. 앞으로 이야기하겠지만, 오늘날 과학자들은 다양한 형태의 비유전자적 유전을 차차 알아나가고 있다. 그중에서도 일부는 진정한 후성유전적 유전이라고 불러도 괜찮은 현상들이다. 그렇다면 네덜란드 기근의 '할머니 효과'도 진정한 후성유전적 유전일까(이 '할머니 효과'라는 용어는 할머니의 후성유전적 특징이 손자에게 물려지는 현상을 말하는 것으로, 진화생물학에서 할머니는 손자 양육에 도움이 되기 때문에 여성이 폐경 후에도 오래 살게 되었을 것이라고 설명하는 '할머니 가설'과는 다르다 – 옮긴이)? 즉 메틸화된 유전자가 유전되는 현상일까? 이 점은 아직 분명하지 않다. 뒤에서 이야기하겠지만 다른 대안적 설명도 가능하기 때문이다. 네덜란드 기근의 할머니 효과가 진정한 후성유전적 유전인지 아닌지를 알려면, 우리에게는 약간의 배경 지식이 필요하다. 후성유전적 표지가 붙는 대상, 즉 유전자에서 이야기를 시작하자. 우리가 유전자라고 부르는 것의 실체는 정확히 무엇일까? 그것이 정말로 하는 일은 무엇일까?

2장

유전학이란 무엇인가

그곳은 전형적인 생물학 실험실이 아니었다. 오늘날의 기준으로도 아니었고, 1910년 당시의 기준으로도 아니었다. 그곳에는 방문자가 그곳에 발을 들이기 전부터 제일 먼저 알아차릴 수 있는 냄새가 났다. 실험실에서 냄새가 나는 것은 특이하지 않은 일이다. 모름지기 생물학 실험실은 이런저런 괴상한 냄새를 풍기는 법이다. 그러나 그 냄새는 전형적인 생물학 실험실의 냄새와는 달랐다. 흡사 슈퍼마켓 뒤켠에서 햇볕을 쬐는 철제 쓰레기통에서나 날 만한 냄새였다.

   그 실험실은 시각적으로도 인상이 좋지 못했다. 그곳은 작고 지저분했다. 바닥에 산처럼 쌓인 유기물 쓰레기는 번성하는 바퀴벌레 집단의 보금자리였다. 게다가 특이하게 존재하는 것 못지않게 특이하게 존재하지 않는 것도 눈길을 끌었다. 그곳에는 플라스크나 비커나 시험관이나 피펫이 없었다. 눈에 띄는 유리 제품이라고는 여기저기 아무렇게나 널린 빈 우유병뿐이었다. 현미경도 없었다. 배율이 아주 낮은 것조차. 대신에 확대경이 활약했는데, 독서용 안경이 등장하기 전에 노인들이 쓰던 확대경과 같은 것이었다.

또한 그곳에는 딱딱하고 위계적인 분위기가 전혀 없었다. 유럽에서 온 방문객들에게는 이 점이 특히 이상하게 생각되었다. 유럽의 대학들은 대부분 독일 대학을 본떴고, 독일에서는 실험실의 우두머리를 가장 격의 없게 부르는 명칭이 '헤어 독토어 프로페소어'였기 때문이다('박사 교수님'쯤으로 번역된다 – 옮긴이). 독일 교수의 방은 늘 닫혀 있었고, 미리 약속을 잡아야만 만날 수 있었다. 그러나 실험실 한쪽 끝에 있는 이곳의 교수 방은 언제나 열려 있었고, 실험실 사람들은 내키는 대로 아무런 격의 없이 불쑥불쑥 그를 찾아가는 것처럼 보였다. 게다가 사람들은 교수를 부를 때 그의 이름을 썼다. 요즘 미국 대학에서는 이것이 흔한 관행이지만, 당시에는 그렇지 않았다. 세계 다른 나라에서도 분명 아니었다.

그러나 이 꾀죄죄한 실험실에서, 태동기의 유전학은 세계 어디와도 비교할 수 없는 놀라운 수준으로 자라고 있었다. 그곳에서는 언제든 미래의 두 노벨상 수상자가 일하는 모습을 볼 수 있었고, 그 밖에도 유전학의 미래를 만들어나갈 여러 과학자들을 볼 수 있었다. 그중에서도 첫손가락으로 꼽을 사람은 하나 있는 방을 차지한 사람, 즉 토머스 헌트 모건Thomas Hunt Morgan이었다. 모건이 유전학의 역사에서 차지하는 중요성은 오직 모라비아의 수도사였던 그레고르 멘델Gregor

Mendel 에게만 뒤진다.¹ 모건의 연구 목표는 멘델이 '유전 인자'라고 불렀던 것들이—오늘날 유전자라고 불리는 것들이다—염색체 위에서 정확히 어디에 있는지를 알아내는 것이었다. 모건의 유전자 지도 작성(매핑) 기법은 오늘날과는 달랐다. 당시에는 염색체 위에 있는 유전자들의 위치를 직접 알아내는 기술이 없었기 때문에, 간접적인 방법을 써야 했다. 모건은 어떤 유전자에 돌연변이가 일어나서 실험 대상의 외모(표현형)에 눈에 띄는 변화가 생겼을 때만 그 유전자의 위치를 확인할 수 있었다. 그 돌연변이가 또 다른 어떤 형질과 상관관계를 보인다면, 두 형질을 담당하는 유전자들은 같은 염색체에 있다고 가정할 수 있었다. 상관관계가 강할수록 두 유전자는 더 가까이 있을 것이다.

모건은 남부 상류층 출신이었지만, 과학에 흠뻑 빠져 있었기 때문에 문화적으로 이질적인 뉴욕에서도 성공적으로 앞길을 열어 갈 수 있었다. 모건이 콜롬비아 대학에서 꾸린 실험실은 셔머혼홀 Schermerhorn Hall 건물의 최상층에 있었다. 더 전통적인 생물학 실험실들과 그 전통적인 냄새들보다 더 높은 곳에 있었던 셈이다. 실험실 사람들은 그곳을 '파리방'이라고 불렀다. 고약한 부패물을 놓고 바퀴벌레와 겨루는 수많은 파리들 때문이 아니라, 빈 우유병을 그득그득 채운 작은 초파리들 때문이었다. 초파리 자체는 냄새를 풍기지 않는다. 그러나 실험실의 악취와 지저분함은 분명 그 녀석들 탓이었다. 초파리는 과일파리라고도 불리는 데서 알 수 있듯이 과일을 먹는다.

알도 과일에 낳는다. 녀석들은 사람의 기준으로는 썩다시피 한 농익은 과일을 좋아하기 때문에, 녀석들을 만족시키기 위해 실험실 여기저기에는 썩어가는 과일 천지였다. 그중에서 대부분은 바나나였다. 실험실에 전해지는 전설에 따르면, 애초에 이곳에 초파리가 꼬인 것도 누군가가 점심으로 가져온 바나나를 무심코 창틀에 놓아둔 탓이라고 했다.

모건이 초파리의 유용성을 처음부터 알아차린 것은 아니었다. 그는 원래 생쥐로 실험하려고 했다. 그러나 모건의 목표에 비추어 보면 생쥐는 한계가 있었다. 모건에게는 수명이 짧고 1년 사이에도 무수한 세대를 낳는 실험 대상이 필요했다. 생쥐는 포유류 중에서는 괜찮은 편이지만, 생쥐를 포함한 모든 포유류는 곤충이나 다른 무척추동물에 비하면 상대적으로 느리게 번식한다. 그러니 모건이 생쥐를 대상으로 계획했던 애초의 연구가 지원비 심사에서 반려된 것, 그래서 그가 하는 수 없이 '포유류의 테두리를 벗어나야만' 했던 것은 지금 돌아보면 차라리 잘된 일이었다. 모건은 실험 대상을 결국 초파리로 결정했으니, 정말로 멀리 벗어났던 셈이다. 그가 운명적으로 선택한 초파리는 구하기가 쉬웠고, 우유병에서 쉽게 키울 수 있었으며, 1년에 무려 50세대를 육성할 수 있었다. 당시에 모건은 몰랐지만, 초파리는 결국 많은 유전학 연구에서 쓰이는 실험 동물이 되어 오늘날까지도 독보적인 지위를 유지할 수 있게 되었다.

그러나 처음에는 모건의 선택이 과연 옳은 것인지 명확하지 않았다. 모건은 무수한 세대의 초파리를 육성했지만, 첫 2년 동안은 돌연변이를 하나도 발견하지 못했다. 갈수록 돈키호테의 모험처럼 보이는 이 일에 귀중한 연구비와 시간을 허비했다는 생각에, 모건은 절망하기 일보 직전이었다. 물론 초파리가 돌연변이를 일으키지 않는 것은 아니었다. 모든 생물체는 돌연변이를 일으킨다. 그것은 생명의 법칙이다. 그러나 초파리의 으뜸가는 장점, 즉 세대 주기가 짧다는 점에는 대가가 따랐다. 바로 몸집이 작다는 점이었다. 그래서 파리방 과학자들은 초파리의 겉모습에 확대경으로 충분히 알아볼 만큼 큰 변화를 일으키면서도 치명적이지는 않은 돌연변이만을 눈치챌 수 있었는데, 그런 돌연변이는 몹시 드물었다.

  모험 3년째, 그들은 처음으로 성공했다. 흰 눈을 지닌 초파리가 태어났던 것이다. 정상적인 초파리는 눈이 포도주처럼 붉다. 모건은 붉은 눈 초파리를 야생형으로 명명했다. 눈이 흰 돌연변이형은 사실 장님이었는데, 적절한 조건을 갖춰주면 번식할 수 있었다. 흰 눈 돌연변이형 개체와 붉은 눈 야생형 개체를 무수히 교배시킨 끝에, 모건과 동료들은 흰 눈 돌연변이가 어느 염색체에 존재하는지를 알아냈다. 알고 보니 그것은 성염색체 위에 있었다.

  이 대목에서 몇 가지 중요한 용어를 짚고 넘어가자. 염색체라는 개념부터 시작하자. 염색체('색이 물든 물체'라는 뜻)라는 이름은 현미경으로 보면 자줏빛이 감도는 갈색으로 보이기 때문에 붙여졌다. 모건 시대에 대부분의 과학자들은 유전자가 염색체 위에 있다고 믿었다.

염색체가 무엇으로 만들어졌는지는 몰랐지만, 어쨌든 선형일 것이라고 추측했다. 과학자들은 유전자가 마치 구슬처럼 염색체라는 끈에 줄줄이 꿰어 있는 모습을 흔히 상상했다. 우리도 아직은 이 비유를 사용해도 괜찮다. 이때 각각의 유전자는 염색체에서 특정한 자리를 차지하는 셈이고, 우리는 그 주소를 유전자 자리(유전자좌)라고 부른다. 어떤 경우에는 한 유전자 자리에 한 종류의 유전적 변이형만이 존재하지만, 그보다는 두 종류 이상의 변이형이 존재하는 경우가 더 많다. 그 변이형을 대립유전자라고 부른다. 대립유전자는 특정한 자리에서 관찰되는 다양한 색깔의 구슬이라고 상상하면 된다. 어떤 자리에는 구슬이 한 색깔로만 존재하지만(즉 대립유전자가 한 종류뿐이지만), 대부분의 자리에는 대립유전자가 둘 이상 있기 때문에 구슬의 색깔이 둘 이상이다.

  모건이 발견한 것은 눈 발달에 영향을 미치는 유전자의 돌연변이였다. 그 돌연변이는 문제의 유전자 자리에서 새로운 대립유전자를 낳았다. 달리 말해, 새로운 색깔의 구슬을 낳았다. 모건은 그 새로운 대립유전자를 '흰 눈' 유전자라고 명명했던 것이다. 여기에서 명심할 점은, '흰 눈 유전자 자리'란 없다는 것이다. 눈 발달에 영향을 미치는 유전자 자리에 '흰 눈 대립유전자'가 있을 뿐이다. 사람의 경우에는 눈 색깔에 영향을 미치는 유전자 자리가 한 쌍 있고, 그중 하나에는 두 가지 형태의 대립유전자가 있어서 눈이 갈색이냐 푸른색이냐 하는 것을 대체로 결정한다.

사실, 유전학에서 대립유전자라는 용어를 쓸 때는 서로 다른 두 의미가 있다. 내가 앞에서 이야기할 때는 대립유전자가 어떤 '종류'를 가리키는 말이었지만, 이것은 어떤 '징표'를 가리키는 뜻으로 쓸 수도 있다. 이때 징표란 특정 종류에 해당하는 특정 사례라는 뜻이다. 우리는 각각의 유전자 자리에 대해서 대립유전자 징표를 두 개씩 물려받는데, 하나는 어머니에게서 받고 다른 하나는 아버지에게서 받는다. 만일 두 대립유전자 징표가 같은 종류라면, 우리는 그 유전자 자리에 대해서 동형접합이다. 반면에 두 대립유전자 징표가 다른 종류라면, 우리는 그 유전자 자리에 대해서 이형접합이다. 구체적으로 사람의 눈 색깔을 예로 들어보자. 논의의 편의상, 하나의 유전자 자리와 두 대립유전자 종류가 눈 색깔을 결정한다고 가정하자.

만일 우리가 '갈색' 대립유전자 동형접합이라면, 눈은 갈색이 된다. '푸른' 대립유전자 동형접합이라면, 눈은 푸른색이 된다. 그러나 이형접합일 때는 상황이 좀 더 복잡하다. 두 대립유전자가 동등한 영향을 미치는 경우도 있는데, 그렇다면 눈은 두 색깔의 중간(초록색이 감도는 색)이 될 것이다. 그러나 그보다는, 한 대립유전자 종류가 다른 종류보다 형질에 더 강한 영향을 미칠 때가 더 많다. 어떤 경우에는 이형접합 상태에서 '강한' 대립유전자가 '약한' 대립유전자를 완전히 가린다. 이처럼 강한 대립유전자와 약한 대립유전자의 차이가 두드러질 때, 과학자들은 강한 쪽을 우성이라고 부르고 약한 쪽을 열성이라고 부른다. 사람의 경우 보통 갈색 눈 대립유전자가 우성이고, 푸른 눈 대립유전자가 열성이다. 관행적으로 우성 대립유전자는 알파벳 대문자로 표시하고, 열성 대립유전자는 소문자로 표시한다. 갈색 대립유전자는 'B'라고 쓰고 푸른 대립유전자는 'b'라고 쓰는 식이다. 여러분이 이 책을 이해하기 위해서 알아야 할 고전 유전학은 이 정도가 전부다.

실체를 드러낸 유전자

멘델을 따라, 모건은 유전자를 정의할 때 가령 눈 색깔 같은 형질들과 관련지어 생각했다. 그리고 역시 멘델을 따라, 한 유전자(유전자 자리)는 한 형질에 대응한다고 가정했다. 여기에서 한 발 더 나아가면, 한 유전자 변이형(대립유전자)은 초파리의 붉은 눈이나 흰 눈, 사람의 갈색 눈이나 푸른 눈과 같은 한 변이형 형질에 대응한다고 가정할 수 있다. 이 가정은 시작점으로서는 합리적이었다. 그러나 소수의 열성 멘델주의자들을 제외한 나머지 사람들은 곧 대개의 형질이 눈 색깔과는 다르고 키와 비슷하다는 것을 깨달았다. 대개의 형질은 정성적으로(이산적으로) 변하는 것이 아니라 정량적으로(연속적으로) 변한다는 뜻이다. 게다가 사람 간의 키 차이는 많은 유전자가 한꺼번에 관여한 결과일 것이고, 환경적 요인도 잔뜩 영향을 미칠 것이다.

모건은 유전자가 물리적으로 무엇으로 이루어졌는가 하는 문제,

즉 유전자성의 물리적 속성이 무엇인가 하는 문제에는 흥미가 없었다. 그의 목적에는 유전자가 염색체에 존재하는 유전 단위라는 것, 그리고 유전자가 종종 하나 이상의 종류로 존재한다는 것만 알면 충분했다. 물리적(생화학적) 유전자를 발견하는 일은 다른 사람들의 몫이었다.

탐구의 첫걸음은 염색체가 무엇으로 이루어졌는지를 밝히는 일이었다. 알아보니, 염색체는 DNA와 단백질이라는 두 종류의 생화학 분자들로 구성되어 있었다. 그렇다면 다음 문제는 DNA와 단백질 중에서 어느 쪽이 유전 물질로 기능하는가 하는 것이었다. 일련의 획기적인 실험들을 통해 DNA에 기우는 쪽으로 결론이 났지만, 그렇다면 새로운 문제가 생겼다. 단백질이 유전 물질은 아닐지언정, 세포들 사이에서 주요한 생리학적 기능들을 수행하는 것은 DNA가 아니라 분명 단백질이었다. 어떤 단백질은 생화학 반응을 촉매하는 효소로 기능하고, 어떤 단백질은 필수 영양소나 화학물질과 결합하여 그것들을 운반하고, 어떤 단백질은 근육, 피부, 연골을 이루는 구조적 요소로 기능한다. 이런 필수 단백질들이 어떤 식으로든 DNA에서 만들어져야 하는데, 단백질은 종류가 무수히 많은 데 비해 DNA는 다들 엇비슷해 보였다. 다양성이 부족한 듯한 DNA에서 어떻게 무수히 다양한 단백질이 만들어질까? 이 질문에 대답하기 위해서, 과학자들은 DNA를 좀 더 자세히 살펴보았다.

알고 보니, DNA 분자는 두 개의 가닥이 나선형으로 꼬여 만들어진 이중나선 모양이었다. DNA에서 'D'는 디옥시리보스라는 당糖을 뜻한다('NA'는 핵산이다). 당과 당 사이에 인산 분자가 하나씩 끼어 있고, 이렇게 이어진 가닥이 DNA 분자의 뼈대다. 또한 당마다 염기라는 화합물이 하나씩 달려 있다('산성'의 반대말로 '염기성'이라고 할 때의 그 '염기'를 뜻한다). 염기는 아데닌, 시토신, 구아닌, 티민의 네 종류인데, 보통 머리글자를 따서 A, C, G, T라고 표기한다. 한쪽 가닥의 염기가 반대쪽 가닥의 염기와 결합하여, 마치 사다리의 계단들처럼 양쪽 가닥을 묶어준다. 다만 A는 T와만 결합하고(역도 마찬가지다), C는 G와만 결합한다(역시 역도 마찬가지다). 따라서 A – T, T – A, C – G, G – C라는 총 네 종류의 계단이 있다.

DNA의 이런 속성을 알아낸 업적, 그리고 염기 서열이 단백질 구조와 관계될지도 모른다는 추측을 떠올린 업적은 프랜시스 크릭Francis Crick과 제임스 왓슨James Watson에게 돌아간다.[2] 곧이어 유전 부호도 발견되었다. 유전 부호의 역할은 DNA의 염기 서열과 단백질의 구성 단위인 아미노산들을 짝짓는 것이다. 이 짝짓기는 모스 부호 같은 인공적인 부호들만큼 정확하지는 않다.

유전 부호가 그런 방식이라면, 유전자는 선형적인 염기 서열로 이루어져야만 한다. 그러나 유전자의 경계는 구체적으로 어디까지일까? 하나의 유전자가 어디에서 시작되고 어디에서 끝나는지를 어떻게 알까? 1950년대 말에는 과학자들이 그 답도 알아낸 듯했다. 모건의 '한 유전자(유전자 자리) = 한 형질' 가설은 '한 유전자(유전자 자리)

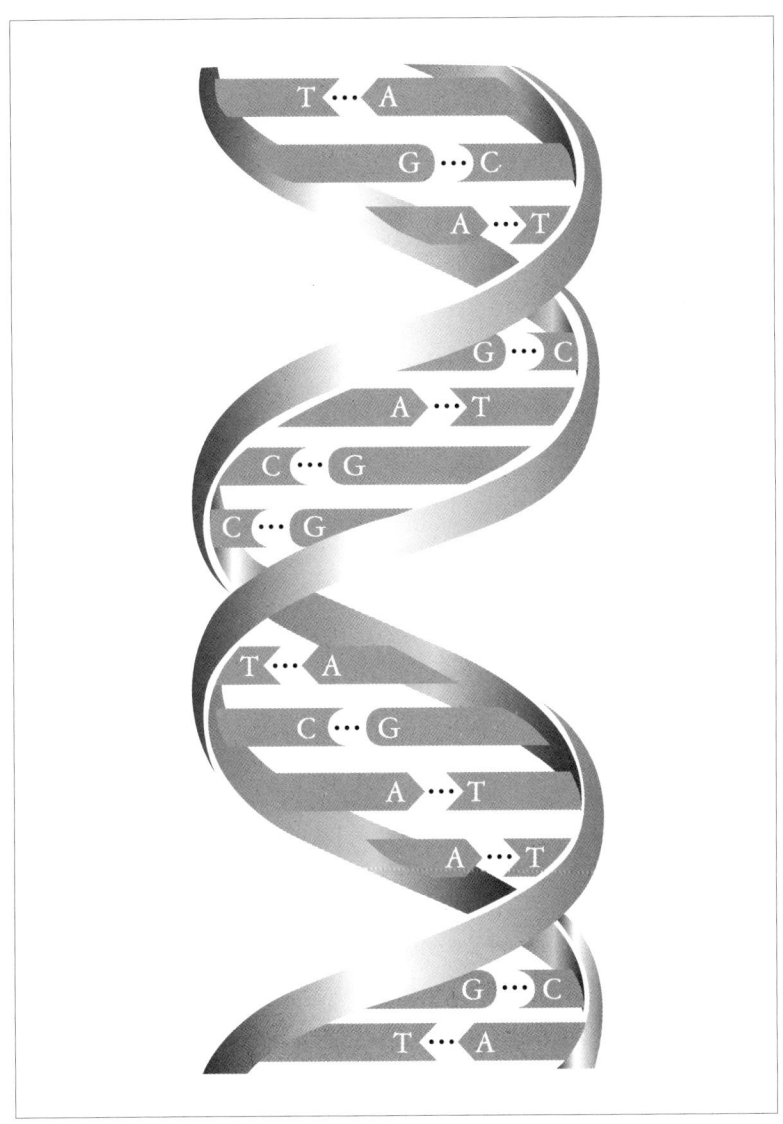

이중나선과 염기 쌍들이 잘 드러난 DNA 분자 모형.
Fig. 5.28 (p. 85) in N. A. Campbell, Biology, 4th ed., 1996.

= 한 단백질' 가설로 바뀌었고,[3] 유전학자들은 이 공식에 따라 염색체에서 각 유전자의 구획을 쉽게 그을 수 있었다. 염색체에서 유전 부호가 시작되고 끝나는 위치를 찾으면 그만이었다. 그러나 근사하리만치 간결한 '한 유전자 = 한 단백질' 공식은 사실 지나치게 단순한 것이었다. 유전자와 단백질의 관계는 사실 그렇게 간단하지 않았다.

유전자가 실제로 하는 일

유전자에서 단백질이 만들어지는 과정이 곧 단백질 합성이다. 단백질 합성은 두 단계로 진행된다. 전사라고 불리는 첫 단계에서는 이중나선의 한쪽 가닥이 주형으로 작용하여 메신저RNA mRNA 분자를 만든다. 전사라는 표현은 피아노에서 기타로 노래를 편곡하듯이 한 매체에서 다른 매체로 정보를 전달한다는 뜻이다(편곡과 전사는 둘 다 트랜스크립션 transcription 이라는 단어를 쓴다 - 옮긴이). 이 경우에는 DNA에서 RNA로 편곡하는 셈이다.

번역이라고 불리는 두 번째 단계에서는 mRNA가 주형으로 작용하여 전구 단백질을 만든다(보통 단백질 전구물질로도 옮길 수 있는 protein precursor라는 단어를 쓰지만, 저자는 전前단백질로 옮길 수 있는 protoprotein이라는 단어를 썼다 - 옮긴이). 번역이라는 표현은 한 언어를 다른 언어로 번역할 때처럼 정보의 형태를 좀 더 대폭 변형시킨다는 뜻이다. 단백

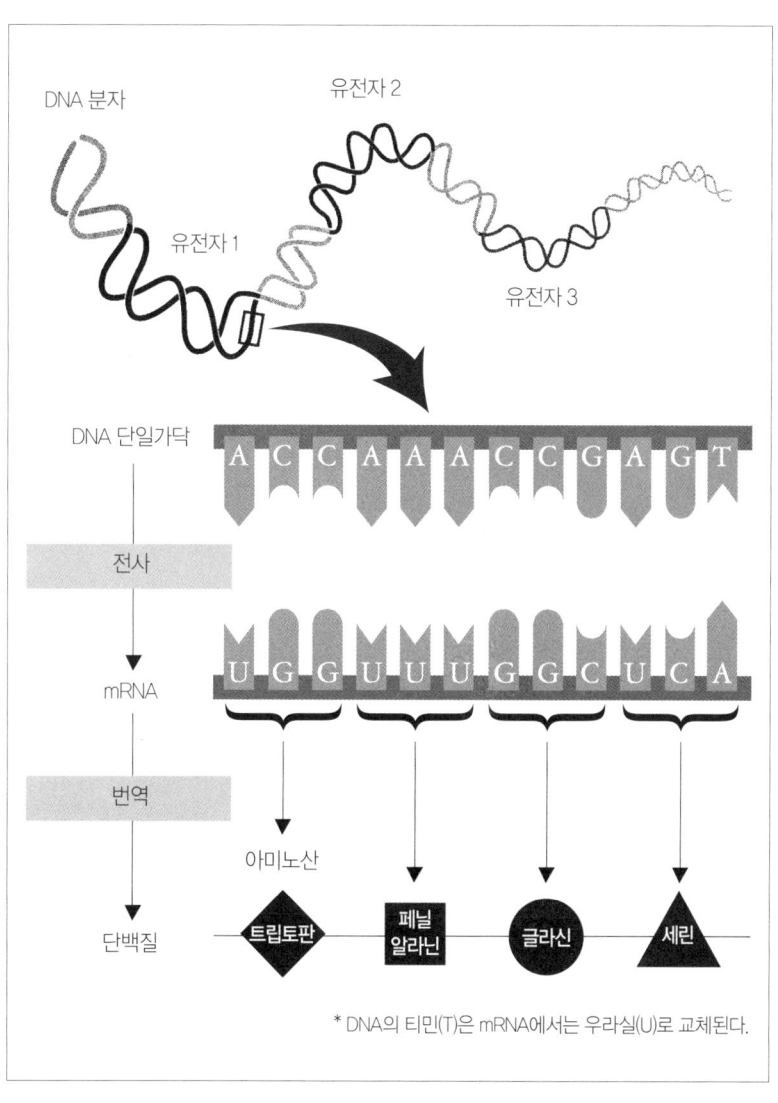

단백질 합성의 단계.
Fig. 16.4 (p. 302) in N. A. Campbell, Biology, 4th ed., 1996.

질 합성에서는 RNA 염기 서열이라는 언어가 전구 단백질의 아미노산 서열이라는 언어로 번역되는 셈이다. 전구 단백질은 보통 아무런 기능이 없고, 번역 후 변형이라는 과정을 거쳐서 모양새가 더 바뀌어야만 기능성 단백질이 된다. 번역 후 변형에서 만들어지는 최종적인 기능성 단백질은 원래의 DNA 서열에서 예측했던 모습과는 사뭇 다를 수 있다.[4]

　우리는 흔히 유전자가 단백질 합성 과정을 지시한다고 보고, 유전자에게 감독의 기능을 맡긴다. 이른바 유전자 감독 개념인데, 이 개념을 잘 보여주는 비유가 있다. 세포를 연극 극단이라고 상상해보자. 유전자 감독 시각에서 유전자는 연극의 감독일 것이고, 단백질은 배우일 것이고, 세포 속의 다른 생화학 분자들은 무대 담당일 것이다. 유전자는 단백질 생산을 지시함으로써 세포 활동을 통제한다. 다른 생화학 분자들(가령 지질이나 탄수화물)의 생산도 물론 유전자가 지시하고, 그렇게 만들어진 분자들이 다시 유전자의 목적에 맞게 일한다.

　이 시각의 문제는 단백질 합성에 대한 공로를, 나아가 세포 속에서 벌어지는 전반적인 일들에 대한 공로를 유전자에게만 너무 많이 부여한다는 점이다. 유전자가 단백질 합성에서 수행하는 역할은 전구 단백질을 만드는 간접적 주형으로 기능하는 것이다. 물론 주형 기능은 핵심적이지만, 그렇다고 해서 유전자가 감독이라고 말할 수는 없다. 이 책장을 인쇄하는 데 쓰인 특정한 활자판이 인쇄 과정의 감독이라고 말할 수는 없는 것처럼 말이다.

유전자 감독 가설의 대안은 내가 '세포 감독 가설'이라고 이름 붙인 시각이다. 이 시각에서 유전자는 생화학 분자들로 이루어진 앙상블의 한 구성원이고, 구성원들 사이의 상호작용이 곧 세포다. 감독 기능은 세포 차원에 존재하는 것이지, 세포의 특정 부분으로 국소화되지 않는다.[5] 유전자는 세포가 활용하는 물질적 자원처럼 기능한다. 이 시각에 따르면, 단백질 합성의 매 단계를 안내하는 역할은 세포 차원에 있다.[6] 특히 단백질 합성에서 어떤 시점에 어떤 유전자가 관여하는가 하는 '결정'을 유전자가 아니라 세포가 내린다는 점이 중요하다. 달리 말해, 유전자 조절은 세포 전체가 수행하는 활동이다. 평범한 유전자 조절이든, 후성유전적 유전자 조절이든 마찬가지다. 그러므로 이 시각에서 후성유전학은 세포가 유전자 활동을 제어하는 한 방법이다.

유전자와 형질

유전자는 그것으로부터 만들어지는 단백질을 통해 형질에 영향을 미친다. 초파리의 눈 색깔 유전자는 세포막 너머로 적갈색 색소를 운반하는 단백질을 암호화하고 있다. 그런데 모건이 발견한 돌연변이 흰 눈 대립유전자는 야생형 대립유전자와는 염기 서열이 달라서, 운반 능력이 부족한 단백질을 암호화하고 있다. 그렇기 때문에 그 초파리는 색소가 없어서 흰색으로 보이는 눈을 갖고 태어난다. 사람에게 그와 비슷한 운반 유전자 결함이 생기면, 종종 낭성섬유증이 나타난다. 인간의 질병에 관한 유전학 연구는 대체로 다음과 같은 대본에 따라 진행된다. 우선, 돌연변이 대립유전자가 등장해서 개체의 발달에 독특한 결함을 끼친다. 여러 결함들 중에서도 특히 관심의 대상이 되는 것은 비만, 당뇨, 유방암, 우울증, 정신분열증, 물질남용 같은 질병들이다. 과학자들은 그런 질병 각각에 대해 거의 틀림없이 하나 이상의 돌연변이 대립유전자를 발견할 것이다. 사람들이 비만 유전자니, 유방암 유전자니, 정신분열증 유전자니, 물질남용 유전자니 하는 말을 쓰는 것은 그 때문이다. 그러나 우리는 지금까지 발견된 돌연변이 대립유전자들로는 그런 질병들의 극히 일부분만을 설명할 수 있다는 점을 명심해야 한다.[7]

후성유전학이 등장하기 전에는, 이처럼 돌연변이 대립유전자(즉 변형된 염기 서열)를 수색하는 일이 생물학적 질병 연구를 점령하다시피 했다. 그러나 최근에는 질병 연구자들이 후성유전학을 알게 되었으므로, 보통의 돌연변이 대립유전자를 찾는 작업과 더불어 비정상적인 후성유전적 표지를 지닌 대립유전자, 즉 돌연변이 후성대립유전자를 찾는 접근법도 함께 쓰고 있다.[8]

과학자들이 질병과는 사뭇 다른 생물학적 현상, 즉 정상적인 발생 과정을 설명할 때도 유전자가 관여한다. 모건의 초파리를 예로 들자면, 문제는 이렇다. 초파리는 어떻게 보통의 붉은 눈을 갖고 태어날까? 초파리에게 붉은 눈이 있으려면, 당연히 우선 눈이 있어야 한다. 눈이 있으려면, 우선 신경계가 있어야 한다. 이런 식으로 계속 나아갈 수 있다. 이렇게 점차 일반적인 차원으로 나아가면서 정상적인 발생 과정을 설명할 때, 생물학자들은 유전자 감독 시각에서 한 발 물러나서 이른바 '게놈 감독 가설'로 전환한다. 이 가설에 따르면, 정상적인 발생은 한마디로 유전자 감독들의 조화로운 활동에서 생겨난다. 그 활동을 통칭하는 표현이 바로 유전자 프로그램이다.

물론 세포 감독 가설에서도 발생은 조화로운 유전자 작용들이 빚어내는 현상이다. 그러나 세포 감독 가설은 그 조화가 DNA 염기 서열에 프로그램되어 있다고 보지 않는다. 그것은 차라리 세포와 환경의 상호작용, 특히 다른 세포와의 상호작용에서 만들어지는 결과다. 대비되는 두 견해에 대해서는 책의 뒷부분에서 더 살펴보기로 하고, 지금은 양쪽 모두에서 후성유전적 과정들이 핵심에 자리하고 있다는 점만 언급하고 넘어가겠다.

알 수 없는 유전자

과연 유전자란 무엇일까? 과거에는 이 문제에 대해 생물학자들 사이에 합의가 있었지만, 지금은 그렇지 않다.[9] 1960년대에는 '하나의 유전자 = 하나의 단백질' 공식으로 형상화되는 유전자 개념이 있었다.

나는 이런 의미의 유전자를 '표준적 유전자'라고 부르겠다. 그러나 곧 많은 유전자가 하나 이상의 단백질을 암호화하고 있다는 사실이 밝혀졌기 때문에, 과학자들은 표준적 유전자 개념을 지나치지 않을 정도로만 약간 더 확장했다. 그러나 최근에는 더 많은 발전이 이루어짐에 따라, 이 개념은 더 이상 형체를 알아볼 수 없을 지경으로 과도하게 잡아 늘여졌다. 요즘은 단백질을 암호화하지 않은 DNA 조각도 유전자라고 부른다.[10]

이 책에 필요한 수준까지만 설명하자면, 유전자는 크게 두 부품으로 구성된다. 단백질을 암호화한 서열과 제어반에 해당하는 서열이다.[11] 제어반이란 조절 기능을 담당하는 영역이다. 그곳에 단백질이나 다른 화학물질이 결합하여 유전자의 전사를 억제하거나 촉진하는 것이다. 평범한 유전자 조절은 모두 제어반에서 벌어지고, 후성유전적 유전자 조절 중에서도 일부는 제어반에서 벌어진다. 제어반은 mRNA로 전사되지 않으므로, 엄밀한 의미에서의 유전자에는 속하지 않는다. 그러나 유전자의 기능 단위는 제어반과 암호 서열을 합한 것이므로, 이 책에서 말하는 유전자는 둘을 아우르는 것을 가리킨다.

후성유전적 유전자 조절은 많은 경우, 어쩌면 거의 대부분, 엄밀한 의미에서의 유전자에 속하지 않는 바깥쪽의 부착물을 매개로 하여 벌어진다. 유전자성의 정의를 위와 같이 확장한 경우에도 말이다. 달리 말해, 후성유전적 조절을 일으키는 화학적 부착물이 그 조절을 받는 유전자 자체가 아니라 DNA의 다른 지점에 가서 붙는 것이다. 실제로 후성유전적 부착물은 부착된 지점과는 상당히 거리가 먼 곳의 유전자에게 영향을 미칠 수 있다. 그러므로 후성유전적 과정은 개별 유전자만이 아니라 DNA 전체를 변형시키는 과정이라고 보아야 한다.

후성유전학은 염기 서열을 넘어 DNA 전체를 새로운 시각에서 바라본다. 선형의 염기 서열은 유전자라는 물리적 실체의 1차원일 뿐이다. 물론 그 차원이 중요하기는 하지만, DNA는 사실 3차원 분자이다. 후성유전학은 유전자 연구를 1차원에서 3차원으로 넓히는 과학이고, 그 추가의 차원들은 우리가 후성유전적 유전자 조절을 이해하려고 할 때 특히나 중요하다. 그러나 우선, 후성유전적 유전자 조절에 앞서 평범한 유전자 조절부터 알아보자.

3장

유전자 조절에 관해

미국 메이저리그 야구선수였던 호세 칸세코 José Canseco가 멕시코 국경에서 여성 임신촉진제 소지죄로 붙잡혔을 때, 미국 야구계의 스테로이드 추문은 요상하지만 충분히 예측 가능한 전기를 맞았다. 몇 년 동안 소문만 무성하던 메이저리그의 합성 스테로이드 남용 실태를 결정적으로 폭로한 것이 칸세코의 책 《약물에 취해: 거친 시절, 만연한 스테로이드, 강타자들의 대성공, 덩치 불린 야구》였기 때문이다. 처음에 사람들은 그 책에 호된 야유를 보냈다. 자신의 재능을 헛되이 낭비한 불평분자가 복수심에 차 늘어놓은 헛소리라고 여겼던 것이다.

이런 평가가 아예 일리가 없는 것은 아니었다. 칸세코는 프로 3년차가 되던 해에 한 시즌에 홈런을 40개 넘게 치고 도루를 40개 넘게 한 최초의 선수가 되었지만, 이후 그 절정으로부터 가파르게 추락했다. 그가 타율을 희생한 채, 특히 (외야) 수비 능력을 희생한 채, 큰 것만 날리는 데 집중했기 때문이다. 역사적 위업을 이루었던 몇 년은 금세 지나갔고, 그는 수비 중에 공을 잡으려고 뛰어올랐다가 공이 그의 머리를 맞고 홈런이 되는 황당한 풍경을 연출한 선수로 더 유명해졌다. 심드렁한 태도도 팬들과 팀 동료들의 애정을 떨어뜨린 요인이었다. 그중에서도 칸세코의 첫 감독이었던 당시 오클랜드 애틀래틱스의 토니 라루사는 유독 그를 경멸했다. 라루사는 칸세코가 대기타석에서 다음 타석을 기다리는 동안 (제삼자를 통해서) 그가 텍사스 레인저스로 트레이드되었다는 소식을 알렸다. 그것은 아무리 화풀이라고 해도 유례없는 일이었다. 그러나 칸세코가 그런 굴욕을 당했어도 그를 동정한 사람은 별로 없었다고 한다.

그러니 대중이 칸세코의 말을 액면 그대로 받아들이지 못한 것도 이해할 만하다. 그러나 《약물에 취해》가 출간되고 얼마 지나지 않아, 책의 내용은 대부분 진실인 것으로 밝혀졌다. 칸세코는 자신이 오랫동안 스테로이드를 사용해왔다고 고백했다. 그 점에 놀란 사람은 없었다. 그러나 그는 다른 사람들까지 은근히 끌어들임으로써 야구계를 화나게 했다. 그중에는 올스타 선수도 많았고, 팀 동료였던 마크 맥과이어도 있었다. 스테로이드 추문은 결국 국회 조사로 이어졌고, 언뜻 헛소리로 들렸던 칸세코의 주장은 거의 모두 사실로 입증되었다. 이후 그는 당연히 그 내용을 담아 두 번째 책 《결백을 증명하다: 유명한 이름들, 유명한 거짓말쟁이들, 야구를 구하려는 싸움》을 썼다.

야구선수들 사이에서 합성 스테로이드가 인기 있는 까닭은 육상

(특히 단거리 종목), 역도, 보디빌딩, 그 밖의 많은 운동 분야에서 오래전부터 합성 스테로이드가 인기 있었던 까닭과 같다. 스테로이드를 맞으면서 적절한 훈련을 병행하면 근육 성장이 촉진되기 때문이다. 합성 스테로이드를 동화(anabolic) 스테로이드라고도 하는데, 이때 동화가 바로 그런 뜻이다. 모든 동화 스테로이드는 남성호르몬(안드로겐)의 합성물 형태인데, 특히 테스토스테론이 많이 쓰인다. 한마디로 합성 스테로이드는 테스토스테론을 흉내 내어 근육을 형성하도록 설계된 물질이고, 그 효능은 충분히 증명되었다.

그런데 테스토스테론은 근육 형성 외에도 많은 효과를 발휘한다. 남자의 경우, 자연적으로 생성된 테스토스테론은 생식기 발달, 털 성장, 여드름을 촉진한다. 뇌에서도 갖가지 효과를 발휘하여 행동에 영향을 미치는데, 가장 두드러지는 현상은 성욕 증가이지만 기분과 공격성도 달라진다. 사실 이런 부작용은 스테로이드 사용자들이 충분히 숙지하고 있는 것들이다. 이런 부작용은 (야구선수에게) 바람직하지는 않지만 어쨌든 자연스러운 호르몬 반응이다. 부작용 중에는 사춘기와 관련된 것이 많다. 사춘기는 테스토스테론 농도가 자연적으로 급증하는 시기이기 때문이다. 성인 스테로이드 사용자는 여러모로 영구적 사춘기를 경험하는 셈이다.

합성 스테로이드를 맞아서 테스토스테론 농도가 비정상적으로 높아지면, 특히 문제가 되는 부작용이 몇 가지 있다. 이를테면, '로이드 레이지(격분)'라는 상태에 휩싸여 폭력 행위를 많이 저지르게 되는 것이다. 그런데 합성 스테로이드의 부적절한 효과들 중에는 그것이 자연 테스토스테론에 미치는 영향 탓인 것도 많다. 테스토스테론 농도가 비정상적으로 높아지면, 우리 몸은 그에 대응하여 자연적인 테스토스테론 생산을 중단한다. 그런데 파괴적인 결과 없이 합성 테스토스테론을 맞을 수 있는 기간은 한 번에 몇 주에 지나지 않기 때문에, 사용자가 약물을 쓰지 않는 시기에는 테스토스테론 농도가 오히려 비정상적으로 낮아진다. 그래서 우울해지고, 성욕이 감퇴한다.

더 복잡한 문제는, 테스토스테론 대사의 부산물들 중에 에스트라디올이라는 에스트로겐 호르몬이 있다는 점이다. 에스트라디올 수치가 높아지면 남자에게도 여성형 유방이 발달한다. 그리고 에스트라디올 수치가 높고 자연 테스토스테론 수치는 낮을 경우, 마초적인 운동선수들의 세계에서는 제일 곤란한 결과라고 꼽을 만한 스테로이드 부작용이 발생한다. 바로 고환이 쪼그라드는 것이다. 설상가상, 장기 사용자 중에는 성욕은 충만한데도 발기부전을 겪는 사람이 많다. 정녕 '마음은 원하노나 몸이 따르지 않는다'는 얄궂은 상황에 해당하는 셈이다.

칸세코의 국경 단속 사건으로 돌아가자. 칸세코는 고자질쟁이였을 뿐만 아니라, 스스로 합성 테스토스테론을 사용한다고 자랑스럽게 천명하고 그 사용을 옹호했다. 그는 야구 경력이 끝난 뒤에도 규칙적으로 스테로이드를 맞았다. 그때의 외모와 느낌을 좋아했기 때문이다. 그렇게 장기간 사용했으니, 그는 고환 축소와 늘어짐을 특히 심하게 겪었을 것이다. 이는 스테로이드를 쓰지 않는 기간에만 그런 것이 아니라 거의 언제나 그랬을 것이다. 체포되던 당시에 그의 정자 생산은 사실상 멎은 상태였다. 그래서 임신촉진제가 필요했던 것이다.

칸세코는 당시 융모생식샘자극호르몬이라는 것도 갖고 있었다. 그것은 임신부들의 소변을 다량 정제하여 얻는 호르몬이다. 생식샘자극호르몬이란 생식샘을 자극하여 생식샘이 그 의무를 하게 만드는 호르몬인데, 생식샘의 의무는 당연히 성별에 따라 다르다. 여자라면, 생식샘자극호르몬은 난소를 자극하여 난자 발달과 에스트로겐 생산을 촉진한다. 남자라면, 생식샘자극호르몬은 고환을 자극하여 정자와 남성호르몬 생산을 촉진한다. 칸세코가 임신부들의 몸에서 나온 생식샘자극호르몬을 갖고 있었던 까닭은, 그저 대부분의 제품이 임신부들에게서 만들어진 것이기 때문이다. 그가 처방전을 소지하지 않았던 사실도 어쩌면 너그럽게 이해해줄 수 있을지 모르겠다.

남성호르몬은 분명 유능한 화학물질이다. 이 장에서는 남성호르몬에 왜 그런 능력이 있는지 알아보고, 특히 평범한 유전자 조절에서 그것이 담당하는 역할을 알아보겠다. 평범한 단기적 유전자 조절을 먼저 살펴보면, 나중에 후성유전적 유전자 조절을 이야기할 때 요긴하게 쓸 배경 지식을 얻을 수 있기 때문이다.

같은 유전자, 다른 효과

우리 몸의 거의 모든 세포들 속 거의 모든 유전자들은 거의 모든 시점에 침묵하고 있다. 아무 일도 하지 않고 가만히 있는 것이다. 그렇게 침묵하던 유전자가 단백질 생산에 참여하려면, 우선 활성화되어야 한다. 활성화는 특정 종류의 화학물질이 그 유전자의 제어반과 결합함으로써 2장에서 말했던 전사 과정을 개시할 때 시작된다. 그런 화학물질을 우리는 전사인자transcription factor라고 부른다. 성 스테로이드(남성호르몬, 에스트로겐)는 중요한 전사인자들이다. 따라서 칸세코가 스테로이드를 맞는 시기에는 맞지 않는 시기에 비해 테스토스테론이 전사인자로 작용하는 유전자들이 훨씬 활발하게 활성화된다. 만약에 유전자의 활동성을 빛의 세기에 비유한다면, 남성호르몬에 민감한 유전자들은 칸세코가 스테로이드를 복용할 때 훨씬 더 밝게 빛나는 셈이다.

그러나 모든 세포에서 다 그런 것은 아니다. 스테로이드 복용기라도, 칸세코의 몸에 있는 대부분의 세포들에서 남성호르몬에 민감한 그 유전자들은 계속 (밝기가) 침침할 것이다. 그러나 어쨌든 스테로이드가 혈액 속에서 온몸을 광범위하게 순환하고 있으므로, 이론적으로 온몸의 모든 세포들이 스테로이드에 노출되기는 할 것이다. 그리고 칸세코의 몸에 있는 모든 세포들은 모두 같은 유전자를 갖고 있다. 그렇다면 칸세코가 스테로이드를 복용할 때 소수의 세포들만이 더 밝게 빛나는 까닭은 무엇일까?

　테스토스테론을 비롯한 성 스테로이드들은 먼저 적절한 수용체와 결합한 뒤에야 유전자와 결합할 수 있다. 세포의 종류가 다르면, 그 속에 있는 수용체의 종류도 다르다. 따라서 테스토스테론은 남성호르몬 수용체가 있는 세포에서만 전사인자로 기능할 수 있다. 남성호르몬 수용체는 세포를 채운 젤라틴 같은 물질, 즉 세포질 안에 담겨 있다. 테스토스테론은 먼저 그 남성호르몬 수용체와 결합하여 복합체를 이루고, 그러면 그것이 세포질에서 세포핵으로 이동하여 유전자와 결합하고, 그리하여 유전자를 활성화한다. 그러니 우리가 특정 세포에 남성호르몬 수용체가 있는지 없는지를 안다면, 칸세코가 스테로이드를 복용할 때 어떤 세포들이 빛날지를 대충 예측할 수 있다.

　남성호르몬 수용체가 있는 세포 집단(조직) 중에서 주목할 만한 것은 피부, 골격근(두갈래근, 세갈래근 등), 고환, 전립샘이다. 뇌의 여러 부분에도 남성호르몬 수용체가 있는데, 시상하부(성욕을 비롯한 여러 충동을 제어한다)와 변연계(공격성을 비롯한 여러 감정을 조절한다)도 포함된다.[1] 그런 세포 집단에서는 남성호르몬에 민감한 유전자들이 스테로이드에 반응하여 불을 밝힐 것이고, 몸의 다른 부위에서는 똑같은 유전자들이라도 계속 침침할 것이다. 세포 환경이 유전자 활동을 제어하는 방식은 기본적으로 이렇다.

　칸세코의 비정상적으로 높은 테스토스테론 수치는 단기적으로 자연 테스토스테론 생산을 차단시켰을 뿐 아니라, 장기적으로 남성호르몬에 민감한 세포들에서 남성호르몬 수용체 수를 줄였다. 따라서 근육에 동일한 효과를 주기 위해서는 예전보다 많은 양을 복용해야 했다. 고환 축소는 차츰 만성적인 상태가 되었고, 결국에는 영구적인 상태가 되었다.

남성호르몬에 민감한 세포들만 놓고 보더라도, 테스토스테론이 미치는 영향은 세포마다 차이가 크다. 이를테면 세갈래근세포에게 미치는 효과는 고환세포나 뇌세포에게 미치는 효과와 다르다. 테스토스테론은 세갈래근에서는 근육섬유 성장과 증식을 돕고, 고환에서는 정자 발달을 돕는다. 왜 이렇게 다른 효과가 날까? 한 가지 이유는 테스토스테론이 세갈래근세포와 고환세포에서 서로 다른 수용체와 상호작용함으로써 서로 다른 유전자를 활성화하기 때문이다. 그러나 설령 같은 유전자가 활성화되는 경우에도 효과는 크게 다를 수 있다. 유전자가 활성화되는 세포 자체가 다르기 때문이다. 이처럼 남성호르몬에 민감한 세포들 사이에서도 반응에 편차가 있다는 것은 세포가 유전자 활동과 효과를 통제한다는 것을 보여주는 증거다.

세포에서 사회로

유전자의 활동성, 즉 유전자가 밝게 빛나는 정도를 가리켜 유전자 발현gene expression이라고 한다. 유전자 발현을 제어하는 작업이 곧 유전자 조절이다. 지금까지 우리는 유전자 조절을 순전히 세포 차원에서만 생각했다. 물론 유전자가 가장 직접적으로 조절되는 차원은 세포 차원이지만, 세포의 환경은 세포가 직접 상호작용하는 주변 다른 세포들의 영향을 받는 데다가 혈액을 통해 소통하는 더 먼 세포들의 영향도 받는다. 그렇기 때문에 유전자 조절은 멀리서 온 자극으로 시작될 때도 있다. 일례로 근육세포에 있는 남성호르몬 민감 유전자들은 고환에서 생성된 남성호르몬에 의해 조절된다.

어떤 유전자 조절은 환상적이게도 아예 몸 밖에서 시작된다. 특히 사회적 상호작용은 유전자 조절의 근원으로서 중요하다. 물고기에서 인간까지 많은 동물은 경쟁적 상호작용을 할 때 테스토스테론 수치가 달라지고, 그에 따라 유전자 활동이 변한다.[2] 경쟁이 아닌 다른 사회적 상호작용들도 영향을 미친다. 칸세코가 대기타석에서 트레이드 소식을 들었을 때, 그의 테스토스테론 수치는 약간 낮아졌을 것이다. 공이 글러브를 빗나가서 자신의 머리에 맞고 담장을 넘겼을 때, 그래서 홈런이 되었을 때, 겉으로는 아무렇지도 않은 것처럼 보였을지라도 그의 몸속은 그렇지 않았을 것이다. 당황스러운 사건 때문에 남성호르몬에 민감한 유전자들뿐 아니라 수많은 유전자의 활동이 일시적으로 바뀌었을 것이다. 이런 외상적 사건에 대한 정신과 치료가 실제로 충격을 완화시키는 효과가 있다면, 틀림없이 그 치료는 뇌에서 유전자 조절을 변화시켰을 것이다. 경기 중에 벌어진 사건이든 아니든 사회적 상호작용으로 인해 칸세코의 남성호르몬 수치가 달라졌다면, 변화는 언제나 몇몇 뇌세포에서 유전자 조절이 달라진 데서 시작되었을 것이다. 그러면 대체 어떻게 사회적 상호작용이 뇌세포들의 유전자 발현을 조절함으로써 남성호르몬 수치를 바꿀까?

칸세코가 생식샘자극호르몬^{GT}을 소지하고 있다가 체포됐다는 점을 떠올려보자. 그 호르몬은 임신부들의 태반에서 얻은 것이었지만, 사실 여성의 몸에 있는 대부분의 생식샘자극호르몬과 남성의 몸에 있는 모든 생식샘자극호르몬은 뇌 아래쪽에 있는 뇌하수체라는 작은 분비샘에서 만들어진다. 한편 뇌하수체가 생성하고 분비하는 생식샘자극호르몬의 정도를 조절하는 것은 시상하부에 있는 소수의 뉴런들인데,[3] 이 뉴런들은 생식샘자극호르몬분비호르몬^{GTRH}라는 호르몬도 생산한다.[4] GTRH는 생식샘자극호르몬의 분비를 촉진하고, 생식샘자극호르몬은 테스토스테론 생산을 촉진한다. 이 체계를 시상하부 – 뇌하수체 – 생식샘^{HPG} 축이라고 부르는데, 이 책에서는 '생식축'이라고 부르겠다. 칸세코가 앞으로도 계속 자멸의 길을 걷는다면, 결국에는 생식축에서 더 상류로 올라가서 GTRH를 구해야 할 것이다. 이 호르몬은 조달하기가 훨씬 까다롭지만 말이다.

사회적 상호작용이 칸세코의 남성호르몬 수치에 영향을 미치려면, 반드시 뇌를 거쳐야 한다. 특정 뇌세포 속의 특정 유전자들에게 영향을 미쳐서 작용하는 것이다. 그런데 우리가 익히 알듯이, 뇌는 엄청나게 복잡한 기관이다. 따라서 그 표적 세포가 무엇인지 찾을 때, 요행히 걸리기를 바라면서 무작정 탐색해서는 곤란하다. 다행히도 우

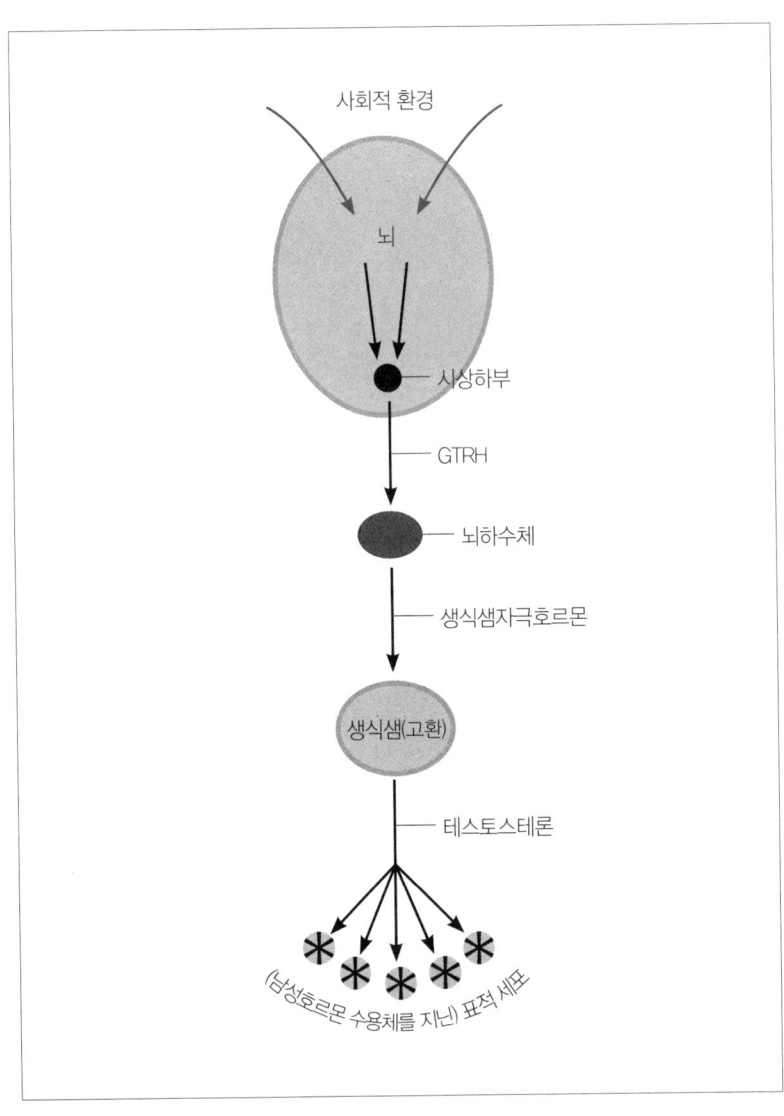

| 시상하부 – 뇌하수체 – 생식샘 축.

리에게는 테스토스테론의 사회적 제어 메커니즘을 밝힐 때 출발점으로 삼을 만한 논리적 후보가 있다. 바로 예의 GTRH 뉴런들이다. 뇌에 영향을 미침으로써 테스토스테론 농도를 바꾸는 사회적 요소들은 무엇이 되었든 반드시 그 뉴런들을 거쳐서 작용할 테니까 말이다. 그렇다면 우리는 GTRH 뉴런들에서 더 거슬러 올라가서, 그 뉴런들에게 직간접적으로 신호를 주는 다른 뉴런들을 찾아보면 된다. 사회적 환경에 의한 유전자 발현 변화가 개시되는 시발점이라고 볼 만한 지점은 틀림없이 GTRH 뉴런들에게 신호를 주는 그 뉴런들일 것이다.

이 가설을 제대로 연구하려면, 인간에게는 도저히 수행할 수 없는 실험을 해야만 한다. 다행스럽게도 우리에게는 모형으로 쓰기에 알맞은 동물들이 있다. 그중에서도 가장 훌륭한 대상은 놀랍게도 물고기다. 구체적으로 말하자면 아스타토틸라피아 부르토니 *Astatotilapia burtoni*라는 종으로, 탕가니카 호수에 사는 아프리카 시클리드 물고기다. 이 종의 수컷들은 영역 싸움을 한다. 자기만의 영역이 있어야 암컷을 꾈 수 있기 때문이다. 그러나 한 집단에서 소수의 수컷들만이 영역을 누리므로, 나머지는 번식하지 못하는 처지로 남는다. 영역이 있는 수컷과 없는 수컷은 생김새가 상당히 다르다. 영역이 있는 수컷은 얼굴에 검은 줄이 짙게 그어져 있고, 몸 색깔이 보통 더 현란하다. 몸속의 차이는 더 극적이다. 영역이 있는 수컷은 고환이 더 크고, 테스토스테론 수치가 더 높다. GTRH 뉴런들도 영역이 없는 수컷보다 영역이 있는 수컷이 훨씬 더 크다.[5]

연구자들은 영역이 있는 수컷에게 영역을 빼앗고 없는 수컷에게 영역을 줌으로써 물고기들의 사회적 지위를 바꿔보았는데, 외부적 변화와 내부적 변화가 그에 맞게 따라왔다.[6] 이때 GTRH 뉴런의 크기가 변한다는 것은 곧 GTRH를 암호화한 유전자의 활동에 부분적으로나마 변화가 있었다는 뜻이다.[7] 물론 다른 유전자들도 영향을 받는다.[8] 특히 중요한 점은 남성호르몬 수용체와 GTRH 수용체를 둘 다 암호화한 유전자들이 덜 활성화된다는 것이다.[9] 그러면 영역이 없는 수컷의 뇌하수체에서 생식샘자극호르몬 분비가 줄고, 생식샘자극호르몬이 줄면 고환에서 남성호르몬 생산이 줄며, 남성호르몬이 줄면 남성호르몬에 민감한 유전자들이 앞에서 우리가 이야기했던 각종 영향을 받는다. 물론 고환에 있는 유전자들도 예외가 아니기 때문에, 결국 물고기의 고환이 쪼그라든다. 마치 칸세코처럼.

세포 환경의 중요성

호세 칸세코의 불행한 스테로이드 사건은 참으로 교훈적이다. 다만, 고환 축소에 직접 관련된 교훈은 아니다. 그보다는 유전자가 세포 환경에 얼마나 민감하게 반응하는가 하는 문제와 관련된 교훈이다. 테스토스테론이 전사인자로 작용하여 그 영향을 받는 유전자들이 실제 테스토스테론에게 어떻게 반응할지 결정하는 것은 결국 세포 환경이다. 세포 환경에 대한 민감성은 테스토스테론으로 조절되는 유전자들에게만 국한된 것이 아니다. 모든 유전자들이 일반적으로 그렇다.

그리고 그 세포 환경은 가까이 있든 멀리 있든 몸속에 있는 다른 세포들로부터 영향을 받고, 심지어 몸 밖에서 벌어지는 사건들로부터도 영향을 받는다. 가령 사회적 상호작용이 그런 사건이다. 테스토스테론에 민감한 유전자뿐 아니라 많은 유전자가 궁극에는 사회적으로 조절되는 셈이다. 우리가 칸세코의 이야기에서 읽어낼 수 있는 유전자 활동의 풍경은 하나의 감독이 여러 생화학적 부하들에게 지시를 내리는 풍경이 아니다. 그보다는 모두가 서로에게 의존하는 풍경이다. 이 그림에서 유전자는 지시를 내리는 것 못지않게 지시를 받기도 한다. 그러나 우리가 이 장에서 살펴본 유전자 활동은 단기적인 것이었다. 유전자 활동을 장기적으로 고려할 때는 상황이 좀 달라지지 않을까? 어쩌면 그때는 세포 환경에서 사회적 환경까지 다양한 주변 맥락들에 대한 유전자의 민감성이 약간 줄지도 모르고, 따라서 유전자에 대한 기존의 전통적 견해가 더 적절할지도 모른다. 그러면 이제 스트레스에 관련된 유전자들을 예로 삼아서 장기적인 유전자 활동이 실제 어떻게 벌어지는지 알아보자.

2부
후성유전과 유전

4장_사회화한 유전자

5장_태내 환경과 비만의 상관성

6장_외상과 모성, 그리고 유전

4장

사회화한 유전자

베트남 전쟁 기념관을 짓기 위한 자금 모금은 부분적으로나마 영화 〈디어 헌터 The Deer Hunter〉의 영향을 받았다.1 보수파 속물들의 열띤 반대에도 불구하고 기념관은 지어졌고, 마야 린의 설계에 따라 끝으로 갈수록 뾰족해지는 단순한 구조이지만 강한 인상을 주는 검은 벽에 베트남 전쟁에서 희생된 미국인들의 이름을 모조리 새긴 기념비가 세워졌다. 그런데 사실 〈디어 헌터〉는 베트남 재향군인 기념비에 이름이 새겨진 사람들에 관한 영화라기보다는 전쟁에서 살아남았지만 물리적으로나 정신적으로, 또는 둘 다 다친 사람들에 관한 영화다.

이 장에서는 그 영화가 효과적으로 묘사했던 전쟁이 남긴 정신적 상처에 집중하여 이야기하겠다. 그런 상처들 중 일부는 후성유전적이다. 전쟁을 비롯한 온갖 외상들이 오랫동안 지속적으로 심리적 영향을 미치는 이유 중 하나는 후성유전적 변화를 유도하여 유전자 조절에 장기적인 변화를 일으키기 때문이다.

〈디어 헌터〉는 1978년에 개봉했다. 동남아시아의 전쟁에서 겪은 끔찍한 불행을 차츰 현실로 받아들이고 있던 미국 대중은 단숨에 이 영화와 공감했다. 영화 속 사건들은 1960년대 후반을 배경으로 한다. 당시 전쟁은 절정에 달했고, 미국은 반전 세력과 반전에 반대하는 세력으로 갈라져 있었다. 그 대립은 정치적 분열은 물론이거니와 사회 문화적 분열까지도 반영했다. 반전 세력은 대개 중산층이었고, 대학에 다니는 학생들이거나 대학을 졸업한 사람들이었다. 반전에 반대하는 세력은 주로 중하층 블루칼라 노동자들이었고, 고등학교를 졸업한 뒤 곧장 정규직으로 일하기 시작한 사람들이었다. 영화의 주인공들은 후자였다. 그들은 피츠버그 남부의 별 매력 없는 작은 동네에 사는 철강 노동자들이었다.

영화 속 마이클(로버트 드니로가 연기했다)은 척 보기에도 알파메일 alpha male 이다. 지도력을 타고난 남자 말이다. 그는 많은 미국인이 미국 문화의 특징으로 여기며 칭송하는 덕목들을 갖추고 있다. 결단력 있고, 행동 지향적이고, 신체 활동에 강하다. 존 웨인 John Wayne (미국 영화배우로, 1907년생이며 서부극에 주로 출연했다)이 영화배우가 될 수 있었던 것, 조지 W. 부시가 대통령이 될 수 있었던 것도 모두 그런 특징 때문이었다. 그러나 존 웨인이나 조지 W. 부시와는 달리, 마이클에게는 성찰적인 면이 있다. 스티븐(존 새비지가 연기했다)은 중간에 낀 형제 같은 사람이다. 그는 다정하고 서글서글하며, 다른 남자의 아이를 밴 여자와 결혼하려고 한다. 닉(크리스토퍼 워큰이 연기했다)은 셋 중 제일 젊고, 반전주의자들과 비슷한 또래다. 닉은 내성적이라는 점에서도 독특하다. 그의 예술적 감수성은 이 무리나 이 마을에는 어울리지 않는 것처럼 보인다. 영화 초반에 이들이 사슴 사냥에 나섰을 때, 닉은 마이클에게 자신이 "나무를 사랑하기" 때문에 사냥을 좋아한다고 말한다. 나무가 한 그루 한 그루 다 다르고 특별해 보이는 점이 좋다는 것이다. 마이클과 닉의 관계는 형과 동생의 관계와 비슷하지만, 가족 관계에 으레 따르는 성가신 문제들은 없다. 마이클은 닉의 예술적 감수성을 이해하고 존중한다. 사냥 도중에 마이클은 닉에게 "닉 네가 없다면 나는 혼자서 사냥을 할 거야"라고 말한다.

  영화가 시작하기 전 세 친구는 모두 군대에 입대하기로 결정한 상태였다. 마이클은 스스로 결정한 것이었고, 스티븐과 닉은 마이클의 결정을 따르기로 한 것이었다. 그들은 곧 파병될 텐데, 그 전에 스티븐의 결혼을 치러야 한다. 결혼식은 전통적인 루신(동유럽의 슬라브 민족 집단이다) 정교회 예식으로, 이를 통해 관객은 이 남자들이 이민자 조상으로부터 불과 한두 세대 떨어져 있을 뿐이라는 사실을 새삼 깨닫는다. 시끌벅적한 피로연 도중에 닉은 여자친구 린다(메릴 스트립이 연기했다)에게 청혼하고, 린다는 이를 수락한다. 남몰래 린다를 연모하던 마이클은 그날 밤 당연히 술을 들이붓고, 알몸으로 거리를 달린다. 결국 닉이 마이클을 진정시키고, 비록 마이클이 취한 상태지만 한 가지 약속을 하게 한다. 어떤 일이 생기더라도 "그곳에서" 자신을 버리지 않겠다는 약속을. 마이클은 닉의 호소에 비유적으로, 그리고 말 그대로 정신이 번쩍 든다.

이튿날 이른 아침, 닉과 마이클은 신혼인 스티븐을 뺀 다른 세 친구와 함께 사슴 사냥에 나선다. 다른 친구들은 사냥보다 술에 더 관심이 있고, 한 명은 신고 갈 부츠마저 깜박하여 진지한 사냥꾼인 마이클을 격노시킨다. 사실 마이클에게 사냥은 성사(聖事)와 같은 의미가 있고, 사슴은 존중해야 마땅한 토템에 가깝다. 그가 사슴을 "한 발에 명중"시켜 죽여야 한다고 고집하는 것은 그 때문이고, 그는 실제로 그렇게 한다.

다음 장면에서, 영화는 베트남의 작은 마을에서 벌어진 전투 신으로 넘어간다. 마이클은 화염방사기로 적군을 태워 죽이는 것으로도 모자라, 숯이 된 시체에 M16으로 여러 차례 총알을 박아넣는다. 지원 부대가 도착하는데, 거기에는 스티븐과 닉이 있다. 그러나 세 친구는 상봉하자마자 포로가 되고, 메콩 강 어귀의 원시적인 포로 수용 시설에 갇힌다. 간수들은 재미 삼아 포로들에게 러시안룰렛 게임을 시키고, 게임 결과에 자기들끼리 돈을 건다. 이 대목은 영화에서 사슴 사냥 다음으로 잔인한 장면이다.

스티븐은 예상되는 결과에 충격을 받아 셋 중에서 가장 눈에 띄게 공포를 드러낸다. 마이클은 스티븐을 끌어안고 강해져야 한다고 호소하면서 그를 달래는 데 집중한다. 설상가상 스티븐은 셋 중에서 맨 먼저 방아쇠를 당길 사람으로 선택된다. 마이클이 스티븐을 다독이는 동안, 닉은 위로를 받지 못한 채 겁에 질려 말없이 웅크리고 있다. 결국 마이클은 스티븐에게 용기를 주어 방아쇠를 당기게 한다. 그러나 스티븐은 총구를 높이 겨냥하고서 쏜다. 이것은 잘한 일이었다. 약실에 총알이 들어 있었기 때문이다. 어쨌든 스티븐은 규칙을 어긴 죄로 강물에 잠긴 나무 우리에 갇혀, 우리의 윗부분을 붙잡고서 머리만 겨우 물 위로 내민 채 있게 된다. 그리고 스티븐에게 벌을 주느라 게임이 중단된 사이, 마이클은 닉에게 (여섯 약실 중) 하나가 아니라 셋을 채우고 게임을 하는 편이 자기들에게 더 좋다고 설득한다. 만일 둘 다 살아남는다면, 그들은 간수들에게 총구를 돌릴 것이다. 물론 그럴 경우 생존 확률은 훨씬 낮아지지만 말이다. 닉은 마지못해 계획에 동의한다. 순서를 정하기 위해 빙글 돌아가던 총은 닉을 가리킨 채 멎는다. 닉이 먼저 쏴야 한다. 간수들이 위협하며 소리치는 동안에도 한참 주저하던 닉은 마침내 방아쇠를 당긴다. 약실은 비어 있었다. 이제 마이클의 차례다. 마이클도 닉도, 긴장을 도저히 견딜 수 없을 정도였다. 마이클은 마음을 굳게 먹고 방아쇠를 당긴다. 딸깍. 그 즉시 마이클은 총구를 화들짝 놀란 간수들에게로 돌리고, 처음 쓰러뜨린 간수의 라이플을 써서 둘은 나머지 간수들까지 모조리 죽인다.

 탈출 계획을 짜는 동안 마이클은 정신적으로 망가진 스티븐을 버리고 가자고 주장하지만, 닉은 격렬하게 반대한다. 결국 그들은 스티븐을 데리고 간다. 그들은 수용소를 탈출한 뒤 통나무를 잡고 강을 떠내려가다가 구조 헬리콥터를 만난다. 닉이 제일 먼저 헬리콥터에 오르는 동안, 마이클과 스티븐은 착륙용 다리를 쥐고 매달려 있다. 그때 스티븐이 손을 놓쳐 강으로 떨어지고, 마이클은 스티븐을 구하기 위해 자신도 손을 놓아 강에 빠진다. 마이클은 어찌어찌 스티븐을 강둑으로 옮기는 데 성공하고, 몸이 마비된 스티븐을 업은 채 열대의 정글을 헤치고 나아가 이윽고 전투에서 퇴각하고 있던 호의적인 호송대를 만난다.

우리가 다음으로 보는 장면은 사이공 군인 병원에서 요양 중인 닉의 모습이다. 닉은 정신적 손상의 징후를 드러낸다. 그는 의사에게 거의 말을 하지 못한다. 친구들이 어디 있는지도 모른다. 자신이 버려졌다고 느끼는 것 같기도 하고, 생존자의 죄책감을 느끼는 것 같기도 하다. 어느 쪽이든 그는 외로이 고립된 처지다. 밤이면 그는 사이공의 홍등가를 누비는데, 그러다가 어느 프랑스 사람의 손에 이끌려 도박장에 발을 들인다. 러시안룰렛을 하는 곳이다. 마침 그곳에 있던 마이클이 문득 닉을 알아보지만, 닉은 친구가 부르는 소리를 듣지 못한 채 급히 다른 곳으로 안내되어 간다.

다음 장면에서, 마이클은 고향으로 돌아왔다. 마이클은 스티븐과 닉이 죽었거나 실종된 상태라고 믿고 있다. 그는 고향 친구들의 관심과 후원이 썩 달갑지 않다. 그는 내면으로 침잠한다. 다시 사냥에 나섰을 때 그는 두고두고 자랑할 만한 수사슴을 쫓지만, 일부러 총을 높게 겨눈다. 그는 벼랑에 서서 마치 신에게 묻듯이 허공에 외친다. "오케이?" 돌아오는 대답은 메아리뿐이다.

마이클은 몰랐지만, 사실 스티븐은 근처 재향군인 병원에서 건강을 회복하는 중이었다. 스티븐은 부분마비를 겪고 있고, 두 다리는 잘려나갔다. 마이클은 소식을 듣고서 붐비는 병원으로 스티븐을 찾아간다. 그러나 재회는 훈훈하지 않다. 스티븐은 아내와 가족과 친구들이 기다리는 집으로 돌아가고 싶어 하지 않는다. 그는 마이클에게 사이공에서 누군가가 자신에게 막대한 양의 현금을 계속 보내오고 있다는 사실을 알린다. 마이클은 그것이 닉이 보낸 돈임을 알아차린다.

마이클은 의사의 권고를 무시한 채 스티븐을 집에 데려다주고, 자신은 즉시 사이공으로 떠난다. 사이공이 항복하기 직전인 1975년이다. 마이클은 그 프랑스 사람을 찾아내고, 프랑스 사람은 마지못해 마이클을 자신의 황금알을 낳는 거위인 닉에게 데려다준다. 지저분하고 붐비는 도박장, 그러나 닉은 마이클을 알아보지 못한다. 그는 펜실베이니아에서 살았던 과거도 거의 기억하지 못한다. 절박해진 마이클은 닉을 상대로 러시안룰렛 게임에 참가하고, 내내 고향에 대한 이야기를 들려준다. 그러나 소용이 없다. 하지만 예전에 함께 사냥을 다녔던 일을 이야기하자, 이윽고 닉이 반응을 보인다. 닉은 마이클을 알아보고, 미소를 떠올리며, 이렇게 말한다. "한 발로(마이클이 사슴 사냥을 할 때 한 발로 명중시켜야 한다고 했던 것을 기억해낸 것이다 — 옮긴이)." 그러고는 자신의 머리에 총을 대고 쏜다. 마이클과 관객들은 충격에 빠진다.

이 영화의 장점 중 하나는 마이클, 스티븐, 닉이 베트남에서 겪은 외상적 경험에 대해 서로 다른 방식으로 반응하는 모습을 그린 데 있다. 그들은 베트남 참전용사들, 나아가 일반적으로 무력 충돌에 참가한 모든 사람들이 겪는 다양한 반응을 축소하여 보여준다. 많은, 아마도 대부분의 참전용사처럼, 마이클은 지각 있는 존재라면 누구든 그런 경험으로 인해 겪을 만한 일시적인 우울 증상을 보인다(아마 평생 악몽도 꿀 것이다). 마이클의 반응은 사랑하는 사람이 죽어 애통해하는 사람들의 전형적인 반응을 닮았다. 스티븐은 좀 더 심각하고 장기적인 우울을 겪는다. 사랑하는 사람들조차 만나기를 거부하고 사회적으로 고립되어 있으려고 하는 점이 그 증거다. 한편 닉의 정신적 상처는 가장 심하다. 그것은 진정한 외상후스트레스장애PTSD이다. 이 용어는 영화 개봉 후 두어 해가 지나서야 만들어진 것이지만 말이다.

세 사람의 심리적 상처에는 공통점도 있다. 적어도 일시적으로나마 병리 현상에 해당하는 문제적 스트레스 반응을 보인다는 점이다. 스트레스 반응이 잘못되는 길은 기본적으로 두 가지다. 첫째는 스트레스 반응이 지나치게 민감해지고 작은 자극으로도 쉽게 개시되어 결국 만성적인 과다 활성 상태가 되는 것이다. 그 결과, 다양한 형태의 불안장애와 우울증이 나타난다. 정도는 다르지만 마이클과 스티븐은 둘 다 이런 문제를 겪었다. 둘째는 자극 인자에 대한 스트레스 반응이 지나치게 강하게 드러나서, 회로가 아예 타버리는 것이다. 이것은 PTSD에서 전형적으로 드러나는 문제로, 닉이 경험했던 문제다.

스트레스 반응

세 친구가 베트남에서 완전히 똑같은 경험을 한 것은 아니었다. 가령 물 밑 감옥은 스티븐만 경험했다. 그러나 논의의 편의상 그 차이는 무시하자. 이렇게 이상화할 경우, 우리는 그들이 동일한 외상에 대해 서로 다른 반응을 보였던 것을 어떻게 설명할 수 있을까? 어떤 사람들은 세 주인공의 유전적 차이를 강조할 것이고, 또 다른 사람들은 그들이 양육된 방식이 각각 다르다는 점에 집중할 것이다. 그러나 대부분의 사람들은 자신이 품은 기본적인 편향과는 무관하게, 유전자나 환경 한쪽만이 아니라 양쪽이 어떻게든 혼합되어 영향을 미친다는 절충적 견해를 받아들일 것이다. 본성이냐 양육이냐 하는 구분을 형식적으로나마 봉합하려는 것이다. 여기서 우리는 그보다 더 흥미로운 가능성을 살펴보도록 하자. 즉 세 주인공의 생애 초기 환경이 유전자에 영향을 미쳐, 같은 스트레스에 대해 다른 반응을 보이게 만들었을지도 모른다는 가능성이다.

우리는 스트레스 반응이라고 하면 보통 병리적인 요소들을 떠올린다. 그러나 사실 스트레스 반응은 우리가 정상적으로 기능하는 데 꼭 필요한 것이다. 스트레스 반응은 기본적으로 일종의 적응 과정으로서, 역동적인 환경이 제시하는 과제들 앞에서 인체의 생리적 평형을 유지하기 위해 진화된 것이다. 스트레스 반응이 생식에서 면역까지 거의 모든 생리적 체계들과 관련되어 있다는 점은 그 중요성을 보여주는 하나의 증거다.

　스트레스 반응 중에서도 속도가 가장 빠른 것은 싸움 혹은 도주 반응이라고 불리는 것이다. 이 반응이 시작되면 심장박동이 빨라지고, 혈관이 확장되고, 간은 저장하고 있던 글리코겐을 분해하여 세포의 주된 에너지 공급원인 글루코스를 만들어낸다. 그 덕분에 몸은 재빠르고 결단력 있게 행동할 채비를 갖춘다. 피부(땀 분비), 면역계(상처 치유), 뇌(각성과 경계)에 관련된 반응들도 마찬가지다. 싸움 혹은 도주 반응은 우리가 급성 스트레스 인자를 접했을 때 맨 먼저 벌어지는 스트레스 반응이다. 급성 스트레스 인자란 만취한 운전자, 길을 가로막은 곰, 전투 중에 총에 맞는 것 등등 다양하다. 물론 러시안룰렛도 포함된다. 스트레스 인자가 더 만성적일 때도—집단 따돌림, 실직, 참호전 등—싸움 혹은 도주 반응의 요소들이 여전히 드러나지만, 한껏 활성화된 여러 체계에서 그 밖의 장기적인 변화들도 스트레스 반응으로 나타난다.

　스트레스 반응은 뇌에서 시작되며, 서로 다르지만 관련이 있는 두 반응 체계를 활용한다. 그중에서 우리는 이른바 스트레스(혹은 HPA) 축을 중점적으로 살펴볼 텐데, 이것은 3장에서 이야기했던 생식축과 비슷한 뇌의 기본 구조다. 우선 시상하부에 있는 일군의 뉴런들이 부신겉질자극호르몬분비호르몬CRH을 생산한다. CRH는 뇌하수체의 세포들을 자극하여 부신겉질자극호르몬CT을 내게 하고, CT는 부신을 자극하여 코르티솔을 비롯한 여러 글루코코르티코이드 스트레

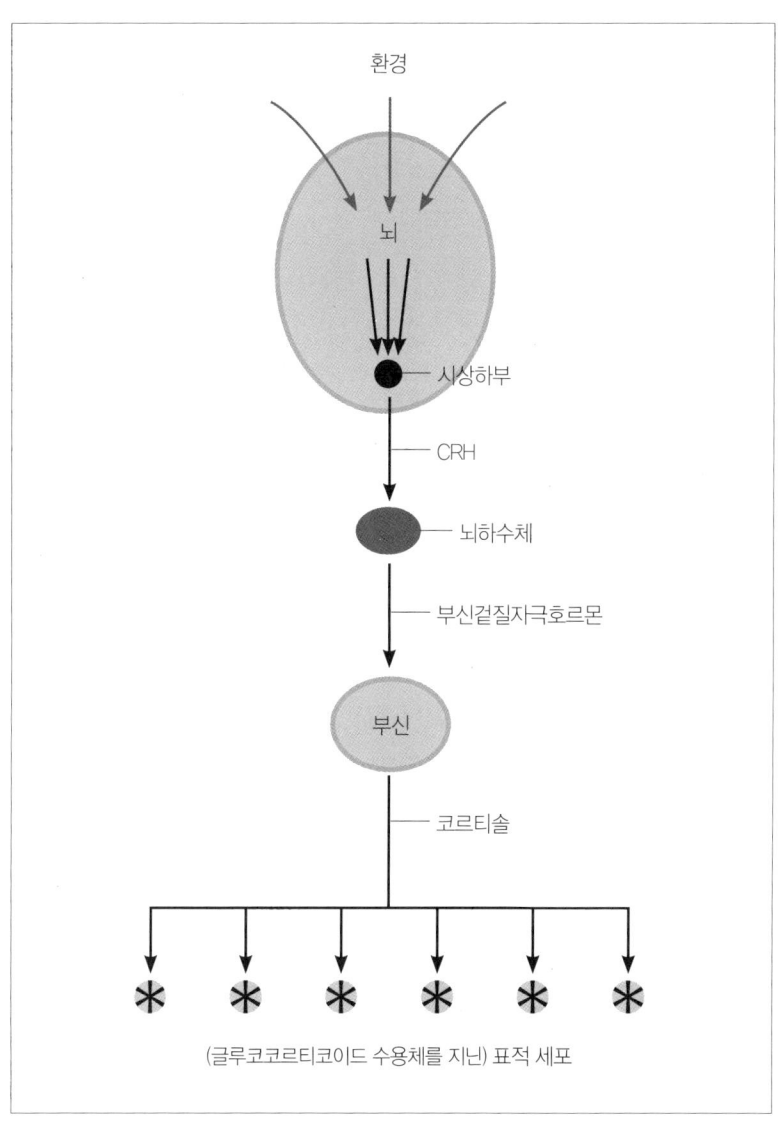

| 시상하부 – 뇌하수체 – 부신HPA 축.

스 호르몬을 내게 한다. 테스토스테론이나 에스트라디올 같은 성 호르몬처럼, 코르티솔은 세포핵 수용체와 결합함으로써 유전자 발현에 영향을 미치는 스테로이드 호르몬이다.[2] 글루코코르티코이드는 종류가 많다. 그러나 우리는 코르티솔이 유일하다고 가정하고, 글루코코르티코이드 수용체도 한 종류뿐이라고 가정하자. 글루코코르티코이드 수용체는 남성호르몬 수용체보다 수가 훨씬 더 많고, 훨씬 더 널리 퍼져 있다. 또한 훨씬 더 다양한 유전자들을 활성화한다. 따라서 코르티손과 같은 합성 글루코코르티코이드는 테스토스테론보다 더 많은 부작용을 일으킨다.

스트레스에 관련된 병리 현상은 스트레스축이 지나치게 무리할 때 발생한다. 러시안룰렛 따위의 급성 외상으로 압도된 탓이든, 지속적인 위협에 노출된 군인이 겪는 것과 같은 만성적 스트레스 탓이든 말이다. 스트레스 과부하가 급성이든 만성이든, 스트레스에 대한 가장 믿을 만한 지표는 뇌에서 CRH 수치가 급증하는 것이다(코르티솔 수치도 급증할 때가 많지만, 병리적 스트레스 반응과 코르티솔 수치의 관계는 좀 더 복잡하다).[3]

마이클, 스티븐, 닉의 반응에서 보았듯이, 사람들이 스트레스에 반응하는 방식은 물론 개인적인 편차가 크다. 그래서 그동안 과학자들은 편차를 설명해줄 유전자를 찾아다녔다. 즉 우울증 유전자니 불안증 유전자니 하는 것들이다. 그러나 그와는 사뭇 다르게, 생애 초기에 벌어진 사건들을 강조하는 접근법도 있다. 그 시작은 자궁에서부터다.

자궁에서 벌어진 일의 장기적 영향

지난 수십 년 동안, 의사들은 조산 위험이 있는 태아의 폐 발달을 촉진하기 위해 합성 코르티솔을 처방했다. 호흡 부전은 조산의 중요 위험 요소이기 때문이다.[4] 그런데 최근 의사들과 과학자들은 이 처방이 스트레스축에 미치는 장기적 영향을 걱정하고 있다. 이 걱정에는 근거가 있다. 처방을 받았던 태아들의 스트레스축이 평생 과다 반응성을 보여, 심장질환과 당뇨를 포함한 여러 질병의 발생률이 평균보다 높고 수명이 짧았던 것이다.[5] 불안장애, 우울증, 물질남용, 정신분열증과 같은 여러 스트레스 관련 뇌/행동 문제를 겪을 가능성도 높았다.[6]

합성 글루코코르티코이드 처방은 산모가 스트레스를 받는 상황과 비슷한 효과를 낸다. 산모가 스트레스를 받으면 그렇지 않을 때에 비해 코르티솔이 더 많이 생산되고, 코르티솔의 일부가 태반을 통해 태아에게 전달된다. 높은 코르티솔 수치를 경험한 태아는 이후에 겪는 스트레스성 사건들에 대해서 더 민감하게 과다 반응하는 방향으로 스트레스축이 설정된다. 이렇게 스트레스 반응이 영구적으로 바뀌는 것을 가리켜 글루코코르티코이드 프로그래밍 혹은 HPA 프로그래밍이라고 부르는데,[7] 나는 간단히 '스트레스 편향 stress biasing'이라고 부르겠다.

산모의 스트레스에는 여러 원인이 있을 수 있다. 몇 가지만 꼽자면 불행한 결혼, 사회적 고립, 가난 등이다. PTSD를 일으킨다고 생각되는 극심한 스트레스 수준에도 다양한 원인이 있다. 〈디어 헌터〉가 효과적으로 그려 보였듯이, 전쟁은 아주 효과적인 PTSD 촉진 인자다. 물론 베트남 전쟁이 역사상 최초로 PTSD 희생자를 낸 전쟁은 아니었다. 헤로도토스는 기원전 500년에 이 질환을 최초로 묘사했다고 할 수 있다. 그는 페르시아 전쟁에 참전했던 한 용사가 마라톤 전투에서 친구의 죽음을 목격한 뒤 이와 비슷한 상태를 겪었다고 적었다.[8] 최근에는 제1차 세계대전에서 수많은 '탄환 충격' 사례가 등장했고, 제2차 세계대전에서는 수많은 '전투 피로증' 사례가 등장했다. 둘 다 PTSD를 덜 완곡하게 표현한 임상 용어다.

꼭 전쟁을 겪어야만 PTSD가 발생하는 것은 아니다. 극심한 외상이라면 무엇이든 가능하다. 지진, 2004년 인도양 쓰나미, 허리케인 카트리나와 같은 자연재해도 효과적인 PTSD 자극 인자다. 2001년 9월 11일의 세계무역센터 붕괴 사건은 자연재해와는 거리가 멀지만 역시 PTSD를 일으켰다.[9] 또한 홀로코스트의 피해자 수를 제대로 집계하려면 살해되거나 굶어 죽은 수백만 명 외에도 오늘날 우리가 PTSD라고 인정할 만한 방식으로 영구적 외상을 입은 수많은 생존자를 포함해야 할 것이다. 홀로코스트가 야기한 이런 고통은 직접적인 희생자들을 넘어서 지금까지도 계속 가지를 뻗어나가고 있다. 닉이 바로 그런 경우라고 할 수 있을 것이다.

홀로코스트 때문에 PTSD를 겪었던 여성들의 자식은 자신이 직접 홀로코스트의 영향을 받은 것이 아닌데도 PTSD를 겪을 가능성이 평균보다 더 높다.¹⁰ 한 가지 흥미로운 점은, 우울증의 경우에는 모든 홀로코스트 생존자들의 자식이 그렇지 않은 사람들보다 발병률이 더 높았지만, PTSD의 경우에는 어머니가 홀로코스트로 PTSD를 겪었던 사람들만 발병률이 높았고, 아버지가 PTSD를 겪은 사람들은 그렇지 않았다는 것이다. 이것은 태내 환경이 중요하게 작용한다는 점을 암시한다. 태내 환경의 역할은 세계무역센터 붕괴를 직접 겪은 여성들의 자식에게서 특히 뚜렷하게 나타났다. 쉽게 짐작할 수 있듯이 그 여성들 중 다수가 PTSD를 겪었는데, 당시 임신한 상태였던 여성들이 낳은 아이들은 고양된 스트레스 반응과 과다 반응성 스트레스 축을 갖고 태어났다.¹¹ 그들은 어머니가 PTSD를 겪지 않은 사람들에 비해 앞으로 불안증, 우울증, 심지어 PTSD에도 더 취약할 것이다. 그렇다면 자궁을 통해 겪었던 외상은 닉과 같은 참전용사들이 PTSD에 유달리 취약한 데 기여하는 요인일지도 모른다.

   PTSD는 스트레스 반응이 극단적으로 잘못된 경우일 뿐이다. 게다가 그나마 가장 많이 연구된 경우다. 사실 그보다는 마이클이나, 특히 스티븐이 경험했던 스트레스 관련 병리 현상들이 훨씬 더 흔하다. 우리가 다음으로 살펴볼 것은 그런 덜 심한 병리 현상들, 가령 불안, 공포, 우울이다. 그런데 우리가 그런 병리 현상들의 바탕에 깔린 메커니즘을 속속들이 이해하려면, 필수적인 실험을 수행할 만한 적절한 동물 모형이 있어야 한다. 자궁에서 겪은 스트레스 효과를 살펴보는 실험에서는 기니피그가 선택되었다. 왜냐하면 기니피그는 사람처럼 임신 기간이 길고, 새끼가 쥐에 비해 발달이 덜 된 상태로 태어나기 때문이다.

기니피그가 임신했을 때 합성 글루코코르티코이드를 처방했더니, 사람과 마찬가지로, 그 새끼의 스트레스 반응은 영구히 바뀌었다.[12] 특히 태아의 뇌 성장이 빨라지는 기간에 임신한 기니피그에게 스트레스를 주면, 수컷 새끼도 고양된 스트레스 반응을 드러냈다. 그리고 뇌와 뇌하수체에서는 이 변화에 동반하는 두드러진 변화들이 벌어졌다.[13] 뇌에서는, 특히 해마에서는 코르티솔 수용체의 양이 줄었는데, 그러면 시상하부에 있는 CRH 분비 뉴런들이 간접적으로 조절된다(75쪽의 그림을 보라). 그렇다면 산모의 스트레스가 코르티솔 수용체에 미치는 영향을 좀 더 살펴보자.

양육 방식과 스트레스 반응

스트레스 반응이 '프로그래밍'되는 현상에 대한 연구는 대개 쥐를 대상으로 한다. 이 설치류는 기니피그나 사람보다 더 이른 발달 단계에서 태어난다. 스트레스축의 '저항 조절기'가 설정되기도 전이다. 그래서 쥐는 특정 종류의 조작에 더 많이 반응하고, 과학자들이 그 결과를 관찰하기도 더 쉽다.

일찍이 과학자들은 새끼 쥐를 어미의 보금자리에서 오랫동안 떨어뜨려 두면 새끼가 평생 스트레스를 받는다는 것을 관찰했다. 새끼를 짧게 정기적으로 어미에게서 떼어내는 대신 사람이 세심하게 돌보면, 이 새끼의 스트레스 반응은 돌봄을 받지 못한 형제들에 비해 조금 줄었다. 분리 후에 어미가 보이는 반응도 어느 정도 영향을 미쳤다. 짧은 분리 후에는 어미가 돌아온 새끼를 철저하게 핥아주었지만, 오랜 분리 후에는 어미가 새끼를 낯선 상대처럼 취급하며 핥아주지 않았다. 어미가 핥으면서 털을 손질해주는 촉각적 자극은 새끼의 스트레스 반응을 평생 누그러뜨리는 효과가 있는 것이다.

다음으로 과학자들은 어미가 새끼를 핥아주는 정도에 타고난 편차가 있다는 것을 발견했다. 어떤 어미는 다른 어미보다 더 잘 핥아주었다. 잘 핥아주거나 많이 핥아주는 어미가 돌본 새끼들은 못 핥아주거나 인색하게 핥아주는 어미에게서 자란 새끼들보다 스트레스 반응이 더 누그러졌다.[14] 게다가 못 핥아주는 어미에게서 새끼를 떼어내어 잘 핥아주는 어미에게 두면, 새끼의 스트레스 반응은 생물학적 친모보다 양모의 수준에 더 비슷해졌다.[15] 내가 지금부터 소개할 실험은 이런 배경 지식을 깔고 있었는데, 캐나다 맥길 대학의 마이클 미니Michael Meaney와 동료들이 주로 수행한 실험이다.

미니는 잘 핥아주는 어미 쥐의 자식이 성체가 되었을 때 못 핥아주는 어미의 자식보다 뇌의 특정 부분, 특히 해마에서 글루코코르티코이드 수용체GR가 더 많다는 것을 발견했다.[16] GR이 많으면 코르티솔의 민감성에 대한 부정적 되먹임 회로가 강화되고, 그 때문에 CRH의 농도가 낮아진다. CRH 수치가 낮으면, 못 핥아주는 어미의 자식에 비해 같은 스트레스 인자를 접했을 때 스트레스축의 반응이 더 누그러진다. 새끼들이 다 자랐을 때 이 차이가 드러난 것으로 보아, 코르티솔이 표적 유전자들을 단기적으로 조절하는 것 외에도 그보다 더 장기적인 유전자 조절이 분명 개입했을 것이다.

잘 핥아주는 어미와 못 핥아주는 어미의 새끼들을 위에서 말한 대로 바꿔 기르면, 효과는 역전되었다. 못 핥아주는 어미의 생물학적 자식이라도 잘 핥아주는 어미가 기르면, 새끼는 해마의 글루코코르티코이드 수용체 수를 비롯하여 모든 면에서 잘 핥아주는 어미의 생물학적 자식을 닮았다.[17] 그 역도 참이었다. 교차 양육 실험은 어미의 보살핌과 가령 성체의 GR 수치에서 드러나는 스트레스 반응 사이에 직접적인 관계가 있다는 것을 설득력 있게 보여주는 증거다.

과연 무엇이 GR 수치에 대한 장기적 변화를 일으켰을까? 한 가지 확실한 후보는 코르티솔 수용체 유전자 자체가 장기적으로 변했을 가능성인데, 어떻게 그렇게 되었는지를 알려면 우리는 더 상류로 올라가서 *GR** 유전자의 발현에 영향을 미치는 인자를 찾아보아야 한다. *GR*의 제어반에는 NGFI – A(신경성장인자유발가능인자 A)라는 전사인자가 결합하는 자리가 있다(편의상 나는 이 거추장스러운 머리글자를

---

* 과학자들은 유전자가 암호화한 단백질의 이름을 따서 유전자를 부를 때가 많다. 이때 혼동을 피하기 위해서 보통 유전자 이름은 이탤릭체로 표기하고(이 경우에는 *GR*), 단백질은 그냥 GR이라고 쓴다.

더 줄여서 NGF라고 부르겠다).

NGF가 *GR*에 결합하면, *GR*을 활성화하여 전사를 증가시킨다. 잘 핥아주는 어미가 보살핀 새끼는 못 핥아주는 어미가 보살핀 새끼에 비해 NGF 수치가 더 높다.[18] 그러나 새끼들이 다 자랐을 때는 NGF 발현 정도에 차이가 없다. 그 말인즉, 생애 초기에 NGF 발현 수준이 일시적으로 달랐던 것이 뇌에서 코르티솔 수용체 유전자의 반응성에 영구적인 영향을 남긴 셈이다. 이것은 *GR*의 후성유전적 변화를 통해서 이루어지는 현상이다.

후성유전적 유전자 조절의 메커니즘

후성유전적 유전자 조절 메커니즘에도 종류가 많다. 그중 가장 보편적이고 많이 연구된 메커니즘은 메틸화로, DNA에 메틸기(탄소원자 하나에 수소원자 세 개가 붙은 것, 즉 CH_3)가 붙는 것을 말한다.[19] 메틸기가 유전자에 붙으면, 보통 발현을 억제한다. 메틸화는 테스토스테론이나 코르티솔 등 앞에서 이야기했던 여러 전사인자와는 달리 일시적이지 않다. 메틸기는 세포 분열로 세포가 복제된 뒤에도 계속 DNA에 붙어 있을 때가 많다. 메틸화된 DNA는 세포의 수명 내내 그대로 유지되며, 나아가 애초에 후성유전적 변화가 일어났던 세포로부터 유래한 모든 자손 세포들에게도 고스란히 전달된다. 따라서 어떤 유전자가 메틸화됨으로써 후성유전적으로 발현이 꺼진다면, 그 유전자를 포함한 세포의 계통 내내 그 유전자는 꺼진 상태로 남아 있기 쉽다.

그러나 발생 초기의 어느 결정적인 시기에는 메틸화를 둘러싼 상황이 좀 더 유동적이다. 이때 어떤 생화학 경로는 메틸화를 촉진하고, 다른 생화학 경로는 메틸화를 방지하거나 아예 탈메틸화를 일으킨다. 생쥐의 경우, 핥기로 표현되는 모성적 보살핌의 질은 *GR* 유전자가 이 생화학 경로를 따르느냐 저 경로를 따르느냐를 결정짓는다. 훌륭한 보살핌은 탈메틸화를 부추기고, 나쁜 보살핌은 메틸화로 이어진다. *GR*이 메틸화되면, 전사인자 NGF가 쉽사리 결합하지 못한다. 그래서 해마에서 GR 단백질이 덜 생산되고, 스트레스축이 과다 반응을 보여, 쥐는 두려움과 불안을 쉽게 느끼는 성향이 된다.

후성유전적 조절의 성격을 감안할 때, 메틸화는 발생 초기에 일어날수록 효과가 더욱 두드러지고 광범위하다. 그러나 메틸화를 비롯한 모든 후성유전적 과정들은 출생 이후에도 진행된다. 사실상 평생 진행된다. 과학자들은 일란성 쌍둥이의 스트레스 반응이 서로 다른 것도 후성유전적 변화로 설명할 수 있다고 보는데, 그런 변화 중 일부는 출생 후 한참이 지나서야 벌어진다. 쌍둥이라도 스트레스 반응은 서로 확연히 다르고, 서로 떨어져 자란 쌍둥이라면 더욱 그렇다. 불안증, 우울증, PTSD가 모두 그렇다.[20] 함께 자란 쌍둥이라도 나이가 들수록 서로 다른 방향으로 나아가기 마련이다. 만일 그것이 후성유전적 차이 때문이라면, 과학자들은 쌍둥이에게서 생리적 차이와 행동적 차이를 발견할 수 있어야 할 것이다. 예를 들어, 스티븐에게 스탠이라는 쌍둥이 형제가 있었다고 하자. 스탠은 계속 고향에 남아 철강소에서 일했다고 하자. 그렇다면 스티븐이 귀환했을 때 그의 스트레스 반응은 아마도 스탠보다 더 높은 수준이었을 것이다. 그리고 그로부터 10년 뒤에도 스티븐의 스트레스 반응은 스탠보다 더 높은 수준이기 쉬울 것이다.

후성유전학과 〈디어 헌터〉

〈디어 헌터〉가 극적으로 묘사한 마이클, 스티븐, 닉의 사연은 극심한 스트레스에 처한 인간들의 반응과 그 때문에 가끔 발생하는 병리적 스트레스 반응의 일부를 잘 보여준다. 스트레스에 관련된 그 모든 문제들은 유전자 조절의 변화 때문에 생기는데, 이 변화는 장기적이거니와 때로는 평생 간다. 그런 장기적 유전자 조절 변화가 곧 후성유전적 변화다. 이 장에서 우리는 후성유전적 과정 중에서도 메틸화라는 한 종류만을 살펴보았고, 생쥐의 유전자 중에서도 메틸화를 통해 평생 스트레스 반응을 높이는 한 유전자만을 살펴보았다. 과학자들은 이런 생쥐 연구와 같은 것을 개념 증명proof of concept이라고 부른다. 그렇다고 해서 생쥐 연구의 결과를 마이클, 스티븐, 닉의 상태에

곧장 적용할 수 있다는 뜻은 아니다. 하물며 다른 어떤 현실의 인간에게도 적용할 수 없다. 그렇게 하는 것은 성급하다. 어쩌면 다른 유전자들이 더 많이 개입할 수도 있고, 그것들의 조절 장애가 스트레스 반응의 과다 반응성에 중요한 역할을 할 수도 있다. 그리고 앞으로 이야기하겠지만, 메틸화는 후성유전적 과정의 한 종류일 뿐이다. 생쥐 연구는 다만 후성유전적 조절에 대한 연구가 스트레스 관련 병리 현상을 이해하고 궁극적으로 치료하는 데 있어서 유용한 방편이라는 점을 시사할 따름이다.

5장

태내 환경과 비만의 상관성

2001년 타이Thailand에 갔을 때, 나는 시차증으로 인한 괴로움을 겪으면서 첫날을 방콕의 국립박물관 단지에서 보냈다. 내가 박물관 애호가이기는 해도, 사정이 사정이다 보니 전시물에 집중하기가 힘들었다. 특히 설명을 읽기가 힘들었다. 반쯤 조는 채로 한 시간쯤 지났을까, 속이 부글거리기 시작했다. 나는 옳거니 하면서 속도 달랠 겸 사람 구경이나 하기로 했다. 그 사람들 가운데 내 눈을 사로잡은 것은 박물관으로 견학을 나온 근처 학교의 아이들이었다. 아이들은 대부분 유달리 칙칙해 보이는 교복을 입었다. 카키색 셔츠와 반바지, 진갈색 긴 양말, 그보다 옅은 갈색 구두였다. 교복 색깔은 그 열대 도시와는 좀 어울리지 않는 듯했다. 반바지만큼은 상당히 실용적이었지만.

그런데 옷차림보다 더 눈에 띄는 것은 아이들의 행동이었다. 소리를 내거나 비명을 지르거나 정신없이 계단을 오르내리는 아이는 아무도 없었다. 아이들은 인솔자의 말에 상당히 집중했고, 단체로 움직일 때가 되면 효율적으로 소집에 응했다. 박물관을 나서서 혼란스럽고 붐비는 거리로 나갈 때도, 아이들은 일렬종대와 차분한 태도를 유지했다.

당시 내 아들은 열 살이었기에, 나는 아들 학교의 소풍과 타이 아이들의 차이를 느끼지 않을 수 없었다. 내가 직접 겪어봐서 알지만, 아들의 학교에서는 아이들이 견학을 나가면 언제나 어른 수행원이 여러 명 붙었는데, 수행원들은 질서 유지에 절반의 성공만 거두어도 하루가 지나면 모두 기진맥진했다.

이후에도 나는 타이를 방문할 때마다 여정의 앞뒤 이틀은 방콕에서 머물며, 여러 사당과 왕궁에서 남몰래 학생들을 관찰했다. 그리고 내 관심사는 점차 아이들의 태도에서 육체적 속성으로 옮겨갔다. 가장 뚜렷한 특징은 아이들의 키였다. 방콕 아이들의 키는 태도와는 달리 미국 표준에 훨씬 가까웠다. 이것은 아시아 전역에서 벌어지는 현상으로, 제2차 세계대전 이후 세대가 지날수록 키가 커졌다. 타이의 12세, 13세 아이들은 벌써 조부모보다 클 때가 많고, 곧 부모의 키도 넘을 것이다. 여기에는 분명한 이유가 있다. 가장 뚜렷한 이유는 풍족한 영양 섭취, 특히 단백질 섭취 때문이다.

그러나 몸무게에 관해서라면, 타이 아이들은 여전히 미국 아이들에 한참 뒤졌다. 첫 방문에서는 한 소년만이 눈에 들어왔다. 그 아이를 파라돈이라고 부르자. 파라돈은 박물관에 온 아이들 중 과체중임이 틀림없어 보이는 유일한 아이였다. 그러나 이후 방문에서는 과체중 소년이 점점 더 많이 눈에 띄었다(소녀는 없었다). 2005년에는 한 학급의 25명쯤 되는 학생들 중에서 약 1명이 과체중인 것 같았다. 이 비율은 내가 초등학교에 다닐 때인 1960년대와 비슷하다. 그때 학교에서 찍었던 사진을 보면 한 학급에 과체중인 아이가 1명쯤 있으니까 말이다. 이것은 내 아들이 다니는 학교의 비만율보다 현저히 낮은 수준이다(남녀를 모두 포함해서 하는 말이다).

몸무게 면에서 타이 아이들은 내 아들 또래의 미국 아이들보다는 1960년대 미국 아이들에 더 가깝다. 타이에서 아이가 사춘기 이전에 과체중이 되는 것은 최근에서야 생긴 현상이고, 비만은 아직 도시화된 지역에만 국한된 듯하다. 가령 이산 지역 같은 시골에 가서 뚱뚱한 어린이를 보려면 정말 한참을 찾아야 할 것이다.

타이의 도시와 시골 간의 몸무게 차이에는 분명한 이유가 있다. 도시 거주자들은 시골 거주자들보다 확실히 더 부유하다. 최근에 벌어진 정치적 소요의 주된 원인도 바로 그 불균형이었다. 그리고 경제적 풍족함과 더불어 칼로리 섭취가 증가하고, 육체 활동이 감소할 때도 많다. 이것이야말로 몸무게 증가의 표준 공식이 아닌가. 그러나 칼로리의 양만큼이나 늘어난 칼로리의 공급원도 중요한데, 이 점 역시 도시 거주자들은 시골 거주자들과 다르다.

아니 왓이라는 이름의 내 친구는 방콕에 살지만 식단만큼은 여태 시골식이다. 그는 고향인 펫차부리 주 깽끄라찬 국립공원 지방 사람들과 비슷하게 먹는다. 주식은 다양한 과일과 채소인데, 일부는 노천 시장에서 구입한 것이고 일부는 그가 직접 채집한 것이다. 왓은 숲으로 산책 나갈 때마다 나팔꽃이니 뭐니 하는 식물들을 거둬 온다. 다양한 종의 가지 열매도 따 오는데, 내가 한때 길렀던 크고 길죽하고 자주빛이 도는 가지와 비슷한 것은 하나도 없다.

왓은 전형적인 미국인에 비해 동물성 단백질을 훨씬 적게 먹고, 소고기는 거의 먹지 않는다. 타이의 시골 사람들이 먹는 동물성 단백질은 주로 닭고기와 생선이고, 미국인은 대부분 먹을거리로도 여기지 않을 듯한 다양한 생물들로 좀 더 보충한다. 특히 눈에 띄는 점은 유충에서 매미, 바퀴벌레까지 각종 곤충을 먹는다는 것이다(왓에게는 바퀴벌레를 넣지 않은 그린파파야 샐러드는 제대로 된 샐러드가 아니다). 왓은 유제품이나 가공식품은 사실상 전혀 먹지 않는다. 예전에 미국에 오래 체류하면서 땅콩버터를 좋아하게 되기는 했지만. 왓의 디저트는 주로 가공처리한 과일 절임인데, 딱히 달지는 않다. 왓은 60세가 넘었지만 한때의 무에타이 복싱 선수다운 몸매를 유지하고 있다.

도시 거주자의 식단에도, 특히 최근에 배후지에서 도시로 이사한 사람의 식단에는 곤충을 비롯하여 이런 음식들이 많이 포함된다. 그러나 그들은 가공식품도 많이 먹는다. 타이산도 있지만, 갈수록 유럽산과 미국산이 많아지고 있다. 미국산 식품은 주로 맥도날드, KFC 등의 패스트푸드 체인점들이 공급하는데 패스트푸드야말로 비만으로 가는 가장 효율적인 길이라고 알려져 있다. 타이 사람들의 패스트푸드 취향에는 약간 흥미로운 특징이 있다. 타이는 내가 가본 곳 중에서 맥도날드보다 KFC가 더 많은 것처럼 보이는 예외적인 장소다. 타이 사람들이 소고기보다 닭고기를 좋아한다는 것도 한 요인이겠으나, 왓은 "프라이 인자$^{fried\ factor}$"라는 것을 지적했다. 타이의 전통음식은 대개 튀긴 것이다. 웍(중국 음식을 요리할 때 쓰는 큰 냄비)에서 볶다시피 하는 데다가 기름을 훨씬 적게 쓰기는 하지만 말이다. 튀긴 음식을 좋아하는 타이인들의 입맛은 최근에 도시에서 도넛 회사들이 성공을 거두는 한 요인일지도 모른다.

원래 나는 타이의 부유한 도시 거주자들의 몸무게가 빠르게 느는 현상을 미국화된 식습관 탓으로 돌렸다. 그 경향성은 미국이 1960년대 중반부터 1970년대 초까지 타이의 공군기지들을 베트남, 라오스, 캄보디아를 공격하기 위한 집결지로 사용하면서부터 시작되었다. 미군들이 물리적, 정신적으로 지쳤을 때 휴양과 휴가를 위해서 찾는 곳도 타이였다. 자연히 그들은 미국 음식을 원했고, 그것을 먹을 수 있었다. 타이 사람들은 미국 음식을 가장 건강하지 못한 형태로 처음 접하면서 좋아하게 되었고, 그래서 몸무게가 늘었다. 미국 사람처럼 먹으면 미국 사람처럼 살이 찌는 법이다. 이 과정은 너무나 분명해 보였다. 그러나 이후 나는 미국인이든 파라돈 같은 타이인이든, 비만이란 그렇게 단순한 문제가 아니라는 것을 깨달았다.

맥도날드나 KFC 따위가 미국은 물론, 타이를 비롯하여 갈수록 많은 나라에서 비만에 기여하고 있다는 것은 분명한 사실이다. 그러나 패스트푸드 가게들은 이미 질병 소인素因을 품고 있는 사람들을 벼랑 너머로 밀어뜨린 원인, 즉 침전제로 기능한 원인으로 보아야 옳다. 그렇다면 애초에 질병 소인을 안긴 원인은 무엇일까? 전통적인 대답은 유전자였다. 어떤 개인이나 민족 집단은 생물학적으로 물려받은 유전자 때문에 다른 개인이나 집단보다 비만이 되기가 더 쉽다는 것이다. 그러나 이 장에서 나는 다른 종류의 소인을 살펴보겠다. 바로 후성유전적 소인이다. 후성유전적 소인은 보통 자궁에서부터, 아니면 영아기에서부터 발달한다.

절약 유전자 가설

비만 그 자체는 공중보건 문제가 아니다. 비만이 인체의 생리에 일으키는 나쁜 일들, 그중에서도 이른바 대사 증후군이 문제다. 대사 증후군이란 기본적으로 몸이 음식을 처리하는 방식에 문제가 생기는 것이고, 그 때문에 심장혈관질환이나 당뇨가 이어질 수 있다. 이른바 '절약 유전자 thrifty gene' 가설은 그중에서도 당뇨를 설명하기 위해 처음 제기되었다.[1] 1960년대 초, 제임스 닐 James Neel은 비유럽 인구가 서구식 식단에 노출될 경우 당뇨(그리고 비만) 발병률이 미국인들보다 더 높게 솟구친다는 사실을 알아차렸다. 이 현상을 설명하기 위해, 닐은 그런 인구 집단들은 한때 주기적으로 기근이 발생하는 환경에서 진화했기 때문에 칼로리를 지방으로 변환해 저장하는 효율이 뛰어난 개체가 선택적 이득을 누렸을 것이라고 주장했다. 그런 개체는 '절약 유전자' 덕분에 곤궁기에 번성할 수 있었다. 그러나 식량이 풍부한 환경에서는 오히려 그 때문에 뚱뚱해지고 당뇨를 일으키게 되었다는 것이다.

절약 유전자 가설은 여러 근거에서 비판을 받았다. 가장 결정적인 문제는 지금으로부터 9,000년 전의 농업혁명 이전에 인류가 주기적 기근을 겪었다는 증거가 없다는 점이었다.[2] 닐도 곧 그 발상을 포기했지만, 그의 생각은 여러 형태로 변형되어 지금까지 살아남았다.[3] 절약 유전자 가설은 비만을 유전자 중심적으로 바라보는 시각을 반영한다. 비만 유전자를 찾는 연구도 역시 그런 시각을 반영한다.[4] 비만 유전자의 후보는 결코 모자랄 때가 없다. 그러나 후보들 중 무엇도, 혼자서든 다른 유전자와 함께이든, 사람들 중에서 누가 뚱뚱해지고 왜 뚱뚱해지는지 설명하는 데는 그다지 성공하지 못했다.[5]

유전자 사냥꾼들이 나름대로 바삐 일하는 동안, 다른 연구자들은 비만 문제를 다른 각도에서 접근했다. 이들은 미국인과 많은 유럽인이 점점 더 빠른 속도로 뚱뚱해진다는 점에 주목했다. 비만 전염병이라고 불리는 이 현상을 비만 유전자 탓으로 돌리기는 어렵다. 그래서 사람들은 미국인의 식단이 지나치게 풍성하다는 점을 지적했고, 미국인의 평균적인 육체 활동은 그 칼로리를 모두 태우기에 부족하다는 점도 지적했다. 이것은 모두 자명한 이야기로 들렸고, 그리하여 아예 상식이 되었다.

 이누이트 족, 태평양 제도 사람들, 파라돈을 비롯한 타이의 도시 거주자들과 같은 비서구권 사람들이 맥도날드나 KFC에 노출되었을 때 종종 몸무게가 극적으로 증가하는 현상에 대해, 서구식 생활양식은 유전자보다는 분명 더 나은 설명을 제공한다. 그들은 미국에서 태어난 사람들이 수십 년 동안 겪어온 일을 이제야 경험하기 시작했다. 어쩌면 인구 집단 사이에 유전적 차이가 있을지도 모르지만, 그 신호는 식단과 육체 활동의 수준에 비하면 사뭇 희미하다.

 그러나 한 집단 내의 개인 간 편차는 어떻게 설명할까? 파라돈은 타이의 도시 거주자들 사이에서도 여전히 예외적이다. 유럽계 혈통의 미국인들이 모두 과체중인 것도 아니다. 그 집단 내에서도 몸무게의 편차가 크다. 대부분의 변이는 생활양식 면에서의 이유들로 설명될 테지만, 어떤 사람들은 서로 같은 것을 먹고 같은 운동 습관을 갖고 있는데도 몸무게가 상당히 다르다. 오늘날 비만 유전자를 수색하는 과학자들에게 동기를 제공하는 것이 바로 이 변이다. 유전자 사냥꾼들의 논리는 대충 다음과 같다. "식단, 운동, 기타 등등을 감안하고 보더라도 사람들의 몸무게가 아주 어려서부터 변이를 보인다는 점은 분명한 사실이다. 그러므로 사람들은 비만에 대해 서로 다른 소인을 가지고 태어난다. 그러므로 몸무게 증가 성향은 사람마다 유전적으로 다르다." 이 시각에서 파라돈은 유전적으로 나쁜 인자를 물려받은 셈이다.

그러나 언뜻 자명해 보이는 이 연쇄적 추론은 가장 약한 고리만을 신뢰할 수 있다. 그리고 이 중에서 가장 약한 고리는 '그러므로 우리는 비만에 대해 서로 다른 소인을 가지고 태어난다'는 명제와 '그러므로 우리는 유전적으로 다르다'는 명제를 잇는 고리다. 이런 논리는 동성애 유전자나 지능 유전자 등 갖가지 인간 속성에 관한 유전자를 논할 때 종종 등장하지만, 이는 사실 그릇된 것이다. 우리가 비만, 동성애, 기타 등등에 대한 소인을 갖고 태어난다는 점만으로는, 그러니까 우리에게 비만 유전자, 동성애 유전자, 기타 등등의 유전자가 있다는 결론을 내릴 수가 없다. 4장에서 보았듯이 많은 사람은 스트레스에 대한 과다 반응성 소인을 갖고 태어나지만, 그 소인은 잉태 순간부터 있었던 것이 아니라 후성유전적 과정의 결과로 자궁에서 발생한 것이었다. 어쩌면 파라돈 같은 사람들의 비만 관련 장애들도 마찬가지 경우일 수 있다.

절약 표현형 가설

물론 유전자는 몸무게에 영향을 미친다. 쟁점은 따로 있다. 우리가 비만 전염병을 다스리기 위해 쏟는 연구비를 특정 유전자 자리에서 특정 돌연변이 대립유전자를 찾는 데 쓰는 게 최선일까 하는 점이다. 비만은 한 유전자의 한 돌연변이 때문이라고 추적할 수 있는 헌팅턴

병처럼 단순한 형질이 아니다. 비만은 음식 처리 과정에 영향을 미치는 모든 유전자들의 영향을 받을 테고, 그런 유전자는 아마도 수백 개는 될 것이며, 그 하나하나는 비교적 사소한 영향을 미칠 것이다.[6] 비만에 조금이라도 기여할 가능성이 있는 그 무수한 유전자들 중에서 특정 변이형이나 돌연변이 대립유전자를 가려내는 것이 유전자 사냥꾼들의 일이다. 이것은 아무리 좋은 상황에서라도 어마어마한 과업이며, 그 보수는 아무리 낙관적으로 보아도 불확실하다.

한편, 그와 다른 연구 프로그램은 그동안 생산성을 입증해왔다. 대안적 접근법의 목표는 태아가 자궁에서 겪었던 사건들 중 무엇이 비만에 영향을 미치는지를 가려내는 것이다. 태내에서 겪은 사건들이 아기의 건강에 영향을 미친다는 사실은 예전부터 상식이었다. 산모들이 태교를 하는 것도 그 때문이다. 그러나 이 연구를 통해 비로소 우리는 태내 환경이 참으로 다양한 건강 문제들에 어느 정도 직접적인 영향을 미친다는 사실을 알게 되었고, 그 영향이 아주 오래 지속된다는 사실도 알게 되었다. 비만과 대사 증후군의 다른 현상들도 물론 여기에 포함된다.

네덜란드 기근에서 드러났듯이, 태내 환경의 질을 알려주는 한 지표는 출생 시 몸무게다. 출생 시 몸무게가 적으면 보통 태내 환경이 나빴다는 뜻이다. 체중 미달로 태어난 신생아가 영아기 초기에 각종 건강 문제를 겪는 것은 그다지 놀라운 일이 아니다. 정말로 놀라운 일은, 그들이 평생 남들보다 덜 건강하고 그 결과로 수명도 더 짧다는 것이다.**7** 1장에서 이야기했듯이, 출산 시 저체중의 악영향 가운데 하나는 성인이 되어서 비만이 되기 쉽다는 것이다. 그런데 왜 남보다 작은 신생아가 남보다 뚱뚱한 어른이 될까? 과학자들은 이른바 태아 프로그래밍이라는 과정 때문에 이런 연관성이 생긴다고 보는데,**8** 그 과정은 대부분 태내에서 벌어진다.

제임스 바커James Barker는 태아가 태반을 통해서 영양을 충분히 공급받지 못하면 태내에서 절약 표현형thrifty phenotype을 갖도록 프로그래밍된다고 주장했다.**9** 이것은 절약 유전자 가설과 비슷한 개념으로, 절약 표현형을 갖고 태어난 아기들은 정상 체중으로 태어난 아기들보다 대사 효율이 더 높다는 가정이다. 그러나 절약 표현형은 다양한 유전적 배경에서 비롯할 수 있으려니와, 특정한 비만 유전자들의 도움이 없어도 생길 수 있다. 절약 표현형은 유전자의 기능이라기보다는 태내 환경의 기능이다.

절약 표현형 가설은 출생 후 환경이 물질적으로 부족할 때가 많은 비서구 전통문화에 잘 들어맞는다. 이때 출생 전 환경은 출생 후 환경을 예측하여 그에 맞게 적응할 텐데, 만일 출생 후가 출생 전에 비해 식량이 풍족한 상황이라면 비로소 문제가 생긴다. 그런 불일치가 존재하는 상황이라면 절약 표현형이 비만과 그 여파를 낳는 것이다. 바커의 가설은 출생 시 저체중과 성인 비만의 상관관계를 깔끔하게 설명한다. 후속 연구 결과들도 전부는 아닐지언정 대부분은 이 가설을 지지했다.**10**

그런데, 프로그래밍이라고 불리는 과정은 정확하게 어떤 것일까? 바커는 태내 환경이 구체적으로 어떤 메커니즘을 통해 영향을 미치는가 하는 문제에는 관심이 없었다. 그러나 다른 연구자들이 절약 표현형을 순전히 기계론적인 측면에서 조사하기 시작했고, 언제나 그렇듯 최초의 연구들은 사람이 아닌 다른 포유류를 대상으로 삼았다. 주로 쥐와 양이었다. 이런 연구에서 생물학자들은 먼저 발현 패턴이 바뀐 유전자를 찾아본다. 변화는 해당 유전자에 연관된 단백질(번역의 산물)이나 mRNA(전사의 산물)의 양이 달라진 것으로 감지할 수 있다. 이 경우, 과학자들은 저체중으로 태어났던 사람들과 정상 체중으로 태어났던 사람들의 유전자 발현에 장기적 차이가 있는지 확인해보았고, 그 결과 정말로 출생 시 몸무게와 연관된 유전자 발현의 차이를 많이 발견했다.[11]

그런 차이는 조직 특정적인 것이 많았다. 이를테면 어떤 유전자는 평균보다 몸무게가 낮은 신생아의 간에서 정상보다 더 많이(혹은 덜) 활성화되는 데 비해, 다른 유전자는 지방조직에서 더 많이(혹은 덜) 활성화되는 식이다. 유전자들은 조직에 따라 서로 다른 패턴으로 발현하는데, 특히 주목할 만한 것은 글루코코르티코이드 수용체 유전자(*GR*, 4장을 보라)였다. 이 유전자는 뇌의 여러 부분, 간, 부신, 심장, 신장에서 죄다 다른 패턴으로 발현한다.[12] 이런 발현 패턴의 차이는 성년기와 노년기까지 지속되는 경우도 있다.

태내 환경에 따라 발현이 달라지는 유전자들은 전사인자를 산물로 만드는 것이 많다. 그러면 그 전사인자 각각이 다시 다른 유전자들의 발현에 영향을 미치고, 그 결과 태내 환경과 관련된 여러 조직들에서 유전자 발현이 장기적으로 달라진다. 그렇다면 과학자들의 다음 과제는 여러 유전자 발현 패턴들 사이의 인과관계를 정리하고, 그 뒤에 그것을 자궁에서의 사건들과 인과적으로 연결 짓는 것이다. 그리고 유전자 발현의 차이는 장기적이기 때문에, 과학자들은 이제 후성유전적 신호를 탐색하기 시작했다.

식단에 따라 달라지는 메틸화 패턴

자궁에서의 영양 공급에 따라 발현이 달라지는 유전자들 중에서도 특히 직접적으로 영향을 받는 듯한 종류는 DNA 메틸기전달효소 Dnmt를 암호화한 유전자들이다.[13] Dnmt는 후성유전적 조절을 받는 유전자들에게서 메틸화를 촉진하고, 메틸화된 상태를 유지한다. 몸속에서 Dnmt 수치가 높으면, 이 효소를 암호화한 유전자들은 침묵한다. 즉, 꺼진다. 거꾸로 Dnmt 수치가 낮으면, 그래서 메틸화가 줄면, 효소를 암호화한 유전자들이 더 많이 발현한다.

임신 중에 단백질이 부족한 식단을 먹은 쥐는 Dnmt 유전자 발현이 준다.[14] Dnmt 수치가 낮다는 것은 곧 메틸화되어야 할 유전자들이 그러지 못한다는 뜻과 같다. 메틸화되지 않은 유전자들은 정상적으로 메틸화될 때보다 대개 활동성이 더 높을 것이고, 그래서 각자 생산하는 산물을 뭐든지 평소보다 더 많이 생산할 것이다. 그런데 Dnmt가 메틸화시키는 유전자 중 하나가 바로 *GR* 유전자다.[15] 앞에서 이야기한 것을 기억하겠지만, *GR*은 조직 특정적(즉 맥락에 민감한) 유전자 조절을 겪는다. 그래서 해마에서는 NGF가 *GR*과 결합하지만, 간에서는 바로 이 Dnmt가 *GR*과 결합하여 비활성화한다. 그런데 단백질 부족 식단을 먹은 쥐는 Dnmt 수치가 떨어지고, 그래서 *GR*이 더 적게 메틸화되고, 그래서 *GR*이 더 많이 발현한다. 해마에서 *GR* 발현이 정상보다 낮으면 지나친 스트레스 반응과 같은 문제가 생기는 것처럼, 간에서 *GR* 발현이 정상보다 높아도 문제가 생긴다. 간을 비롯한 여러 조직에서 GR 단백질 수치가 정상보다 높으면 조직들은 스트레스 호르몬에 지나치게 민감하게 반응하고, 그 장기적 결과로 당뇨, 비만, 기타 대사 증후군 현상들의 위험이 커진다.[16]

　GR 유전자 발현과 대사 증후군의 관계가 밝혀지자, 일부 연구자들은 자궁에서의 영양 부족이 일종의 스트레스 인자로 작용하는 게 아닐까, 그래서 그 영향을 조절하고자 스트레스 반응이 동원되는 게 아닐까 하고 추측했다.[17] 정말로 그렇다면, 태아가 자궁에서 영양 부족이 아닌 다른 스트레스를 겪어서 코르티솔 수치가 높아진 경우에도 영양 부족과 비슷한 효과가 나타나야 한다. 그리고 실제로 산모가 사회적 스트레스를 겪으면 자식의 대사 증후군 확률이 높아진다는 증거가 있다. 네덜란드 기근처럼 태아가 두 종류의 스트레스에 모두 노

출된 경우에는 대사 증후군에 더더욱 취약할 것이다.

산모의 스트레스는 비만 전염병을 또 다른 차원에서 논할 여지를 준다. 어떤 연구자들은 스트레스가 심한 서구 생활양식, 특히 도시 환경이 오늘날의 비만율 증가에 부분적으로나마 기여한다고 주장한다.[18] 그 스트레스가 태반을 통해 태아에게 전달되고, 그리하여 비만이나 당뇨를 낳는다는 것이다. 그렇다면 파라돈은 어머니가 임신 중에 스트레스를 받았기 때문에 과체중이 되었을지도 모른다. 물론 스트레스의 근원은 여러 가지다. 가난일 수도 있고, 사회적 환경 때문일 수도 있다. 어쩌면 그녀는 시골인 이산 지방에서 살다가 더 나은 삶을 위해 가족을 떠나 붐비는 방콕으로 왔을지도 모른다. 그것은 당연히 심각한 문화 충격이었으려니와, 전통적인 시골 가정이 제공하는 사회적 지원 없이 혼자 고립되는 결과였을 것이다. 스트레스의 근원이 무엇이든, 그것은 파라돈의 몸무게와 스트레스 반응에 모두 영향을 미쳤을 것이다.

자궁에서는 아무리 좋은 것도 지나치면 스트레스 인자가 된다는 점을 짚고 넘어가자. 이를테면 칼로리를 지나치게 많이 섭취한 태아 역시 높은 수준의 스트레스 반응을 보이고, 비만에 취약하다.[19] 저체중 신생아뿐만 아니라 과체중 신생아도 자라서 과체중이 될 가능성이 높은 까닭은 이 때문일지도 모른다. 이 사실을 고려하면, 파라돈의 곤경을 어머니와의 관계에 입각하여 설명할 때 사뭇 다른 해석이 가능할 수도 있다. 어쩌면 그의 어머니는 도시로 와서 전통적인 식단을 버리고 맥도날드나 KFC를 먹게 되었을지도 모른다. 임신 중에만 그런 음식을 탐닉했을 수도 있다. 그 과잉 칼로리가 파라돈에게 영향을 미쳐—파라돈의 대사 조절 장치를 통해 직접적으로 영향을 미쳤든, 스트레스 반응을 통해 간접적으로 영향을 미쳤든—비만 소인을 갖게 만들었을지도 모른다. 이것은 물론 철저히 가상 시나리오다. 환경에 의해 유도된 후성유전적 변화가 비만에 얼마나 다양한 영향을 미치는지를 조금이나마 보여주기 위한 시나리오다.

DNA에서 히스톤으로

지금까지 우리는 메틸화가 유전자 활동에 후성유전적 영향력을 행사하는 경로를 단 하나 살펴보았다. 해당 유전자에, 아니면 그것과 가까운 다른 유전자에 메틸기를 붙이는 방법이다. 그러나 때로는 메틸화가 유전자 발현에 간접적으로 효과를 미친다. 히스톤이라는 단백질을 통해서 간접적으로 영향을 미치는 것이다.[20] 일례로 태아 상태에서 섭취한 식단 때문에 히스톤 상태가 바뀔 수 있고, 그러면 나중에 대사 증후군을 겪을 가능성이 높다는 증거가 있다.[21]

고등학교 생물 시간에 처음 DNA를 배웠을 때, 나는 헐벗은 이중나선들이 세포핵 속을 둥둥 떠다니면서 언제든 단백질 합성에 나설 태세를 갖추고 있는 그림을 상상했다. 더 나중에서야, 그리고 약간

애를 쓰고서야, 나는 DNA가 헐벗기는커녕 단백질 분자들과 밀접하게 얽혀 있다는 것을 이해하게 되었다. 염색체는 사실 DNA-단백질 복합체다. DNA와 단백질은 워낙 단단히 엉켜 있기 때문에, 2장에서 말했듯이 처음 염색체가 발견되었을 때 과학자들은 DNA와 단백질 중 어느 것이 유전 물질인지 확실히 알 수 없었다. 그러다가 DNA가 유전 물질인 것으로 증명되자, 염색체를 구성하는 단백질들은 대체로 자연스럽게 잊혔다.

당시 과학자들은 염색체 단백질의 기능이 주로 비활성 상태의 DNA를 효율적으로 압축하여 포장하는 것이라고 생각했다. 그러면 DNA가 활성 형태로 좍 펼쳐졌을 때보다 훨씬 적은 공간을 차지한다. 컴퓨터 파일을 저장하는 것과 비슷하다고 생각하면 되겠다. 과학자들이 염색체 단백질에 대해 사뭇 다른 시각을 갖게 된 것은 최근의 일로, 주로 후성유전학 덕분이다. 새로운 시각에서 히스톤 단백질은 예전의 상상보다 훨씬 더 역동적으로 활약하며, 유전자 조절에서도 중요한 역할을 맡는다.

히스톤은 보통 DNA에서도 유전자가 활성화되어 단백질 합성에 관여하는 부분에서는 느슨하게 결합하고, 유전자가 비활성화된 부분에서는 단단하게 결합한다. 이때 히스톤이 DNA와 결합하는 강도는 후성유전적 과정들과 상관관계가 있다. 그런 후성유전적 과정들에서 히스톤은 생화학적으로 다양하게 변형되곤 하는데, 메틸화도 그중 한 방식이다.[22] DNA 메틸화와 마찬가지로, 히스톤 메틸화는 대체로

(늘 그런 것은 아니다) 해당 유전자의 발현을 막는다. 역시 DNA 메틸화와 마찬가지로, 히스톤 메틸화는 최초의 세포에서 그 자손 세포들로 고스란히 전달된다.

발생 중에 단백질 부족 식단을 경험한 쥐는 *GR* 유전자 근처에서 히스톤이 변형되어, *GR*이 정상적인 수준보다 더 많이 발현된다.[23] 히스톤을 매개로 한 유전자 발현 변화가 DNA 메틸화로 인한 변화에 앞서는지 뒤서는지는 아직 확실하지 않다. DNA 메틸화와 히스톤 메틸화는 서로 어울려 발생할 때가 많다. 그런데 앞으로 우리가 미세하게 조율된 의학적 치료를 추구한다면, 두 메틸화가 어떻게 조화되는지를 정확하게 알아야 할 것이다. 현재 알려진 바로는, 엽산을 비롯한 몇몇 핵심 영양소(아연, 비타민 B12, 콜린 등)가 후성유전적 효과를 통해 자궁에서의 영양 부족 효과를 어느 정도 바로잡는다.[24]

의사들이 처음에 산모에게 엽산을 처방한 까닭은 척추갈림증과 같은 신경관 기형을 예방할 목적이었다. 산모가 임신 초기에 엽산을 섭취하면, 정말로 그런 효과가 있다. 엽산은 신경계 발달에 중요한 유전자들을 후성유전적으로 변형시킴으로써 그런 효과를 내는데, 의사들은 나중에 엽산이 태아 발생 과정에서 다른 후성유전적 효과들도 낸다는 것을 발견했다. 여기에는 대사 증후군을 완화시키는 효과도 포함되었다.[25] 엽산의 후성유전적 효과는 출생 후에도 오래 지속된다. 어쩌면 성인기까지 지속될 수도 있다. 식품 가공업체들이 시리얼에서 밀가루까지 갖가지 곡물 제품에 엽산을 강화하기 시작한 것은 그 때문이다(보통은 과일과 채소가 엽산의 주 공급원이다). 이것은 후성유전학적 영양학의 첫 응용 사례일 것이다.

그렇지만, 이처럼 통제되지 않은 실험의 결과를 받아들일 때 우리는 좀 더 조심해야 한다. 엽산이 후성유전적 효과를 발휘한다는 것은 곧 지나치게 많은 엽산을 섭취하는 것은 오히려 나쁠지도 모른다는 뜻이다. 실제로 높은 엽산 수치와 자폐증의 관계를 의심하는 사람들이 있는데, 이들은 후성유전적 추론을 근거로 든다.[26] 식품에 엽산이 두루 추가되고 임신부들이 엽산을 다량으로 섭취하기 시작한 시기가 자폐증이 늘었다고 짐작되는 시기와 대충 일치하는 것은 사실이다. 게다가 과학자들은 자폐증으로 진단된 사람들에게서 몇 가지 후성유전적 차이점을 발견했다.[27]

지금으로서는 엽산-자폐증 연관성이 거의 순수한 추측에 지나지 않는다. 그러나 후성유전학적 영양학의 미래가 밝다는 것만큼은 확실하다. 예방 차원에서도, 치료 차원에서도 그렇다. 예방 차원에서 최대의 소득은 의사들이 파라돈 같은 사람들에게 적절한 시기에, 또한 적절한 표적에 대해 영양학적 특효약을 처방함으로써 비만이나 당뇨나 기타 질병의 '태아 프로그래밍'에 영향을 미치는 것이다. 치료 차원에서의 소득은 그런 질환에 취약하거나 이미 겪고 있는 사람들에게 어릴 때부터 특수한 식단을 처방하는 것이다. 예방이든 치료든, 후성유전학적 영양학의 잠재력은 그 밖의 다른 질병들로도 확대되고 있다. 이 책의 뒷부분에서 이야기할 암도 그 질병에 포함된다.

파라돈이 비만에 취약한 이유

우리는 파라돈의 몸무게에 대한 설명을 여러 가지로 생각해보았다. 설명은 크게 두 종류로 나뉜다. 유전적 설명과 후성유전적 설명이다. 두 설명이 배타적인 것은 아니다. 파라돈의 경우 어쩌면 절약 유전자와 비만 유전자를 둘 다 지닌 드문 사례일지도 모르고, 그 탓에 음식이 풍족한 환경에서 문제를 일으킨 것일지도 모른다. 아니면, 파라돈이 자궁 또는 출생 후 환경에서 겪었던 모종의 사건들 때문에 그런 소인이 생겼을 수도 있다. 후자라면 파라돈의 비만 소인은 대체로 후성유전적 소인인 셈이다. 앞에서 나는 후성유전적 메커니즘의 후보를 하나 예로 들었다. 영양 상태 및 스트레스와 관련이 있는 Dnmt와 *GR* 유전자가 개입하는 메커니즘이었다.

후성유전적 설명이든 유전적 설명이든 둘 다 유전자를 끌어들이기는 하지만, 방식이 근본적으로 다르다. 파라돈의 소인을 유전적으로 설명하려면, 유전자의 염기 서열에 변이가 있어야 한다. 즉 특정 유전자 자리의 대립유전자에 변이가 있어야 한다. 이 변이는 돌연변이를 겪지 않는 다음에야 환경의 영향을 받지 않는다. 대조적으로 파라돈의 소인을 후성유전적으로 설명하려면, 핵심 유전자나 그 근처 히스톤에 붙은 화학적 부착물에 변이가 있어야 한다. 그리고 이 변이는 외부 환경에 상당히 민감할 수 있다.

과학자들이 비만에 대한 유전적 설명에 계속 주목하는 한 가지 이유는, 비만이 대를 물려 발생한다는 관찰 결과 때문이다. 후성유전적 과정은 한 사람의 생애에서 시작되고 끝나니까 말이다. 아니, 정확하게 말하면 지금까지 사람들이 그렇게 생각한 것이었다. 최근에는 비만에 관련된 과정을 비롯하여 여러 후성유전적 과정들이 세대를 넘어 영향을 미친다는 사실이 분명해졌다. 이것이 다음 장의 주제다.

6장

외상과 모성, 그리고 유전

2008년 10월의 어느 상쾌하고 아름다운 날, 나는 토론토 동물원에 처음 가보았다. 내가 처음으로 들른 곳은 고릴라 전시실이었는데, 나는 그곳의 매력에 빠져 한 시간이 넘게 구경했다. 고릴라들이 드러내는 사회적 역학관계는 환상적이었고, 훌륭한 안내원은 고릴라들의 관계, 각각의 인생 사연, 성격적 특징을 알려줌으로써 우리가 보는 장면에 대한 유용한 정보를 더해주었다. 그곳에는 다 자란 암컷이 여러 마리 있었고, 어린 고릴라가 두어 마리, 새끼도 두 마리—한 마리는 태어난 지 얼마 되지 않았다—있었으며, 우두머리 실버백 수컷이 한 마리 있었다. 야생 집단과 비슷한 구성이었다.

실버백 찰스는 육체적으로 가장 매력적인 녀석이었다. 큼직한 머리, 목, 상체는 스테로이드를 맞은 보디빌더조차 부끄러워지게 할 정도였다. 당시 찰스는 서른다섯 살이 다 된 나이였다. 야생에서는 고릴라로서 한창때를 넘긴 나이였겠지만 우리에서는 아직 괜찮았다. 찰스는 오랫동안 동물원에서 살면서 수많은 자식을 보았다. 젊은 고릴라들 중 가장 어린 녀석도 찰스의 자식이었다.

찰스의 성격은 외모보다 매력이 덜했다. 나이 든 실버백은 대체로 부루퉁하고, 무리의 다른 개체들과 상호작용하려고 먼저 나서지 않는 편이다. 찰스의 경우 그가 실버백임을 감안하더라도 좀 심했다. 예를 들어 찰스가 자신의 어린 새끼에게도 강한 적대감을 보이는 것은 정상이 아니었다. 새끼의 어미나 이모인 암컷들은 그 점을 똑똑히 인식하고 있었고, 혈기 왕성한 새끼들이 아비에게 가까이 가지 못하게 하려고 애썼다. 그랬다가는 한 대 맞을 테니까. 그 장면을 보는 것은 꽤 재미있었다. 특히 가장 어린 새끼가 암컷들의 만류에도 불구하고 계속 무리에서 가장 인상적인 개체와 상호작용하려고 꾀하는 모습이 그랬다. 어미는 내내 찰스를 경계하면서 때로는 몸을 던져 새끼를 저지해야 했다.

찰스가 어린 시절에 외상을 겪었다는 것을 알면, 녀석의 뒤떨어진 사회성을 용서할 마음이 들지도 모른다. 찰스는 밀렵꾼의 총에 맞아 죽은 어미 곁에서 발견되었고, 토론토 동물원으로 옮겨진 후 사람들의 손에서 자랐다. 찰스는 고릴라들의 정상적인 사회화 과정을 겪을 기회가 없었다. 이제 와서 돌아보면, 찰스가 성공적으로 아비가 되었다는 사실이 오히려 놀랍다. 사람 손에 자란 수컷 고릴라는 성적으로 무능할 때가 많기 때문이다.[1] 어떤 녀석은 성교에 나서기는 해도 제대로 하지 못한다. 많은 데이터가 증명하는바, 사람 손에 자란 수컷 고릴라는 보통 자식을 많이 두지 못한다. 야생에서 포획된 고릴라들 중 상당수는 어미로부터 거절당하거나 방치되기 때문에, 윤리적인 이유에서나 보존상의 이유에서나(고릴라의 세 아종은 모두 멸종 위기다) 최후의 수단으로 사람이 길러야 할 때가 많다.

사람 손에 자란 암컷들이 겪는 영향은 좀 더 멀리까지 미친다. 사회적 상호작용은 수컷보다 다 자란 암컷에게 훨씬 더 중요하다. 암컷끼리의 상호작용이야말로 무리의 사회적 결속력으로 기능하기 때문이다. 그러나 사람 손에 자란 암컷은 부실한 사회화 때문에 갖가지 문제를 겪는데, 그중 가장 중요한 문제가 양육이다. 애초에 포획된 고릴라들 중에서 어미가 방치하는 새끼가 많은 것도, 그래서 사람이 대신 길러야 하는 것도 이 때문이다. 이것은 악순환이다. 사람 손에 자란 고릴라는 어미 노릇을 잘하지 못하고, 그 때문에 사람 손에 자라는 고릴라가 더 많이 생기고, 그 때문에 어미 노릇을 못하는 고릴라가 더 많이 생기고….

설상가상, 보존상의 이유로 근친교배를 최소화하려고 암컷을 이 동물원 저 동물원으로 옮기는 경우가 잦아 문제가 더 심각해진다. 그 때문에 암컷들의 무리가 더 불안정해지고, 구성원들이 스트레스를 더 많이 느끼는 것이다. 고릴라 한 마리를 키우려면 온 마을이 필요한 법이다. 그리고 안정된 무리일수록 언제나 더 좋다. 고릴라들이 갇혀 살아간다는 점도 틀림없이 영향을 미칠 것이다. 분쟁이 났을 때이를테면 서로 얼굴을 안 보는 방법으로 간단히 해결할 수 없다는 점 때문에라도 그렇다. 원인이야 어떻든, 포획된 고릴라들에게 심각한 양육 문제가 있다는 것만은 분명하다.

양육은 고릴라들이 타고나는 본능이 아니다. 그것은 학습된 능력이다. 그리고 어미 없는 어미들의 문제에서 또 하나 주목할 점이 있다. 고릴라가 좋은 어미가 되려면 적절한 감정 상태를 취해야 하는데, 자신이 고릴라 어미를 두지 못한 경우에는 새끼를 낳아 어미가 되어도 그런 감정 상태를 갖기가 쉽지 않다는 점이다.

논의의 편의상, 나는 고릴라의 양육 능력이 유전의 한 형태, 즉 사회적으로 유전되는 능력에 해당한다는 사실에 집중하겠다.[2] 고릴라가 적절한 양육 능력을 발휘하려면 사회 구조가 제대로 기능해야 하지만, 동물원은 야생의 구조를 적절하게 모방하지 못한다. 그래서 고릴라들은 사회적 규범으로부터 이탈하게 되고, 그러면 신경계 발달을 비롯하여 여러 생리적 과정들에 그 영향이 미친다. 그리고 그런 생리적 변화는 후성유전적 과정을 통한 것일 때가 많다. 이 장에서는 고릴라는 물론이거니와 설치류에서 사람까지 여러 사회적 동물들이 경험하는, 후성유전적 과정을 통한 사회적 유전을 살펴보자.

어미 없는 원숭이, 모성을 느끼지 못한 쥐

1950년대, 위스콘신 대학의 해리 할로Harry Harlow는 새끼가 어미에게 품는 정서적 애착에 관해 선구적인 실험들을 수행했다.³ 많은 과학 실험에서 영장류 모형으로 선호되는 붉은털원숭이(레서스원숭이)가 대상이었다. 나는 대학생일 때 할로의 실험에 관한 영화를 보고 매혹과 반감을 동시에 느꼈던 기억이 있다. 오늘날의 기준으로 보면 그의 실험은 실험 대상에 대한 윤리적 한계를 분명히 넘어섰기 때문이다. 할로라는 인물도 딱히 원숭이들에게 공감하는 사람이라는 인상은 아니었고, 차라리 스트레인지러브 박사(스탠리 큐브릭이 감독한 동명 영화의 주인공으로, 미치광이 과학자의 전형으로 통한다 - 옮긴이)풍으로 희화화한 실험심리학자의 모습에 꽤 가까웠다. 그러나 할로를 노골적으로 비방하는 비판자들의 주장, 즉 할로의 가학적인 실험에서 과학적으로 가치 있는 결과가 전혀 나오지 않았다는 주장은 말도 안 되는 소리다.

할로의 첫 실험은 어미-새끼의 유대에서 가장 기본적인 문제를 새끼의 시각에서 바라보도록 설계된 것이었다. 바로 과연 무엇이 유대감을 만드는가 하는 문제였다. 어미가 새끼에게 주는 먹이(처음에는 젖) 때문일까, 아니면 그보다는 덜 분명하지만 역시 어미가 새끼에게 주어야 하는 다른 생명 유지 요소들 때문일까? 지금 우리에게는 물으나 마나 한 문제 같지만, 당시에는 그렇지 않았다. 당시 학계를 지배했던 행동주의 학파는 어미가 주는 먹이 보상 때문에 새끼가 어미에게 매달린다고 보았다. 할로는 행동주의 노선의 결론을 의심하여, 실험으로 확인해보기로 했던 것이다. 그는 철사로 어미 원숭이들을 만들었다. 그중 일부에게는 우유가 흘러나오는 젖꼭지를 갖추어주었고, 나머지에게는 젖꼭지를 주지 않은 대신 수건으로 옷을 입혀주었다. 그리고 갓 태어난 새끼들을 진짜 어미로부터 떼어내어, 가짜 어미들 중에서 어느 쪽에 매달려 있을지를 직접 선택하게 했다. 새끼들은 철사가 드러난 대리모에게서 젖을 얻는 방법을 금방 익혔지만, 잘 때를 포함하여 나머지 시간에는 천에 덮인 대리모에게 매달려 있었다. 새끼들에게는 철사로만 된 대리모가 주는 젖보다 천을 씌운 대리모가 주는 촉각적 자극이—진짜 어미의 털과 비교하면 한심한 대용물일 뿐이지만—더 매력적이었던 것이다.

물론 아무리 천을 씌워놓았다 해도, 움직이지 않는 철사 대리모는 활동적으로 털을 골라주고 염려해주는 진짜 어미를 대신할 수 없다. 그렇다 보니 이 대리모가 '양육한' 새끼들은 스트레스 수준이 높았고, 심각한 심리적 문제들을 드러냈다. 나중에 다른 원숭이들과 어울리게 해주어도 제대로 다시 사회화되지 않았다. 과학자들이 어떤 방법을 써도 소용이 없었다.[4] 그 후 1960년대에, 한때 할로의 제자였던 스티븐 수오미 Steven Suomi 는 대리모에게 자란 암컷 원숭이가 스스로 어미가 되었을 때 어떻게 행동하는지를 조사했다. 한마디로 어미 없는 어미들을 조사한 것이었다. 알고 보니, 그런 암컷은 최선의 경우에는 자기 새끼를 그냥 방치했고, 최악의 경우에는 학대했다.[5] 이 현상은 포획된 고릴라들의 사정과 무척 닮았고, 인간들의 상황에 대해서도 중요한 통찰을 준다. 특히 아동 학대와 방치가 한 집안에서 여러 세대에 걸쳐 전달된다는 사실을 환기시킨다. 방치는 방치를 낳고, 학대는 학대를 낳는다.

그런데 대체 어떻게 방치가 방치를 낳을까? 방치된 새끼의 뇌에서 어떤 일이 벌어지기에, 나중에 그 스스로도 방치하는 부모가 되는 것일까? 이 질문에 대답하려면, 앞에서 소개했던 마이클 미니와 동료들의 쥐 실험으로 잠깐 돌아가야 한다. 기억하겠지만, 어미 쥐가 새끼를 핥아서 촉각적 자극을 주는 정도는 개체마다 차이가 있다. 그리고 핥기 자극을 제대로 받지 못한 새끼들은 NGF 유전자가 후성유전적으로 변함으로써 성체로 자랐을 때 스트레스를 많이 받게 된다. 그렇다면 이때, 스트레스를 많이 받는 자식들이 스스로 어미가 되면 어떨까? 조사 결과는 포획된 고릴라들이나 할로의 붉은털원숭이들과 상당히 비슷했다. 방치되었던(어미가 핥아주지 않았던) 암컷 쥐들은 스스로도 방치하는 어미가 되었다.[6]

우리는 쥐들을 좀 더 파헤침으로써 이런 사회적 유전의 메커니즘을 좀 더 깊이 파악할 수 있다. 한 가지 가능한 설명은, 스트레스를 심하게 느끼는 어미일수록 새끼를 방치하게 된다는 것이다. 이렇게 생각해보자. 어미가 핥아주지 않은 쥐는 NGF 유전자에 후성유전적 변형이 일어나기 때문에 스트레스를 많이 받는 성체가 되고, 그 스트레스 때문에 새끼를 방치하게 된다. 그래서 그 쥐의 암컷 자식들도 NGF 유전자에 똑같은 후성유전적 변형이 일어나고, 결국 스스로도 스트레스를 많이 받는 성체가 된다. 이렇게 악순환이 반복될 수 있을 것이다. 그러나 이것은 설명의 일부일 수는 있어도, 전부라고 하기에는 부족하다.

  사람을 비롯한 여느 포유류처럼, 어미 쥐는 출산 전후에 갖가지 호르몬 변화를 겪는다. 옥시토신 수치가 높아지고, 에스트로겐과 에스트로겐 수용체 수치도 높아진다. 특히 에스트로겐 수용체 수치는 모성적 행동에서 중요하게 작용하는 듯하다. 못 핥아주는 어미를 두었던 암컷 자식들은 잘 핥아주는 어미를 두었던 암컷들에 비해 수용체의 수가 적다.[7] 에스트로겐 수용체 수치가 낮을 때 나타나는 한 가지 현상은, 그런 암컷은 새끼를 낳을 때 출산 과정에서 겪는 에스트로겐 농도 급증에 정상적으로 반응하지 못한다는 것이다. 반응이 무뎌진 결과, 모성적 활동에 긴요하게 관여하는 시상하부 영역에서 옥시토신이 적게 결합한다. 옥시토신은 사회적 행동과 유대 행동을 부추기는 호르몬으로, 특히 시상하부에서의 작용이 중요하다(그래서 어떤 연구자들은 옥시토신을 '사랑 호르몬'이라고 부르는데, 기능을 조금 축소한 표현인 셈이다).[8] 에스트로겐 수용체는 왜 옥시토신에 이런 영향을 미칠까? 그것은 에스트로겐과 에스트로겐 수용체가 결합한 복합체가 옥시토신 수용체 유전자의 제어반에 직접 붙어, 시상하부에서 옥시토신 수용체 유전자의 발현을 촉진하기 때문이다.

암컷 새끼에게서 에스트로겐 수용체 유전자의 발현이 줄면, 그 여파는 자라서까지 지속된다. 그래서 자신이 스스로 어미가 되었을 때, 자식을 덜 핥아주게 된다. 모성적 보살핌 결핍의 영향이 그렇게 또 다음 세대로 퍼지는 것이다. 이제 당신도 벌써 짐작했겠지만, 핥기 결핍이 에스트로겐 수용체 유전자의 발현에 장기적으로 미치는 영향은 속성상 후성유전적 효과다. 잘 핥아주는 어미에게서 태어났지만 못 핥아주는 어미에게서 자란 새끼들은 진짜 어미에게 계속 양육된 형제들에 비해 시상하부의 에스트로겐 수용체 수가 더 적었다.[9] 그 역도 참이다. 못 핥아주는 어미에게서 태어났지만 잘 핥아주는 어미에게서 자란 새끼들은 시상하부의 에스트로겐 수용체 수가 더 많아졌다. 어느 쪽이든, 시상하부의 에스트로겐 수용체 수치 변화는 에스트로겐 수용체 유전자의 제어반이 메틸화된 결과다. 못 핥아주는 어미에게서 자란 새끼들은 잘 핥아주는 어미에게서 자란 새끼들에 비해 그 제어반이 더 많이 메틸화되어 있다(메틸화가 많이 이루어질수록 일반적으로 해당 유전자의 발현이 줄어든다는 것을 상기하자).

사회적 유전

못 핥아주는 어미의 암컷 자식들은 자신의 양육 행동에서 후성유전적으로 이중고를 겪는 셈이다. 첫째로, 4장에서 보았듯이, 그런 암컷은 해마의 NGF 유전자가 후성유전적으로 변했기 때문에 스트레스 반응이 강화되었다. 그런데 갓 태어난 새끼란 그 자체로 스트레스인 법이라, 그런 암컷은 자기 새끼가 생기면 주의를 잘 집중하지 못하고 적절히 돌보지도 못한다. 둘째로, 그런 암컷은 시상하부의 에스트로겐 수용체 유전자에 후성유전적 변화가 생겼기 때문에, 비교적 스트레스를 덜 받는 상태라도 제 자식을 많이 핥아주지 않는다.

그러므로 부실한 모성적 보살핌은 악순환을 구축함으로써 오래 지속되고, 훌륭한 모성적 보살핌은 거꾸로 여러 세대에 걸쳐 선순환을 구축한다. 이 현상은 후성유전적 과정을 통해 사회적 유전이 이루어지는 것이라고 볼 수 있다. 모성적 활동에 기반한 사회적 유전을 살펴본 연구들은 대개 설치류를 대상으로 삼았지만, 사람을 비롯한 영장류에서도 비슷한 과정이 존재한다는 것을 제법 믿을 만하게 보여주는 증거가 있다. 할로가 연구했던 붉은털원숭이의 경우, 생후 3개월 안에 어미로부터 거절이나 학대를 당한 새끼는 뇌와 행동에서 스트레스 반응을 포함한 많은 병리 현상이 발생했다.[10] 다른 영장류들에서도 비슷한 효과가 관찰되었다.[11] 그리고 할로의 실험보다 훨씬 덜 극단적인 조건에서도, 붉은털원숭이의 모성적 행동과 그에 수반된 후대의 영향은 '가계에 전수되는' 경향이 있었다.[12]

사람은 동물 중에서도 유달리 영아기와 아동기가 길다. 이때 정신적, 육체적 학대를 포함하여 부실한 양육을 경험한 아이들은 정신 건강이 훼손된다.[13] 쥐나 원숭이와 마찬가지로, 그 영향은 스트레스 반응의 변화와 관계가 있다.[14] 더욱이 역시 쥐나 원숭이와 마찬가지로, 부실한 양육을 경험한 아이들은 자라서 나쁜 부모가 되기 쉽다.[15] 4장에서 부모가 핥아주지 않은 쥐들은 해마의 NGF 유전자에 후성유전적 변화가 일어나 스트레스 반응이 강화된다고 말했는데, 아동기에 학대를 당한 아이들도 비슷한 영향을 겪는다는 증거가 있다.[16]

더구나 학대의 문턱에 한참 못 미치는 양육 행위도 아이들의 행동에 평생 영향을 끼친다. 대부분 스트레스 반응을 매개로 벌어지는 현상이다. 사람에게서 그 효과를 가장 분명하게 측정했던 연구는 부모-자녀 유대 질문지^{PBI}라는 척도로 모성적 보살핌의 질을 평가한 조사였다. 다소 역설적이게도, 낮은 모성적 보살핌 점수는 높은 모성적 통제 점수와 연관관계가 있었다. 연구자들은 이 조합을 애정 없는 통제라고 부른다. 애정 없는 통제는 우울증, 불안증, 반사회적 성격 장애, 강박장애, 약물남용, 반응성 스트레스 반응('반응성^{reactive}' 반응이란 일반적, 일상적 반응이 아니라 특수한 자극 요인에 의해 갑작스레 징후를 드러내는 것을 말한다 - 옮긴이) 등의 질병에 위험 요인으로 작용한다.[17] 대조적으로 PBI에서 모성적 보살핌 점수가 높게 측정된 사례는 높은 자긍심, 낮은 불안, 완화된 스트레스 반응과 연관이 있었다.[18]

연구자들은 어머니가 자식에게 보여주는 여러 행동 반응을 통칭하여 '어머니의 양육 스타일'이라고 부른다.[19] 이것은 학대와 방치만이 아니라 정상 범위로 간주되는 모성적 행위까지 모두 포괄하는 용어다. 애정 없는 통제에서 애정 어린 무간섭 양육까지, 또한 그 중간에 해당하는 모든 상태까지 아우르는 것이다. 쥐든 사람이든, 정상에 해당하는 양육 스타일도 세대를 초월하여 전달될 수 있다.[20] 그런데 사람은 쥐와는 달리, 그리고 붉은털원숭이와 고릴라를 포함한 대부분의 다른 포유류와는 달리 어머니만이 아니라 아버지도 양육에서 중요한 역할을 맡는다. 아버지의 양육 스타일은 지금까지 그다지 연구되지 않았고, 그것이 후세대의 정서적 행동이나 스트레스 반응에 미치는 영향도 연구된 바가 없다. 그러나 아동 학대 행위가 사회적으로 전수된다는 연구 결과를 볼 때, 틀림없이 아버지의 역할도 중요할 것이다. 그리고 최근 한 연구는 주 스트레스 호르몬인 CRH(4장을 보라) 수치와, 어머니와 아버지를 둘 다 포함한 부모의 보살핌 수준에 대한 보고 사이에 상관관계가 있다는 것을 보여주었다.[21] 아버지의 양육 스타일이 사회적으로 유전되는가 하는 문제는 앞으로 더 조사되어야 마땅하다.

재활의 가능성

묘목이 굽으면 나무도 휜다는 속담에는 진실이 담겨 있다. 생애 초기에 벌어진 사건은 우리에게 오래도록 영향을 남긴다. 앞에서 보았듯이, 환경에 의해 유도되는 후성유전적 변화는 이러한 경향성을 만들어내는 한 메커니즘이다. 그러나 나는 무수히 숲을 걸으면서, 어떤 나무는 한쪽으로 치우쳐 자라다가도 제법 극적으로 방향을 바꾸는 것을 가끔 목격했다. 90도까지 꺾는 경우도 있었다. 보통은 바위나 다른 나무와 같은 환경적 제약 때문에 옆으로 누워 자라다가, 나중에 햇살을 쫓아 수직으로 방향을 트는 경우다. 사람의 정신 발달에도 이와 유사한 사례가 무수히 많다. 시작은 나빴어도 살면서 바로잡는 예가 많다. 아동 학대의 희생자들 중에서도 대부분은 스스로 아동 학대자가 되지 않는다. 순환은 깰 수 있다.

인간의 사회화 과정에서 그 근간은 아기-부모의 상호작용이지만, 나중에 벌어지는 사건들도 사회적, 정서적 발달에 확연한 영향을 미친다. 특히 또래와의 상호작용이 그렇다. 쥐도 마찬가지다. 마이클 미니와 동료들은 핥아주지 않는 어미에게서 자란 새끼들은 젖을 떼자 사회적 상호작용이 풍성한 환경을 제공했는데, 그 후 새끼들은 어미에게 받았던 악영향이 많이 교정되었다.[22] 잘 적응한 동성의 또래들과 오래 어울리자, 쥐들의 스트레스 반응에 눈에 띄는 변화가 일어났던 것이다. NGF 유전자의 메틸화 수준까지 변했다는 것은 중요한 사실이다. 후성유전적 부착물이 오래가는 편이기는 해도 절대로 되돌릴 수 없는 것은 아니라는 뜻이다.

붉은털원숭이와 같은 영장류도 비슷한 방식으로 재활할 수 있다. 물론 한계는 엄연하다. 할로의 어미 없는 어미들은 재활하지 못했다. 고릴라 찰스는 성교를 하는 것 이상으로 사회화되지 못했다. 사실 찰스는 최소한 성교는 할 줄 안다는 점에서 다른 어미 없는 수컷 고릴라들에 비해 운이 좋았다. 때로는 묘목이 너무 심하게 굽어 교정이 불가능할 수도 있는 것이다.

사람은 사회화 기간이 긴 만큼 어린 시절의 악영향을 극복할 기회가 훨씬 더 많을 수 있다. 위험했던 아이가 성공적으로 교정되는 경우, 미니가 실험실에서 확인했던 후성유전적 역전 현상들이 틀림없이 그에게서도 일어났을 것이다. 그리고 아마 다른 유전자들에도 새로운 후성유전적 변화들이 생겼을 것이다(후성유전적 과정은 아동기에 다 끝나는 것도 아니고, 아동기에만 시작되는 것도 아니다). 만일 교정이 까다로와서 약물 처방이 필요하다고 판단된다면, 후성유전적으로 유전자 발현을 바꾸는 약물이 가장 효과적일 것이다. 미니는 부실한 모성적 보살핌의 피해자였던 쥐들에게 그런 약물을 처방함으로써 스트레스 반응을 바로잡는 데 성공했다.[23]

묘목일 때 심하게 굽은 데다가 이후의 사회적 환경 변화로도 교정되지 않은 나무는 포복하듯 낮게 자란다. 열매도 부실하게 맺는다. 이것은 사회적 유전의 병리적 차원이라고 말할 수 있을 텐데, 그것은 우리가 제일 쉽게 알아차릴 수 있는 차원임에는 분명하지만 사실은 빙산의 일각에 지나지 않는다.

유전 개념의 확장

우리는 부모로부터 유전자 이외에도 많은 것을 물려받는다. 우리가 물려받는 유전자 외적 요소들 중 하나가 사회적 환경이다. 사회적 환경은 부모에서 시작되지만, 그 너머로 훨씬 멀리까지 뻗는다. 때로는 문화 전체로 확장되어, 온 문화를 아우른다. 고릴라도 사회적 환경을 물려받는다. 찰스처럼 사람에게 포획된 고릴라들은 변칙적인 사회적 환경에서 잘못된 사회화 과정을 밟았을 때 어떤 결과가 나오는지를 보여주는 극적인 증거다. 할로는 원숭이들로부터 모성적 보살핌을 빼앗는 실험에서 한층 더 병리적인 사회적 환경을 조성했는데, 그 결과 어미 없는 어미들은 제 자식을 적절히 돌보는 방법을 스스로 알아내지 못했다. 찰스는 최소한 밀렵꾼들이 어미를 죽이기 전에 잠깐이나마 어미와 유대를 맺기라도 했지만, 포획된 상태에서 태어난 고릴라들은 그런 운조차 없다. 고릴라들은 할로의 원숭이들처럼 극단적인 결핍을 겪는 것은 아니지만, 인간이라는 부실한 대리모의 손에서 자란다. 그 때문에 무능한 아비나 무심한 어미가 되고, 병리적 사회화의 악순환은 반복된다.

그보다 덜 병리적인 현상도 사회적으로 유전된다는 사실은 이미 오래전에 쥐들에게서 확인되었다. 스트레스를 경험한 암컷 쥐는 강화된 스트레스 반응을 딸들에게, 나아가 딸들의 딸들에게 전달한다. 별도의 조작을 겪지 않아서 정상에 해당하는 모성적 행위를 보이는 쥐들도(핥아주는 횟수가 많은가 적은가로 판단한다) 자신의 양육 스타일을 암컷 자손들에게 물려주는 경향이 있다. 이 경우에 과학자들은 그 메커니즘까지 밝혔다. 그 과정에는 NGF와 에스트로겐 수용체라는 두 유전자의 후성유전적 변화가 관여하고 있었다. 사람이나 다른 영장류들의 모성적 양육 스타일 전달에도 후성유전적 과정들이 관여하는지 아닌지를 살펴보는 것은 유익한 작업일 것이다. 또한 사람의 경우에는, 대부분의 포유류와는 달리, 아버지의 양육 스타일이 전달되는지 아닌지를 살펴보는 것도 가치 있는 일일 것이다.

미니의 실험실은 정상에 해당하는 모성적 행동을 경험했던 새끼 쥐들을 대상으로 하여, 녀석들이 설령 약간 부실한 양육을 겪었더라도 나중에 풍성한 사회적 환경을 접함으로써 그 영향을 되돌릴 수 있다는 것을 보여주었다. 행동 변화와 더불어 NGF 유전자에도 후성유전적 변화가 벌어졌다는 사실은 어쩌면 크게 놀랄 일이 아니다. 할로가 붉은털원숭이들에게 유도했던 병리 현상이나 고릴라들이 포획을 통해 경험한 병리 현상은 그보다 더 심하게 굽은 것이었다. 그러나 비록 인간의 아동 학대가 대물림되는 경향이 있기는 해도, 대부분의 피해자들은 자라서 학대자가 되지 않는다. 이것은 이후의 사회화가 중요하다는 증거다.

아동 학대를 비롯한 부모의 양육 스타일은 눈 색깔과 같은 고전적인 유전자적 유전만큼 충실하게 후세대로 전달되지는 않지만, 그래도 역시 중요하다. 사회심리적 행동의 측면에서는 더욱 그렇다. 사실 우리는 사회적 유전을 두고도 '학대 유전자'니 뭐니 하면서 유전자가 관여하는 고전적 유전이라고 착각하기 쉽다. 물론 사회적 유전에도 유전자가 관여하지만, 이때 유전자는 원인이라기보다 결과다. 설령 지금까지 이야기한 형태의 사회적 유전에서 유전자의 인과적 작용을 인정하더라도, 유전자는 환경에 의해 유도된 후성유전적 변형을 통해 그저 간접적으로 영향을 미칠 뿐이다. 그렇다면 그것도 일종의 후성유전적 유전이 아닐까? 그것은 간접적인 후성유전적 유전이라고 볼 수 있을 것이다. 자, 그렇다면 다음 장에서는 간접적 후성유전적 유전과 직접적 후성유전적 유전의 차이점을 살펴보자.

3부
후성유전적 효과

7장_후성유전적 유전이란

8장_X염색체의 활약과 X우먼

9장_각인된 유전자

EPIGENETICS

7장

후성유전적 유전이란

가축화된 동물을 이야기할 때 제일 먼저 기니피그를 떠올리는 사람은 아마 없을 것이다. 사실 기니피그는 말보다 1,000년 앞서 가축화된 동물이다. 그러나 애완동물로서가 아니라 식량으로서였다. 오늘날에도 안데스 산맥의 페루와 볼리비아에서는 기니피그가 일용할 양식이다. 원래 가축화된 곳도 그곳이었다. 기니피그는 그로부터 수천 년이 흘러 17세기에 유럽에 도입된 뒤에야 애완동물이 되었고, 더 나중에는 대표적인 과학 실험 대상이 되었다.

　기니피그라는 이름이 붙은 까닭은 녀석들이 배를 타고 유럽의 항구로 운반되었기 때문이었다. 그러고 보면 참 희한한 이름이다. 기니피그는 기니에서 온 것도 아니고, 돼지(피그)도 아니다. '기니피그'의 '기니'는 서아프리카의 기니 해변을 가리키는데, 유럽 배들이 남아메리카를 오갈 때 기착지 겸 연료 보급지로 활용한 곳이었다. 기니피그는 원래 남아메리카에서 배에 실렸지만, 유럽 사람들은 녀석들이 기니에서 배에 탔다고 착각했던 것이다. 유럽 선원들이 기니피그를 배에 실은 까닭은 안데스 사람들이 최초로 녀석들을 가축화했던 까닭과 같았다. 즉 오랜 항해에서 좋은 단백질 공급원이 되기 때문이었다. 그러다가 잡아 먹히지 않은 소수의 녀석들이 처음으로 애완동물이 되었다.

'기니피그'의 '피그'는 생쥐, 들쥐 등 유럽의 설치류와는 전혀 닮지 않았다는 데서 유래했을 것이다. 그렇다고 한눈에 돼지를 닮았는가 하면 그것도 아니지만. 어쨌든 과학적 분류법의 아버지인 칼 폰 린네Carl von Linné의 눈에는 그렇게 보였던 모양이다. 린네는 기니피그에게 포르켈루스porcellus(이 라틴어 단어로부터 돼지고기를 뜻하는 영어 단어 '포크pork'가 나왔다)라는 종명을 하사했다. 녀석들이 몸통이 통통하고 꼬리가 짧아서 그랬나 보다.

기니피그는 사실 주로 남아메리카 고지대 초원에 서식하는 설치류인 천축서과의 한 종이다. 야생 기니피그는 풀을 주식으로 먹는다. 그래서 녀석들이 생태적으로 소와 비슷하다고 보는 사람들도 있다. 그러나 기니피그는 소처럼 풀에만 목을 매지는 않고, 다양한 먹이를 잘 먹는다. 이는 녀석들을 포획 상태에서 기르기 쉬운 이유 중 하나이기도 하다. 안데스에서는 기니피그가 어느 날 저녁에 식사거리로 잡히기 전까지 집 안을 자유롭게 출입한다.

식량이 풍족한 유럽인들의 눈에, 기니피그는 못 견디게 귀엽고 사랑스러워 보였다. 그래서 유럽에서는 식량이 아니라 애완동물로 바뀌었던 것 같다. 두 번째 가축화 기간에 사육가들은 다양한 털 색깔과 길고 굽슬굽슬한 털을 선호하는 방향으로 선택적으로 번식시켰다. 덕분에 기니피그는 야생형의 외모로부터 상당히 먼 방향으로 변해갔다. 기니피그가 포유류로서는 최초로 유전학 연구에 동원된 까닭도 주로 그 다채로운 털 때문이었다.

윌리엄 캐슬과 슈얼 라이트의 연구

모건이 콜럼비아 대학에서 초파리방을 설치할 무렵(2장을 보라), 하버드 대학에서는 윌리엄 캐슬William Castle이 모건에 비견할 만한 유전학 연구를 시작했다. 사실 초파리가 유전학의 연구 대상으로 괜찮을 것이라고 처음 떠올린 사람은 얄궂게도 캐슬이었다.[1] 그러나 캐슬은 모건과는 달리 포유류에 집착했다. 캐슬은 토끼, 생쥐, 들쥐를 각각 다루는 여러 실험실을 갖고 있었지만, 가장 좋아하는 동물은 기니피그였다. 그는 기니피그에 어찌나 매료되었던지, 직접 남아메리카로 가서 번식 실험에 쓸 야생형 개체들을 수집해 오기도 했다. 사실 기니피그는 유전학 연구의 대상으로 전혀 이상적이지 않다. 초파리에 비하면 한참 뒤진다. 초파리는 1년에 50세대나 키울 수 있지만, 기니피그는 기껏 2세대, 운이 좋아야 3세대를 키울 수 있다. 모건의 연구진

이 돌연변이를 1,000개 넘게 발견하는 동안, 캐슬의 연구진은 겨우 10개를 찾았다. 그러나 기니피그에게는 초파리에게 없는 장점도 몇 있었는데, 그중 하나는 최소한 돌연변이를 눈치채기가 더 쉽다는 점이었다. 털에 드러난 돌연변이는 특히 알아보기 쉬웠다.

캐슬은 모건과 비슷한 방임형 관리자로, 학생들이 연구 과제를 제법 자유롭게 고르도록 허락했다. 캐슬의 실험실은 모건의 실험실처럼 장래의 유명인사가 우글거리지는 않았지만, 나중에 미국 국립과학아카데미의 회원이 되는 과학자는 몇 명 배출했다. 그중에서도 아주 뛰어난 학생이 하나 있었는데, 바로 슈얼 라이트Sewall Wright라는 이름의 학생이었다. 그가 유전학에 남긴 업적은 범위로만 따지자면 다른 누구도 뛰어넘지 못한다.[2] 라이트는 고전 유전학의 범위를 상당히 확장했고, 나아가 유전자를 생리적 요소로 간주함으로써 유전자가 발생 과정을 통해 털색과 같은 형질에 영향을 미칠지도 모른다는 가설을 조심스럽게 펼쳤다. 그래서 어떤 사람들은 그를 발생 유전학의 아버지로 본다. 그러나 오늘날 라이트는 집단 유전학의 공동 창시자로 더 유명하며, 그 분야를 통해 진화 생물학에 어마어마한 영향을 끼쳤다. 그것은 라이트에게 적절한 재능과 관심이 남다르게 갖춰져 있었기에 가능한 일이었다.

라이트는 독학자에 가까웠고, 모건이나 자기 학생들과는 약간 다른 생물학 연구 배경을 가지고 있었다. 그의 전공은 생리학이었다. 독특한 이력 덕분인지, 그는 '유전자가 실제 생리적으로 무슨 일을 하는가'라는 문제에 관심을 품었다. 유전자의 물리적 실체가 규명되지 않았던 분자 이전 시대에는 그런 추론이 지극히 간접적일 수밖에 없었지만, 그럼에도 라이트는 유전자의 생리적 활동에 관해 놀라운 선견지명을 보였다. 게다가 그는 유전자를 추상적인 유전의 단위로 보는 멘델-모건식 개념과는 달리 유전자를 구체적인 생리적 물질로 보았기 때문에, 언뜻 변칙적으로 보이는 결과가 나왔을 때 그것을 억지로 멘델식 틀에 밀어넣으려고 하지 않았다.

당시의 번식 실험에서는 멘델의 법칙에서 기대되는 결과와는 살짝 다른 결과부터 꽤나 다른 결과까지 다양한 변이가 발생했다. 과학자들은 꽤나 다른 변이는 진지하게 고려했지만, 살짝 다른 변이는 오차 범위 안이라고 간주하고 넘어갔다. 그러나 라이트는 설명되지 않는 변이를 무시하지 않고 오히려 강조했다. 그렇다 보니, 유전자와 유전자 작용에 관한 그의 견해는 고전 유전학의 주류로부터 상당히 멀어졌다. 그는 특히 유전자가 관여하는 유전에 대해 당시의 정설보다 좀 더 복잡한 견해를 품었다. 첫째로, 라이트는 털색과 같은 형질들의 유전에는 대부분의 유전학자들이 생각하는 것보다 좀 더 많은 수의 유전자 자리들과 대립유전자들이 관여한다고 믿었다. 둘째로, 라이트는 서로 다른 자리의 대립유전자들이 복잡하게 상호작용함으로써 각각의 효과만으로는 계산되지 않는 결과를 낳을 수 있다고 강조했다. 그런 현상을 우리는 상위성上位性, epistasis (엄밀히 말해 상위성은 한 형질에 둘 이상의 유전자 자리가 관여할 때, 한쪽 유전자가 다른 유전자의 효과를 압도하여 표현형에 영향을 미치는 것을 말한다 - 옮긴이)이라고 부른다.

요즘 과학자들은 이 견해를 널리 인정하지만, 라이트의 동시대 연구자들은 별로 호의적으로 받아들이지 않았다. 라이트는 그 밖에도 시대를 앞선 생각을 많이 했다. 이를테면, 그는 털색처럼 '유전자에 따라 결정되는' 형질들이라도 환경의 영향을 받을 수 있다는 생각에 대해 훨씬 열려 있었다. 그리고 그는 유전자-환경 상호작용 연구의 선구자였다. 이것 역시 기본적으로 그가 유전자의 작용을 생리적인 면에서, 혹은 발생학적인 면에서 바라보는 입장을 고수했기 때문이다. 유전자를 생리적 실체로 여기다 보니, 어떤 유전자가 어떤 생리적 과정에 영향을 미친다면 역시 그 과정에 영향을 미치는 다른 환경적 인자들에 따라 그 유전자의 효과가 달라질 수도 있다는 생각을 더 쉽게 품었던 것이다.

그러나 아마도 가장 이단적이었던 발상은, 유전자의 효과와 발생 과정에서 무작위적 사건들이 아주 중요하다고 본 점이었다. 라이트는 생물학적 과정의 모든 차원에서 무작위성을 목격했다. 생화학 분자들의 차원에서도 그렇고 기니피그 한 마리의 차원에서도, 더 나아가 기니피그 집단의 차원에서도.

관습 타파적이었던 라이트의 (생리적) 유전학은 모건에서 왓슨과 크릭으로 이어진 주류 학계에 늘 가리워져 있었지만, 결국에는 모건식 접근법이 아니라 라이트식 접근법이 후성유전학의 기틀을 만들었다. 이 장의 주제인 후성유전학적 유전 연구는 분명 모건보다는 라이트에게 더 많은 빚을 졌다.

아구티 유전자

라이트가 기니피그 연구를 시작할 무렵에는 벌써 털색에 관여하는 유전자가 여럿 알려져 있었다. 라이트는 그 유전자들이 어떻게 상호작용하여 사육가들이 창조한 다채로운 무늬를 낳는지, 또한 가축화된 기니피그와 야생 선조를 교배시켜 얻었던 잡종들의 색깔 무늬를 낳는지 알아보는 캐슬의 연구에 대부분의 초기 경력을 바쳤다. 라이트는 각각의 색깔에 연관된 유전자(유전자 자리)들이 서로 독립적으로 활동하고 각각의 유전자 자리에는 두 대립유전자 변이형이 존재한다는 멘델식 가정에서 출발했다. 하나의 유전자 자리마다 하나의 야생형 대립유전자와 사육가들이 선택적 번식을 통해 야생형보다 더 흔하게 만든 하나의 돌연변이 대립유전자가 있다는 가정이었다. 나아가 그는 야생형 대립유전자가 우성이고 새로운 돌연변이 대립유전자가 열성이라고 가정했다. 모건과 같은 생각이었다. 라이트는 이런 멘델식 가정을 써서 대체로 잘 해나갔으나, 표준적인 멘델식 틀에서는 도무지 설명할 수 없는 변이가 늘 상당량 남았다.

라이트의 연구 중에서도 아구티 유전자 자리에 대한 연구는 이 장에서 우리가 살펴보는 주제에 가장 적절한 사례다.[3] 아구티 유전자 자리라는 이름은 사실상 다리가 좀 더 긴 기니피그라고 보아도 무방한 아구티의 색깔 무늬에서 딴 것이다. 녀석들의 독특한 색깔 무늬를 내는 것은 보통 야생형 아구티 대립유전자라고 여겨진다. 그 대립유전자를 *A*라고 부르자. 아구티의 털은 맨 처음 때어날 때는 늘 검다. 그래서 털의 끄트머리는 모두 검다. 그러나 털이 자라면 뿌리께가 차츰 누래지다가 이어 붉어지고, 그러다가 다시 검어진다. 알고 보면 이런 털 줄무늬는 아구티만이 아니라 기니피그의 야생 선조를 포함하여 대부분의 야생 포유류가 공유하는 특징이다. 또한 아구티 유전자는 사람을 포함한 모든 포유류에게서 발견된다.

그런데 사육가들은 검은 부분 대신 노란 부분이 더 넓어지게 만드는 돌연변이 대립유전자 *a*를 선호하여 그것이 발현하도록 선택적으로 교배했고, 그 결과 노랗고 붉은 다채로운 무늬들을 창조했다. 그러나 두 대립유전자만으로는 줄무늬의 모든 변이를 설명할 수 없었다. 그래서 라이트는 유전 인자가 적어도 하나 더 관여한다는 것을 보여주었는데, 그것은 아구티 유전자 자리에서 발생하는 두 번째 돌연변이 대립유전자였다. 그러나 세 번째 대립유전자를 갖고서도 여전히 설명하지 못하는 변이가 남았다. 아마도 라이트는 환경적 인자들이 사태를 복잡하게 만든다는 가설에 기꺼이 동의했겠지만, 당시의 지식으로는 과연 어떻게 그런 일이 가능한지를 상상할 수가 없었다. 그래도 그는 만일 답을 들었더라면 전혀 놀라지 않았으리라. 그의 세계관에 꽤 반듯하게 맞아떨어지는 답이기 때문이다.

라이트는 유전학 연구에 계속 기니피그를 썼지만, 다른 연구자들은 이후 아구티 유전자를 연구할 때 주로 생쥐를 썼다. 라이트의 기니피그 아구티 유전자 연구는 생쥐의 아구티 유전자 연구에 기반이 되어주었고, 그 점은 우리가 지금부터 살펴볼 최근의 후성유전학 연구에서도 마찬가지였다.

19세기가 되자, 생쥐를 애완동물로 거래하는 시장이 기니피그에 맞먹게 성장했다. 생쥐 사육가들도 기니피그 사육가들처럼 털의 노란 부분을 넓히는 열성 돌연변이를 아구티 유전자 자리에서 발견함으로써 노르스름한 털색을 창조했다. 그러다가 과학자들이 사육 임무를 넘겨받자, 돌연변이는 본격적으로 더 많이 발견되기 시작했다. 더구나 일부 돌연변이는 야생형 대립유전자 A에 대해 우성이었는데, 그중에서도 치명적 노랑$^{A^i}$ 돌연변이라는 것은 보통 치명적이었다. 반면에 우성이면서도 치명적이지 않은 돌연변이도 있었다. 생육 가능한 노랑$^{A^{vy}}$ 돌연변이가 그런 경우인데, 이 돌연변이를 지닌 생쥐는 심각한 생리적 결함에도 불구하고 어쨌든 생존했기 때문에 이런 이름이 붙었다. A^{vy}처럼 다중적인 생리적 효과를 발휘하는 대립유전사를 가리켜 다형질 발현성^{pleiotropic}이라고 말한다.

사실 다형질 발현성은 유전자들의 단백질 산물이 대체로 하나 이상의 세포 종류에서 발현한다는 사실을 반영한 것뿐이다. 따라서 유전자는 하나 이상의 생리적 과정, 혹은 발달 과정에 참여할 수 있다. 위의 사례에서는, 아구티 유전자가 참여하는 여러 발달 과정 중에서 사람이 보기에 가장 분명한 것이 털색 결정 과정이었다. 아구티 단백질은 멜라닌 생산을 촉진하는 호르몬이 그 수용체와 결합하지 못하게 방해함으로써 털색에 영향을 미친다(멜라닌은 검은 색소와 관련이 있다).[4] 그런데 멜라닌은 털주머니 외에도 여러 종류의 세포들에서 생산되고, 아구티 단백질은 간, 신장, 생식샘, 지방 등 모든 장소에서 멜라닌 생산을 방해한다.[5] 만일 생쥐가 A^L(치명적 노랑) 돌연변이를 갖고 있다면 이 간섭의 결과가 치명적이고, A^{vy}(생육 가능한 노랑) 돌연변이를 갖고 있다면 죽지는 않아도 건강이 크게 망가진다. 이 돌연변이가 일으키는 악영향으로는 비만, 당뇨, 다양한 암 등이 있다.[6]

A^L 생쥐는 늘 노란색이지만, A^{vy} 생쥐의 털색은 꽤 다양하다. 거의 샛노란 색부터 '가짜아구티'라고 불리는 야생형 무늬까지 다채롭다. 과학자들은 생육 가능한 노랑 돌연변이 생쥐의 털색만 보고도 그것의 건강 상태를 예측할 수 있다. 샛노란 녀석들은 비만, 당뇨, 암을 겪을 것이고, 가짜아구티 무늬를 띤 녀석들은 그런 결함을 전혀 지니지 않을 것이다.[7]

생육 가능한 노랑 돌연변이 생쥐들에게서 털색의 변이와 건강이 연관된 까닭은 무엇일까? 이른바 유전적 배경을 끌어들여 설명하는 것이 한 방법인데, 이것은 라이트의 접근법과 일치한다. 라이트는 대부분의 동료 과학자들과는 달리, 생육 가능한 노랑과 같은 유전자(대립유전자)가 털색과 같은 형질에 미치는 효과는 그 밖의 숱한 인자들에게도 의존한다고 보았다. 다른 유전자들도 그런 인자로 작용한다.

즉 생육 가능한 노랑 대립유전자가 색깔에 미치는 효과는 다른 유전자 자리에 어떤 대립유전자가 있는가 하는 점에도 부분적으로 좌우된다는 것이다. 물론 모든 유전자 자리가 관여하는 것은 아니겠지만, 라이트의 동료들이 인정하는 것보다는 훨씬 더 많은 수의 유전자 자리와 대립유전자가 관여할 것이었다.

그러나 그런 유전적 배경을 일정하게 고정하더라도, 생육 가능한 노랑 대립유전자가 생쥐의 색깔과 건강에 미치는 영향은 여전히 개체마다 다르다. 두 생쥐가 유전적으로 같아서 그 돌연변이 대립유전자를 둘 다 갖고 있더라도 둘의 털색과 건강은 상당히 다를 수 있다는 말이다. 한 배에서 태어나 유전적으로 동일한 생육 가능한 노랑 돌연변이 생쥐들이라도 털색은 노랄 수도 있고, 얼룩덜룩할 수도 있고, 가짜아구티 무늬일 수도 있다. 각각의 색깔과 연관된 건강 문제도 다양하게 드러난다.[8]

아구티 유전자의 후성유전학

알고 보니, 생쥐들의 색깔 차이는 생육 가능한 노랑 대립유전자에 후성유전적 차이가 발생한 탓이었다. 노란 생쥐는 대립유전자가 메틸화되지 않은 상태이고, 가짜아구티 생쥐는 많이 메틸화된 상태이며, 얼룩덜룩한 생쥐는 그 중간 정도로 메틸화되어 있다.[9]

유전적으로 다 같은 생육 가능한 노랑 돌연변이들 중에서 어떤 녀석은 대립유전자가 메틸화되고 다른 녀석은 메틸화되지 않는 이유가 무엇일까? 이 현상은 어미의 털색, 즉 어미의 후성유전적 상태에 부분적으로 좌우된다. 털이 노란 암컷은 주로 노란 새끼를 낳고, 가짜아구티 표현형을 지닌 새끼는 결코 낳지 않는다. 가짜아구티 무늬를 지닌 어미는 노란 새끼도 소수 낳지만, 가짜아구티 새끼를 더 많이 낳는다.[10] 게다가 외할머니의 털색도 손자의 털색에 영향을 미친다.[11] 다만 아비와 자식의 털색은 관계가 없다.

왠지 익숙하게 들리는가? 앞 장에서 이야기했던, 모성적 행동이 세대를 초월하여 스트레스 반응에 영향을 미치는 현상과 비슷하다. 그러나 희한한 방식의 털색 유전에 분명 어미의 영향이 미치기는 해도, 그 영향은 발생 과정에서 훨씬 더 이른 단계에 미친다. 과학자들이 노란 어미의 수정란을 검은 어미에게 이식하면, 보통 노란 새끼가 태어난다.[12] 태내 환경의 효과는 없는 셈이다. 그 대신, A^{vy} 대립유전자에 결합함으로써 유전적으로 다 같은 생쥐들의 털색을 다 다르게 만드는 후성유전적 부착물이 어미에게서 새끼에게로 직접 전달된다. 진정한 후성유전적 유전인 셈이다.

그렇다면, 애초에 그 후성유전적 변이는 어떻게 생겼을까? 앞에서 했던 이야기들을 떠올려 보면, 몇 가지 환경적 영향을 의심해볼 수 있다. 이 경우에는 식단이 영향을 주는 듯하다. 생육 가능한 노랑 어미가 임신했을 때 엽산과 같은 메틸기 공급원이 많이 포함된 식단을 주면, 새끼들의 털색은 노랑에서 멀어져 가짜아구티 쪽으로 치우쳤다.[13] 게다가 자궁에서 메틸기 보충을 경험했던 새끼들이 자라서 어미가 되면, 그들의 자식들에서도 치우친 색깔 스펙트럼이 유지되었다.[14] 2세대 어미들은 추가로 메틸기를 공급받지 않았음에도, 1세대 어미들이 식단 때문에 일으켰던 변화가 3세대들에게 전달되었던 것이다.

그러나 메틸기를 많이 함유한 식단으로 인한 색깔 스펙트럼 치우침은 그다지 심하지 않은 편이었다. 따라서 유전적으로 다 같은 생육 가능한 노랑 돌연변이 생쥐들에게서 발생하는 후성유전적 차이, 즉 털색 차이는 대부분 다른 인자들 탓이어야 한다. 최근에 과학자들이 그 변이의 공급원으로서 점차 주목하는 후보는 '우연'이다. 돌연변이 대립유전자를 지닌 개체가 결국 노란색을 띠느냐 가짜아구티 무늬를 띠느냐를 결정하는, 더불어 그에 수반되는 건강 문제들을 결정하는 요인은 사실상 무작위 과정일지도 모른다. 달리 말해, 분자 차원에서 대립유전자의 메틸화에 영향을 미치는 과정은 무작위적으로 벌어질지도 모른다.[15] 요컨대 이 사례는 부분적으로 무작위적인 후성유전적 사건이 유전될 수 있다는 것을 보여준다. 그렇다면 이것은 보통의 돌연변이와 아주 비슷해 보이지 않는가?

과학자들은 왜 후성유전적 유전을 기대하지 않았을까?

오랫동안 과학자들은 진정한 후성유전적 유전은 불가능하다고 생각했다. 정자와 난자가 만들어질 때, 모든 후성유전적 표지들은 이른바 후성유전적 재프로그래밍epigenetic reprogramming 을 거치면서 몽땅 제거된다고 생각했기 때문이다.[16] 소수의 후성유전적 부착물이 이 과정을 견뎌내더라도, 수정 직후에 또 한 번 진행되는 재프로그래밍 과정에서 결국 제거될 것이다. 그렇다면 새 세대는 깨끗한 후성유전적 서판을 갖고서 출발할 것이다. 그러나 최근, 후성유전적 재프로그래밍이 모든 표지를 지우지는 않는다는 사실이 증명되었다. 환경에 의해 유도된 변화를 비롯하여 일부 후성유전적 변화들은 지워지지 않는다. 그 상태 그대로 다음 세대에게 전달된다.

생쥐의 후성유전적 유전이 제일 잘 기록된 사례는 분명 아구티 유전자이지만, 그 밖에도 알려진 사례가 많다. 가령 액신Axin 유전자가 있다. 이 유전자가 메틸화되면, 꼬리가 배배 꼬인 생쥐가 태어난다.[17] 메틸화 패턴과 그에 수반되는 꼬리 꼬임은 어미에게서 물려받을 수도 있고, 아비에게서 물려받을 수도 있다. 또한 후각에 관여하는 유전자들도 후성유전적 유전을 겪는 것이 많은 듯한데, 특히 페로몬 탐지 유전자들이 그렇다.[18] 사람은 특정 형태의 잘록창자암(결장암)을 촉진하는 유전자 자리에서 후성유전적 유전이 벌어질 가능성이 있다.[19] 과학자들이 (멘델식 기준에서) 변칙적인 유전의 사례들을 후성유전학의 렌즈로 바라보기 시작한 지는 얼마 되지 않았으므로, 가까운 미래에 사람을 비롯한 여러 포유류에서 후성유전적 유전 사례가 더 많이 발견되리라 기대해도 좋을 것이다.

그러나 한편으로는 다른 종류의 생물체들에 비해 포유류에서는 후성유전적 유전이 좀 드물 것이라고 예상할 만한 근거가 있다.[20] 초파리에서 효모까지 다양한 생물체들에서 후성유전적 유전의 사례가 확인되기는 했지만,[21] 사실 가장 극적인 사례들은 식물에게서 나타난다.[22]

식물계의 실험 대상으로서 동물계의 생쥐에 비할 만한 것은 일반명 없이 학명으로만 알려진 겨자과의 평범한 종 아라비돕시스 탈리아나 *Arabidopsis thaliana*다. 야생의 아라비돕시스는 유라시아 전역의 다양한 서식지에서 자라고, 실험실에서도 잘 자란다. 이 식물은 여러 형질 중에서도 키와 개화 시기 면에서 변이가 크고, 두 형질이 모두 후성유전적으로 유전된다. 둘 중에서 키에 영향을 미치는 후성유전적 인자를 먼저 알아보자.

생물체에서 개체의 성장과 병원체에 대한 방어 사이에는 교환 관계가 성립할 때가 많다. 식물이 특히 그렇다. 병원체를 방어하는 데 자원을 많이 쏟을수록 성장은 느려지는 것이다. 그래서 병원체가 많은 환경에서 사는 식물은 난쟁이가 많다. *A.* 탈리아나의 병원체 저항력에는 수많은 저항(R) 유전자가 관여하는데, 그중에서도 4번 염색체에 있는 일군의 유전자들은 후성유전적으로 조절된다. 그 유전자

군집이 후성유전적 변이형인 *bal*일 때는 군집 속의 한 유전자가 만성적으로 활성화된다. 그러면 그 유전자는 식물이 병원체의 공격을 받지 않는 상황인데도 마치 공격을 받는 상황인 것처럼 행동한다. 이 후성유전적 변이형을 지닌 식물은 왜소하고, 후줄근해 보이고, 잎사귀는 시들하고, 뿌리는 제대로 발육하지 못한다. 반면에 유전적으로 동일하지만 이 후성유전적 인자가 없는 식물은 같은 환경에서 자라더라도 튼튼하다.[23] 후성유전학 이전에 과학자들은 난쟁이 식물이 돌연변이형이라고 가정했고, R 유전자의 염기 서열이 어떻게든 달라진 탓일 것이라고 짐작했다. 그러나 이제 우리는 유전자 발현의 후성유전적 조절 차이 때문에 같은 종의 식물들이라도 그토록 뚜렷하게 달라질 수 있다는 것을 잘 안다.

　A. 탈리아나의 개화 시기도 후성유전적으로 조절된다. 1990년에 과학자들은 야생 아라비돕시스 군집에서 개화를 늦추는 돌연변이를 발견했다.[24] 원래 아라비돕시스는 봄에 꽃을 피우지만, 그 *fwa* 돌연변이가 있는 식물은 여름이나 가을에 꽃을 피웠다. 과학자들이 여러 가지로 유전자 검사를 한 결과, *fwa*는 사람의 갈색 눈처럼 고전적인 멘델식 우성 형질인 것 같았다. 과학자들은 그 돌연변이가 특정 전사 인자를 암호화한 특정 유전자에 발생한다는 사실도 밝혀냈다. 그러나 과학자들은 *fwa* 돌연변이형과 정상적인 *FWA* 대립유전자의 염기 서열이 다르지 않다는 것을 확인하고는 어리둥절했다. 알고 보니 그것은 보통 돌연변이가 아니라 메틸화 패턴이 달라진 후성돌연변이

epimutation였다. 후성돌연변이도 대충 멘델식 유전과 비슷한 방식으로 유전되면서 몇 년 동안 안정적일 수 있었던 것이다.[25]

대를 잇는 후성유전적 효과

아구티 유전자나 *A. 탈리아나*에서 벌어지는 후성유전적 유전은 내가 '세대를 초월한 후성유전적 효과'라고 부르는 현상의 한 형태일 뿐이다. '세대를 초월한 후성유전적 효과'란 후성유전적 효과가 부모에서 자식으로, 심지어 그보다 더 멀리 전달될 수 있다는 뜻이다.[26] 이 폭넓은 정의에 따르면 생쥐에서 스트레스 반응의 사회적 유전도 여기에 포함되고, 다른 형태의 비유전자적 유전들 중에서 후성유전적 요소가 있는 것들도 포함된다.

그러나 후성유전적 유전을 더 엄밀하게 정의하자면, 후성유전적 부착물, 곧 표지가 후성유전적 재프로그래밍 과정을 거치고도 손상 없이 후대로 전달되어야 한다. 어미가 핥아주지 않아 스트레스 반응이 강화된 쥐의 경우, 후성유전적 부착물은 세대마다 새롭게 구성되었다. 최초의 후성유전적 변이가 후성유전적 재프로그래밍을 견디지 못하는 것이다. 모성적 환경이나 사회적 환경에 의해 발생하여 세대를 초월하는 후성유전적 효과들은 대부분 이럴 것이다. 1장에서 이야기했던 네덜란드 기근의 효과도 마찬가지다. 기근이 미친 '할머니 효과'가 확실히 후성유전적 유전이라는 증거는 없다. 그러나 진정한 후성유전적 유전이라고 좀 더 강력하게 주장할 만한 사례가 있기는 하다. 바로 식단이 사람에게 미치는 영향을 조사한 연구였다.

스웨덴의 어느 외딴 동네에서는 사람들이 수백 년 동안 작황을 아주 정확하게 기록해왔다. 덕분에 과학자들은 그들이 해마다 평균 몇 칼로리를 섭취했는지 계산할 수 있었다. 주목할 만한 결과는, 남자가 사춘기에 섭취했던 칼로리와 그 손자들의 건강에 연관관계가 있다는 점이었다. 사춘기 이전에 기근을 겪었던 남자의 친손자들은(외손자들은 아니었다) 기근을 겪지 않은 남자의 친손자들보다 심장혈관질환에 더 취약했다.[27] 네덜란드 기근이 신생아들의 몸무게에 미친 후성유전적 효과와는 달리, 이 연관관계는 태내 환경 탓으로 돌릴 수 없다. 남자들이 자식과 손자에게 생물학적으로 기여하는 바는 정자뿐이기 때문이다. 이 사례는 환경에 의한 후성유전적 변화가 진정한 후성유전적 유전으로서 물려질 수 있다는 증거인 듯하다.

잊지 말아야 할 점은, 아구티 유전자의 후성유전적 유전이 아주 정확하거나 효율적이지는 않았다는 사실이다. 부모와 자식의 털색 상관관계는 유의미하기는 해도 대단히 높은 수준은 아니었다. 이 부모-자식 상관관계는 쥐들의 스트레스 반응에서 드러난 상관관계보다 훨씬 낮은 수준이었는데, 후자 역시 진정한 후성유전적 유전은 아니었다.

식물은 다르다. 식물에서는 진정한 후성유전적 유전이 훨씬 더 흔하고, 수백 세대 동안 안정적으로 전달된다. 간혹 유전자적 유전만큼이나 안정적일 때도 있다. 식물에서 후성유전적 유전이 더 많이 발생하는 까닭은 무엇일까? 그것은 식물의 후성유전적 재프로그래밍이 훨씬 덜 광범위하고 덜 철저하기 때문이다. 덕분에 좀 더 많은 후성유전적 표지들이 무사히 그 과정을 통과하는 것이다.

라이트의 유산

슈얼 라이트는 기니피그 털색의 유전 연구를 자신의 긴 인생에서 평생 이어갔다. 그 연구는 라이트의 치밀한 관찰력을 보여주는 한편, 그가 기존의 정설을 숙지하되 그것 때문에 독창적인 사고에 방해받지는 않을 만큼 이론적 통찰력이 있었다는 점도 보여준다. 유전학에 대한 라이트의 접근법은 유전자를 생리적 인자 겸 발생학적 인자로서 강조했다는 점에서 대부분의 동료들과는 확연히 달랐다. 당시 모건 무리를 비롯하여 대부분의 유전학자들은 유전자를 추상적인 유전의 인자로 보는 편이었다. 모건의 접근법은 즉각 보상을 내놓았지만, 라이트의 접근법에서 나온 이득은 대체로 수십 년이 더 지나서야 드러났다. 그러나 발생 유전학, 그리고 그 파생이라 할 수 있는 후성유전학의 토대를 닦은 것은 모건이 아니라 라이트의 접근법이었다.

구체적으로 말하자면, 라이트의 아구티 유전자 연구는 후속 아구티 연구들의 토대가 되었다. 이후 과학자들은 털색에서 비만까지 다양한 발생 과정에서 그 유전자가 맡는 역할을 살펴보았고, 그렇게 그 유전자에 대한 연구가 이어진 덕분에 결국 과학자들은 포유류의 진정한 후성유전적 유전으로 볼 만한 훌륭한 첫 사례를 발견했다.

앞에서 언급했듯이, 엄밀한 의미의 후성유전적 유전은 그보다 더 폭넓은 현상, 즉 후성유전적 효과가 세대를 초월하여 영향을 미치는 현상에 속하는 한 형태일 뿐이다. 우리는 다른 형태의 후성유전적 효과들도, 가령 쥐에서 스트레스 반응의 사회적 유전도 이미 알아보았다. 9장에서는 또 다른 형태의 후성유전적 효과가 세대를 초월하여 전달되는 현상을 소개할 텐데, 그것은 좀 희한한 현상이다. 그러나 그에 앞서 약간의 배경 지식을 알아야 하니, 다음 장에서 신비로운 X 염색체를 통해 이야기해보자.

8장

X염색체의 활약과
X우먼

어릴 때 나는 보드게임보다 몸을 움직이는 게임을 더 좋아했다. 보드게임은 지루할 뿐 아니라 누나가 나보다 확실히 더 잘했기 때문이다. 특히 모노폴리는 이 두 가지 측면에서 모두 나를 불쾌하게 했다. 그러나 나는 여덟 살이 되던 해에 다리가 부러져서 육체적 활동에 심한 제약을 받게 되었다. 그래도 보드게임을 할 마음은 생기지 않았기 때문에, 나는 대신 캐롬에 집중했다.

    당구 비슷한 캐롬은 작은 정사각형 나무판에서 하는 게임이었다. 나무판에는 테두리가 있었고, 네 구석에는 포켓이 있었다. 나무로 된 큐는 길이가 약 50센티미터였다. 게임의 목표는 역시 나무로 만들어진 작은 도넛 같은 물체들을 포켓에 집어넣는 것이었는데, 도넛의 색깔은 빨강과 초록 두 가지였다. 경우에 따라서 빨강을 모두 집어넣든지, 초록을 모두 집어넣든지 하는 것이었다. 포켓볼에서 민무늬 공이든 줄무늬 공이든 한쪽만 모두 집어넣는 것과 비슷하다. 자기가 넣어야 하는 색깔의 원반들을 먼저 다 집어넣는 사람이 게임의 승자다.

내가 볼 때, 캐롬에는 두 가지 장점이 있었다. 육체적 기술을 어느 정도 요구한다는 점, 그리고 그 점에서 내가 누나를 완벽하게 누를 수 있다는 점이었다. 사실 나는 거의 모든 상대를 이겼다. 누나보다는 내 친구들이 더 강한 상대였는데, 어차피 누나는 금세 그 게임을 싫어하게 되었다. 그런데 친구들 중 스티브는 누나보다도 실력이 나빴다. 처음에 나는 그 이유를 알 수 없었다. 스티브가 손 동작과 시각을 조화시키는 능력이 부족하기 때문은 아니었다. 그 점은 괜찮았다. 문제는 스티브가 캐롬 원반을 거의 무차별적으로 집어넣는다는 데 있었다.

처음에 나는 스티브가 지루해서 그러는 줄 알았다. 그는 나보다 더 활동적인 아이였기 때문에, 그렇게 해서라도 얼른 경기를 끝내려고 그러는 줄 알았다. 그러나 스티브는 게임을 진심으로 즐기는 것처럼 보였고, 내가 그에게 방금 자기 것이 아닌 내 원반을 집어넣었다고 지적하면 그저 미소를 지을 뿐이었다. 그 미소가 나를 혼란스럽게 했다. 그는 나보다 더 현실적이었다. 세상에 산타클로스가 없다는 것, 이빨 요정은 사실 엄마라는 것을 내게 처음 알려준 것도 그 아이였다. 그래서 나는 풋내기로서는 도무지 헤아릴 수 없는 어떤 '패배'의 동기가 그에게 있다고 생각했고, 일단 그렇게 생각하니까 스티브를 이겨도 전혀 즐겁지가 않았다. 나는 너무나 불만스러워져서, 스티브가 뻔히

내 것임에 분명한 원반을 노릴 때마다 그에게 그 점을 지적했다. 하지만 스티브는 미소를 지으면서 아랑곳하지 않고 그것을 집어넣었다.

그러던 어느 날, 나는 스티브의 괴팍한 행동에 어떤 이유가 깔려 있는지를 어머니에게 물었다. 어머니는 대뜸 답을 내놓았다. 스티브가 색맹이라는 것이었다. 스티브는 빨강과 초록을 구별하지 못하기 때문에 자신의 초록 원반으로 내 빨간 원반을 치는 것이었다. 그도 문제를 어느 정도 깨닫고는 있었지만, 그렇다고 인정하기에는 자존심이 허락하지 않았기 때문에 심란한 미소로만 반응한 것이었다. 스티브가 색맹이라는 사실은 산타클로스가 허구라는 사실만큼 내 세계관에 균열을 일으키진 않았다. 그러나 내 어린 마음에 제법 철학적인 의문들을 일으켰다. 스티브에게는 세상이 어떻게 보일까? 꽃은? 나무는? 신호등은? 특히 신호등이 문제였다. 스티브는 혼자 있을 때 언제 길을 건너야 할지를 어떻게 할까? 색맹은 환상적인 주제였다.

이후로 나는 잊을 만하면 불쑥불쑥 이 주제로 돌아오곤 했는데, 가장 최근에는 후성유전학에 관련된 문제 때문이었다. 이 장에서 할 이야기가 바로 그것이나.

수컷은 왜 더 약할까?

스티브가 겪는 적녹 색맹은 여자아이보다 남자아이에게서 훨씬 흔하다는 점부터 이야기하자. 색맹은 그 점에서 난독증부터 특정 형태의 심장질환까지 다른 많은 발달 장애와 닮았다. 과학자들은 이런 결함을 성 연관 장애라고 부른다. 성 연관성은 문제의 유전자가 성염색체에 있을 때 나타나는데, X염색체와 Y염색체 중에서 X염색체에 있을 때가 압도적으로 많다. X염색체는 사람의 모든 염색체를 통틀어 제일 크고, 유전자가 제일 많다. 따라서 사람의 형질은 어느 정도 성 연관성을 띠는 것이 많다. 더 정확하게 말하자면 X염색체 연관성이다. Y염색체는 X염색체에 비하면 장난감처럼 작다.

  성 연관 돌연변이는 독특한 방식으로 유전된다. 특히 열성 돌연변이가 그렇다. 열성 돌연변이는 돌연변이 유전자가 양쪽 염색체에 모두 있어야만—우리는 염색체 쌍 중 한쪽은 어머니에게서, 반대쪽은 아버지에게서 물려받는다—돌연변이의 효과가 나타나는 것을 말한다.[1] 이 방식은 통칭 보통염색체(autosome)라고 불리는 다른 염색체들에는 정도 차이가 있을지언정 모두 적용되지만, 성염색체에는 적용되지 않는다. 적어도 남성의 성염색체에는 적용되지 않는다. 여성은 부모로부터 X염색체를 하나씩 물려받아 두 개를 갖고 있지만, 축복받은 여성과는 달리 남성은 어머니로부터 X염색체를 하나만 물려받고 아버지로부터는 자그마한 Y염색체를 물려받는다. 그래서 만일 어머니로부터 받은 X염색체에 열성 돌연변이가 있다면 남성은 사실상 우성 돌연변이를 경험하는 셈이다. 남성이 여성보다 열성 돌연변이 발생률이 훨씬 더 높은 것은 이 때문이다. 남성의 X염색체 부족은 출생에서 노년까지 평생, 또한 나이와 발달 단계에 무관하게 늘 남성의 사망률이 여성보다 더 높은 한 가지 원인이다.[2]

X염색체의 많은 유전자 중에는 옵신이라는 단백질을 지시하는 유전자가 둘 있다. 옵신은 색에 민감한 단백질로, 망막의 색깔 감지기인 원뿔세포 속에 들어 있다. 사실 옵신 유전자는 하나 더 있지만, 세 번째 유전자는 X염색체가 아니라 7번 염색체에 있다.[3] 원뿔세포 하나마다 옵신 유전자는 하나만 발현하므로, 원뿔세포에는 세 종류가 있는 셈이다. 그것을 빨강 원뿔세포, 초록 원뿔세포, 파랑 원뿔세포라고 부르자. 빨강 옵신 유전자와 초록 옵신 유전자는 X염색체에 있고, 파랑 옵신 유전자는 7번 염색체에 있다. 남자가 빨강이나 초록 옵신 유전자 중 하나에서 열성 돌연변이를 물려받으면, 스티브처럼 적녹색맹이 된다. 그러나 스티브의 누이는 다르다. 같은 어머니로부터 같은 돌연변이를 물려받았더라도, 아버지로부터 물려받은 X염색체까지 돌연변이가 아닌 이상 누이는 색맹이 되지 않는다. 누이가 양쪽 모두에게 돌연변이를 물려받은 경우에는 아버지도 틀림없이 색맹이다.

사, 이것이 성 연관 형질에 대한 교과서적 설명이다. 나도 기초 유전학 수업에서 여기까지 배웠다. 그러나 남녀의 성차에는 추가 요소가 더 있는 것이 분명하다. 돌연변이 옵신 유전자를 지닌 여성 보인자들 중 일부는 오히려 색각이 향상된다는 점 때문에라도 말이다.[4] 그런 돌연변이 여성들은 하찮은 남성들이 죽어도 보지 못하는 색깔 차이를 인식한다. 이들을 X우먼이라고 부르자.

이 장에서는 그 X우먼의 진상을 규명해볼 텐데, 그러려면 무작위성이 중요하게 개입하는 또 다른 후성유전적 메커니즘을 살펴보아야 한다. 우리가 X염색체를 통해 이야기를 풀어가는 것은 참으로 적절한 일이다. 후성유전학의 토대는 과학자들이 X염색체의 수수께끼를 파헤치는 과정에서 많이 구축되었기 때문이다.[5]

유전자량 문제

X염색체와 연관된 문제에서 지금도 남자들이 불리하기는 하지만, 만일 유전자량 보전dosage compensation이라는 과정이 없었다면 상황은 훨씬 더 나빴을 것이다. 유전자량 보전은 생리적으로 얼추 공평한 장을 만들어준다. 유전자량 보전이 없다면, 여자는 X염색체에서 유도된 모든 단백질을 남자보다 2배 더 많이 가질 것이다. 그러면 남녀의 특징은 서로 한없이 멀어져, 철두철미한 진화 심리학자조차 미처 상상하지 못하는 수준으로 서로 달라졌을 것이다(진화적 적응과 선택으로 남녀의 차이를 많이 설명해내는 진화 심리학자들조차 설명할 수 없을 정도로 다를 것이라는 말이다 - 옮긴이). 즉 남자는 여자보다 노골적으로 더 초라할 것이다(심해의 아귀를 떠올려보자. 자그마한 아귀 수컷은 처음 자기 곁을 지나가는 거대한 암컷에게 달라붙은 뒤, 그때부터는 그저 정액을 공급하는 기생생물이나 다름없는 수준으로 퇴화한다. 사마귀처럼 튀어나온 고환 외에는 거

의 아무것도 없는 상태가 된다).

진화는 유전자량 문제를 어떻게 해결했을까? X염색체 비활성화 X inactivation라고 불리는[6] 그 방법은 여자의 모든 세포들에서 두 X염색체 중 하나가 비활성화되는 것이다. X염색체 비활성화는 여자만 겪으므로, 결국 남자든 여자든 세포마다 하나의 X염색체만 제대로 기능한다. 그런데 남자든 여자든 기능하는 X염색체가 하나인 것은 마찬가지라면, 왜 남자가 여자보다 X염색체에 연관된 문제를 더 많이 겪을까? 그 이유는 여자가 두 X염색체 중 하나를 꽁꽁 묶어두다시피 한 채 다른 하나만 사용하는 것은 사실이지만, 그럼에도 불구하고 양쪽 모두로부터 많은 이득을 얻기 때문이다.

왜 그럴까? X염색체가 비활성화된다고 해서 그 속의 모든 유전자들이 비활성화되는 것은 아니라는 점이 하나의 이유다. 사람의 경우, 비활성화된 X염색체의 유전자들 중에서 15~25퍼센트가량이 비활성화 상태를 벗어난다.[7] 비활성화 상태를 벗어난 유전자 중에는 이른바 하우스키핑 유전자 housekeeping gene가 많다. 이는 피부세포, 뉴런, 원뿔세포 등 모든 세포들에게 필요한 기초적인 세포 과정에 참여하는 유전자를 말한다.

여자가 두 X염색체 중 한쪽이 대체로 비활성화된 상태에서도 양쪽의 이득을 두루 누리는 이유는 또 있다. 사람을 비롯한 대부분의 포유류에서, X염색체 비활성화가 모계의 X염색체에 벌어지느냐 부계의 X염색체에 벌어지느냐 하는 문제는 무작위로 결정된다. 게다가 이 무작위적 비활성화는 여러 세포 계통들에서 서로 독립적으로 벌어진다. 특정 세포 집단, 가령 빨강 원뿔세포들에서 대략 절반의 세포들은 부계의 X염색체가 비활성화하고, 나머지 세포들은 모계의 X염색체가 비활성화한다는 말이다. 여성은 이런 방식으로 만들어진 X염색체 모자이크나 마찬가지다. 만일 여자가 아버지로부터든 어머니로부터든 빨강 옵신 유전자의 열성 돌연변이를 물려받는다면, 아마도 원뿔세포의 절반만이 영향을 받을 것이다. 그러나 남자가 돌연변이를 물려받는다면, 빨강 원뿔세포들이 전부 영향을 받는다. 여자처럼 정상적인 빨강 원뿔세포가 절반만 있어도 표준 색각 검사에서 규정하는 색맹은 면할 수 있지만, 미묘하게 색각이 결핍되기는 한다. 이 이야기는 나중에 다시 하겠다.

한편 유대류(캥거루, 코알라, 웜뱃 등)에서는 X염색체 비활성화가 무작위적이지 않다. 언제나 부계의 X염색체만 비활성화된다.[8] 캥거루는 수컷과 암컷이 모두 모계의 X염색체로만 살아가는 것이다. 따라서 X염색체에 연관된 각종 문제들에서 수컷과 암컷은 생리적으로 동등하다.

X염색체 비활성화의 후성유전학

X염색체 비활성화는 X염색체 비활성화 중추^{Xic}라는 장소에서 시작

된다. Xic에도 여러 유전자 요소들이 담겨 있는데, X염색체 비활성화 특정적 전사물 Xist이라고 불리는 부분이 특히 X염색체 비활성화에 중요하다. 모든 염색체에서는 이따금 염색체의 일부가 떨어져 나와 다른 염색체에 가서 붙는 일이 일어난다. 이것이 자리옮김(전위) translocation 현상이다. 그런데 X염색체에서 Xist를 포함한 부분이 떨어져 나와 보통염색체에 붙으면, X염색체는 더 이상 비활성화되지 못하고 대신에 그 조각을 받은 보통염색체가 (부분적으로) 비활성화된다.[9] Xist는 X염색체 비활성화에 절대적으로 필요한 것이다.

사실 Xist는 전통적인 의미의 유전자는 아니다. 기억하겠지만, 전통적인 의미의 유전자란 단백질의 간접적 주형으로 기능하는 부분을 말한다. 그러나 Xist 단백질이라는 것은 없고, Xist RNA만 있을 뿐이다. 과학자들이 이 DNA 조각을 X염색체 비활성화 특정적 단백질(그러면 머리글자는 Xisp가 되었으리라)이라고 부르지 않고 X염색체 비활성화 특정적 전사물이라고 부르는 것은 이 때문이다. 상당히 긴 Xist RNA는 애초에 전사되어 나온 그 X염색체에 가서 붙는다. 따라서 Xist RNA가 많이 생산될수록 X염색체는 그 물질로 뒤덮이고, 그 때문에 비활성화가 첫 단계로 진행된다. 게다가 Xist RNA는 히스톤(5장을 참고하라)과 메틸화 인자들까지 끌어들인다(히스톤은 안 그래도 비활성화된 X염색체를 더 감싸버린다). 마지막은 비활성화된 X염색체가 마치 폐차되는 자동차처럼 폭삭 압축되는 결정적 단계다. 압축된 X염색체를 현미경으로 보면 꼭 작은 구슬 같은데, 바소체 Barr body라고 불리는 이 덩어리는 활성화한 X염색체와는 전혀 다르게 생겼다. 여담이지만, 압축된 X염색체라도 Y염색체보다는 한참 더 크다.

앞에서 나는 X염색체 비활성화가 무작위적으로 이루어진다고 말했다. 그러나 엄밀하게 따지면 그것은 옳은 말이 아니다. 이유는 두 가지다. 첫째는 X염색체 비활성화의 시기 문제다. 우리는 X염색체 비활성화가 발생 초기에서도 어느 단계에 벌어지는지를 정확하게든 부정확하게든 전혀 모른다. 그저 출생 한참 전에 벌어진다고만 알고 있다. X염색체 비활성화 후에도 세포 분열은 많이 일어나며, 그렇게 탄생한 세포 계통은 최초로 비활성화를 겪었던 선조 세포의 비활성화 패턴을 고스란히 간직한다. 따라서 X염색체 비활성화는 가령 일부 털세포 집단이나 일부 원뿔세포 집단과 같은 특정 세포 계통 차원에서 무작위적이라고 말해야 더 정확하다.

그런 세포 계통들 중에서도 비활성화 패턴을 알아보기가 가장 쉬운 것은 고양이 같은 포유류들의 털 무늬다. 특히 캘리코 고양이와 토터스셸 고양이의 무늬가 유용하다(둘 다 삼색 얼룩무늬 고양이를 말하지만, 캘리코는 흰색이 많이 드러나고 나머지 두 색은 주로 검정과 오렌지색인 데 반해 토터스셸은 흰색이 거의 안 보이고 검정, 갈색, 오렌지색이 좀 더 많이 뒤섞여 얼룩덜룩하다 - 옮긴이). 두 무늬가 모두 X염색체와 연관되어 있고 암컷에게만 발생하기 때문이다. 흰색, 검은색, 오렌지색 털이 얼룩덜룩한 캘리코 고양이는 털세포 계통들의 X염색체 비활성화가 무작위적이라는 사실을 똑똑히 보여준다. 그러니 고양이 가운데 최초로 복제된 녀석이 캘리코라는 것은 얄궂은 일이었다. 고양이 주인은 사랑하는 고양이 레인보우와 똑같은 녀석을 만들기를 원했다. 복제는 성공적으로 이루어졌으나, 씨씨(복사본이라는 뜻의 '카본 카피'를 줄인 이름이다)라는 복제 고양이는 성공적인 복사본이라고 할 수 없었다.[10] 씨씨의 털 무늬는 레인보우와 전혀 달랐다. X염색체 비활성화가 무작위적임을 고려할 때, 이것은 예견된 결과였다(씨씨는 성격도 레인보우와 많이 다르다는데, 이것은 또 다른 이야기다).

X염색체 비활성화는 태아를 지탱하는 산모의 조직에서도 비무작위적이다. 캥거루 같은 유대류가 그런 것처럼, 이때는 부계의 X염색체만 비활성화된다.[11] 이렇게 한 성에서 온 X염색체만 선택적으로 비활성화되는 것은 일종의 각인 현상인데, 여기에 대해서는 9장에서 더 이야기하겠다. 다만 캥거루는 X염색체 각인이 대부분의 세포에서 광범위하게 벌어지는 데 비해, 고양이나 사람은 태반을 포함한 태아 바깥의 일부 조직에서만 X염색체 각인이 벌어진다고 알고 넘어가자.

과학자들은 유대류의 X염색체 비활성화 방식이 포유류의 원시 상태였으리라고 짐작한다. 고양이나 사람처럼 좀 더 현대적인 포유류들이 겪는 무작위적 X염색체 비활성화는 유대류로부터 진화적으로 발산한 것이다. 그 과정에서 결정적인 사건은 Xist의 등장이었다. 유대류는 Xist가 없다. 따라서 무작위적 비활성화의 혜택을 누리지 못한다. Xist RNA는 사람처럼 좀 더 '발전된' 포유류와 유대류 사이의 가장 중요한 차이점일지도 모른다.[12]

X염색체 비활성화와 원뿔세포

캘리코 클론인 씨씨는 X염색체 연관 형질에서 수컷 클론보다 암컷 클론에게 더 많은 변이가 발생한다는 증거다. 무작위적 X염색체 비활성화 때문이다.[13] 여성이 남성보다 더 많은 변이를 드러내는 현상은 쌍둥이가 아닌 경우에도 적용되어야 하는데, 색각은 틀림없이 그런 사례인 듯하다. 정상적인 색각 범위에서도, 그러니까 스티브 같은 색맹을 제외할 때도, 여성은 남성보다 색깔 식별 검사에서 더 큰 편차를 보인다.[14]

정상적인 색각 범위의 한쪽 끝에는 적녹 돌연변이 유전자를 지닌 여성 보인자들이 있다. 이들은 보인자가 아닌 여자들이나 정상적인 남자들보다 적녹 구별에 덜 민감하다.[15] 아마도 정상적인 원뿔세포를 적게 갖고 있기 때문일 것이다. 한편 그 반대쪽 끝에 있는 여성들은 정상적인 남성들보다 적녹 구별을 더 미세하게 잘 해낸다. 그런데 역설적이게도, 뛰어나게 민감한 이 여성들은 남성에게서 색맹을 일으키는 적녹 돌연변이를 갖고 있을지도 모른다. 내가 앞에서 X우먼이라고 부른 것이 바로 이런 여성들이다. X우먼을 어떻게 설명하면 좋을까?

먼저 정상적인 원뿔세포를 좀 더 들여다보자. 세 종류의 원뿔세포는 각자 제일 민감하게 반응하는 빛의 파장에 따라 구별되고, 그 파장은 세포가 발현하는 옵신의 종류에 좌우된다.[16] 빨강 원뿔세포는 긴 파장의 빛에 민감하고, 초록 원뿔세포는 중간 파장에, 파랑 원뿔세포는 짧은 파장에 민감하다. 사람은 세 종류의 원뿔세포가 제공하는 신호를 뇌에서 통합함으로써 색깔을 인식하는 것이다. 편의상 지금은 빛 스펙트럼에서 적녹에 해당하는(긴 파장에서 중간 파장까지) 부분에만 국한하여 이야기하자. 정상적인 적녹 옵신들은 가장 민감한 파장이 서로 다르므로, 뇌는 서로 구별되는 두 종류의 신호를 받는다. 그런데 빨강이나 초록 옵신에 돌연변이가 일어나서 빨강과 초록 원뿔세포의 최대 민감도 파장이 수렴하면, 그것이 곧 적녹 색맹이다. 간단히 말해, 빨강과 초록 원뿔세포가 뇌로 신호를 발사하는 지점이 서로 좀 더 가까워지는 것이다. 그래서 뇌는 빨강과 초록을 구분하기가 좀 더 어려워진다. 스티브의 상태가 바로 이렇다.

색맹 중에서 적녹 색맹이 제일 흔한 이유는 두 가지다. 첫째, 정상적인 경우에도 빨강과 초록 원뿔세포의 최대 민감도 파장은 그다지 멀리 있지 않다. 그에 비해 파랑 원뿔세포의 최대 민감도 파장은 초록 원뿔세포와는 한참 떨어져 있고, 빨강 원뿔세포와는 더 많이 떨어져 있다. 둘째, 초록과 빨강 옵신을 암호화한 유전자들은 X염색체에 나란히 놓여 있다. 가까이 이웃한 유전자들일수록 정자와 난자 생성 과정에서 염색체가 복제될 때 서로의 조각을 좀 더 쉽게 교환하므로, 이 경우에도 교환이 벌어져서 빨강과 초록 옵신이 원래보다 더 비슷해지는 결과가 자주 발생할 것이다.

비슷한 돌연변이가 여성에게 일어나면 어떨까? 그런 여성은 무작

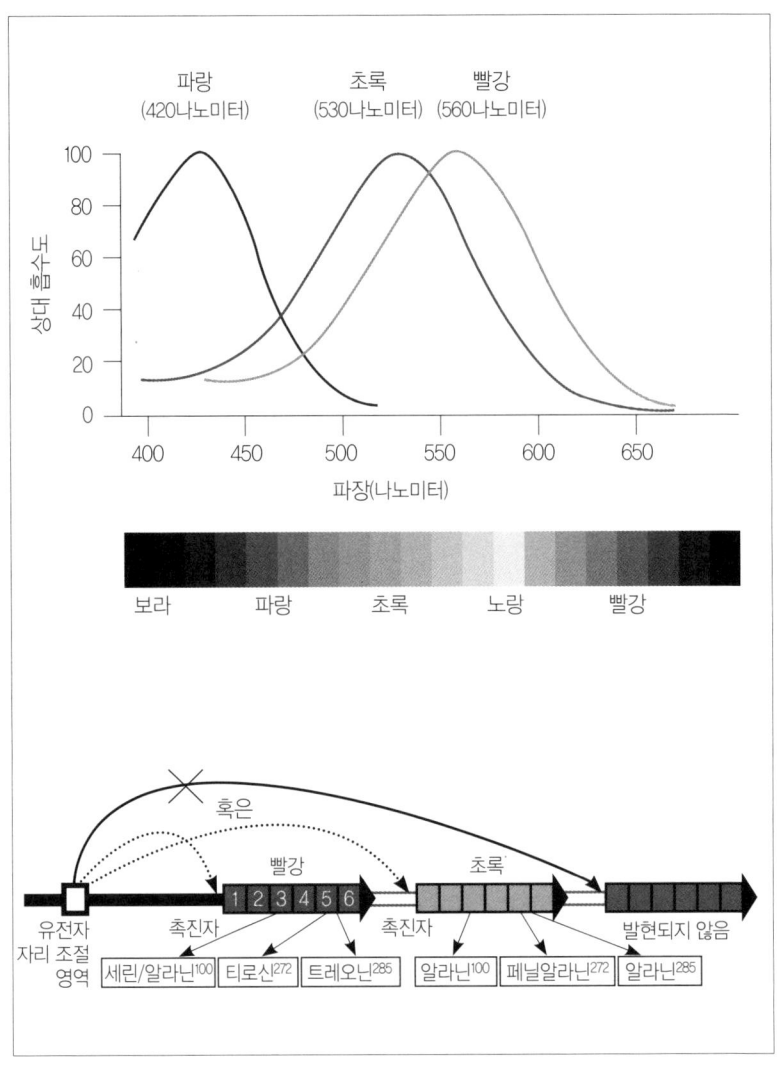

빨강, 초록, 파랑 원뿔세포의 최대 민감도.
Fig. 5 (p. 370) in Deeb, 2005.

위적 X염색체 비활성화 덕분에 대체로 돌연변이의 영향을 받지 않는다. 그뿐 아니라, 보통 사람에게는 원뿔세포가 세 종류 있지만 이런 여성은 네 종류 있는 셈이다. 물론 파랑 원뿔세포는 변한 데가 없다. 빨강과 초록 원뿔세포는 수는 절반뿐이지만 정상적으로 갖고 있다. 그런데 그에 더해 돌연변이 때문에 생긴 잡종 옵신을 포함한 원뿔세포도 갖고 있는 것이다. 만일 잡종 옵신의 최대 민감도 파장이 정상적인 빨강 원뿔세포와 초록 원뿔세포의 중간쯤이라면, 이론적으로 이 여성은 빛 스펙트럼의 적녹 영역을 좀 더 미세하게 구별할 것이다. 초록에서 파랑 사이의 영역도 아마 더 예민하게 구별할 것이다. 실제 이런 여성들에 대한 색깔 인식 실험에서 그런 결과가 나왔다.[17] 그들을 X-우먼이라고 부를 만하지 않은가?

 X-우먼 현상은 다른 영장류들에서 선례가 있다. 포유류의 계통수에는 크게 두 영장류 가지가 있다. 구세계 영장류와 신세계 영장류다. 구세계 영장류는 비비원숭이, 마카크원숭이, 랑구르원숭이 같은 아프리카와 아시아 종들을 포함하고, 대형 유인원과 사람도 포함한다(사람은 아프리카에서 유래했다). 신세계 영장류는 거미원숭이, 짖는원숭이, 꼬리감기원숭이를 포함한다. 구세계 영장류의 색각은 사람처럼 3색 체계다.[18] 물론 우리는 3가지가 넘는 색깔을 알아보지만, 우리가 인식하는 갖가지 색깔들은 모두 세 종류의 원뿔세포가 다양하게 조합하여 빚어낸 것이다. 반면에 신세계 영장류는 원뿔세포가 두 종류인 2색 체계라.[19] 당연히 구세계 영장류만큼 색깔을 잘 구별하지 못

한다. 신세계 영장류도 X염색체 연관 돌연변이를 흔히 겪는다. 그러면 수컷은 돌연변이 때문에 색각이 훼손되지만, 암컷은 제대로 기능하는 원뿔세포를 세 종류 갖게 된 셈이라 오히려 3색 체계로 볼 수 있다.[20] 신세계 영장류 암컷들의 색각 향상도 결국 무작위적 X염색체 비활성화 덕분인 것이다. 캥거루에서 비슷한 돌연변이가 일어난다면, 거꾸로 오직 암컷의 색각만 훼손될 것이다.

후성유전의 혜택

색맹은 X염색체가 하나 없다는 이유로 남성만이 불평등하게 겪는 여러 문제들 가운데 하나다. 사람처럼 X염색체 비활성화가 무작위적으로 벌어지는 경우, X염색체 비활성화를 통한 유전자량 보전만으로는 빈틈을 완전히 메울 수 없다. 따라서 무작위적 X염색체 비활성화는 여성에게 유리한 혜택이고, 캥거루처럼 X염색체 비활성화 상태가 아예 각인되는 경우에 비해 인간이 훨씬 더 낫다고 볼 수 있는 점이다. 무작위적 X염색체 비활성화는 무언가 새로운 유전자가 진화함으로써 생긴 일이 아니다. 그것은 DNA의 비암호화 부분에서 일부가 Xist라는 새로운 RNA의 주형으로 기능함으로써 생긴 일이다. Xist 덕분에 X염색체를 후성유전적으로 조절하는 새로운 방법이 등장한 것이다.

그러나 Xist가 매개하는 X염색체 비활성화는 RNA에 기반한 후성유전적 조절의 한 형태에 지나지 않는다. 식물, 동물, 균류에는 이와는 다른 형태의 RNA 기반 유전자 조절 메커니즘들이 널리 존재한다. 그 이야기는 나중에 다시 하겠다. 당장 9장에서는 유대류의 X염색체 비활성화 방식을 뒷받침하는 후성유전적 과정을 살펴볼 텐데, 왜냐하면 그것도 나름대로 진화적 발전이었기 때문이다. 각인이라고 불리는 그 후성유전적 과정은 척추동물 중에서는 주로 포유류에서만 관찰된다. 이것은 X염색체에만 국한된 현상이 아니라, 간헐적이기는 해도 모든 게놈에서 두루 벌어지는 현상이다. 게다가 게놈 각인은 X우먼에게서 X염색체 비활성화가 일어나는 시점보다 더 이른 발생 단계에, 심지어 정자와 난자가 만나기 전부터 벌어진다.

9장

각인된 유전자

미국이 건국된 시점에는 온 나라에 나귀가 한 마리도 없었다. 그러나 짧은 시간이 지난 후 사방에 나귀가 가득하게 되었다. 나귀들은 모두 어디에서 왔을까?

이야기는 조지 워싱턴에게로 올라간다. 호기심이 왕성했던 워싱턴은 늘 세계 각지의 사건들을 주시하며 시대를 따라잡으려고 했는데, 특히 농업에 관심이 많았다. 어느 날 그는 노새라는 동물이 놀라운 일을 해낸다는 이야기를 전해 듣고, 유럽에서 몇 마리를 데려와서 직접 조사해야겠다고 결심했다. 당시에는 스페인이 전 세계 노새를 독점하다시피 했다. 그것은 무어인이 남긴 유산이었다. 좀 더 정확히 말하자면 노새에 대한 독점권 따위는 없었고, 스페인은 기꺼이 세계와 노새를 공유하려고 했다. 스페인이 독점한 것은 노새를 생산하는 방법이었다. 그것은 까다로운 작업이었다. 노새는 노새끼리 교배시키는 전통적인 방법으로는 얻을 수 없다. 노새는 말과 나귀(당나귀)라는 부자연스러운 짝에서 태어난 자식이다. 왜 '부자연'스러운가 하면, 당나귀와 말을 한 초원에 풀어놓는 것만으로는 교배가 성사되지 않기 때문이다. 기본적으로 짝짓기를 할 두 개체가 있어야 하지만, 사람이 녀석들을 어느 정도 구슬러야 한다. 성공률을 높이기 위해서, 보통 수탕나귀와 암말을 짝짓는다. 대체로 수탕나귀가 수말보다 성욕이 더 많고, 암말이 암탕나귀보다 덜 까다롭기 때문이다. 그래도 안전을 위해서 암말에게는 눈가리개를 씌운다.

이렇게 '무분별한' 짝짓기로 탄생한 노새는 스스로 대를 잇지 못한다. 노새는 불임이다. 수컷 노새가 짝짓기를 시도하지 않는 것은 아니다. 수컷 노새는 당나귀 아비처럼 짝짓기에 열심이지만, 그저 자식을 낳을 수 없을 뿐이다. 노새는 당나귀와 말이 무분별한 행위를 더 많이 해서 늘 새롭게 창조되어야 한다. 그러니 워싱턴이 원한 것은 노새를 한 배 가득 실어오는 것이 아니었다. 발정난 수탕나귀들을 실어와서 직접 노새를 만드는 것이었다. 가축화된 당나귀는 말과에 속하는 야생 나귀ass에서 유래했다. 세월이 흘러 이유는 잊혔지만 어쨌든 수컷 나귀는 잭jack이라고 불리게 되었고, 암컷 나귀는 제니jenny라고 불리게 되었다. 반면에 얼룩말을 비롯한 말과의 다른 종들은 그냥 수말stallion, 암말mare이라고 불린다. 원래 수탕나귀라는 뜻인 잭애스jackass에 '멍청이'라는 경멸적인 뜻이 추가된 것은 당나귀가 암수 불문하고 말보다 고집이 세기 때문이다. 더 똑똑하기는 하다는 것이

중론이지만 말이다.

스페인은 중국이 누에를 다루듯이 당나귀를 다뤘다. 즉 수출을 금지했다. 그러나 1785년에 워싱턴은 자신의 위신을 이용하여 카를로스 3세에게서 하사품 명목으로 수탕나귀를 한 마리 얻는 데 성공했다. 미국의 노새 산업은 그 수탕나귀가 기반이 되었다.[1] 녀석의 부자연스러운 후손들은 미국 건설에 긴요한 역할을 맡았고, 특히 서부로의 확장기에 유용했다. 노새는 강한 힘과 안정된 발 디딤 때문에 짐과 쟁기를 끄는 일에 안성맞춤이었다. 그런 덕목에도 불구하고, 미국인들은 주로 노새를 고집과 고약한 성미를 지닌 동물로 기억한다. 윌리엄 포크너William Faulkner는 노새가 "10년 동안 묵묵히 당신을 위해서 일하는 것은 언젠가 한 번 당신을 걷어차기 위해서"라고 말하기도 했다.[2] 그러나 다른 나라에서는 노새가 행동적 단점 때문이 아니라 육체적 장점으로 인해 더 유명했다. 나귀와 말이 둘 다 풍부했기에 최초로 노새를 만들어냈던 3,000년 전 서아시아에서도 마찬가지였다.

초기의 사육가들은 이따금 수말과 암탕나귀도 교배시켰다. 그 자손은 버새라고 부른다. 사람들은 벌써 그때부터 노새와 버새의 뚜렷한 차이를 알아차렸다. 노새는 버새보다 더 크고 강하며, 귀가 당나귀 귀처럼 더 크다. 노새는 다리가 긴 당나귀처럼 보인다. 반면에 버새는 생김새가 말에 가깝고, 다루기도 더 쉽다(그래서 디즈니랜드에서 마차를 끄는 것은 노새가 아니라 버새다).

노새와 버새의 차이는 3,000년 된 수수께끼로, 우리는 최근에서야 그 답을 알게 되었다. 수수께끼를 푸는 과정에서, 과학자들은 세대를 초월하여 전달되는 후성유전적 효과를 하나 더 찾아냈다. 그것이 바로 게놈 각인이다.

모계인가 부계인가가 중요한 문제

노새-버새 수수께끼는 한마디로 요약된다. 둘 다 절반은 말이고 절반은 당나귀인데, 왜 그렇게 다를까? 이것은 멘델의 기본적인 유전 법칙을 깨뜨리는 일이다. 고등학교 생물 시간에 배웠듯이, 아버지와 어머니가 자식에게 주는 유전적 기여는 내용은 다르지만 동등하다. 물론 Y염색체는 예외다. 자식은 부모로부터 염색체를 한 세트씩 받으니, 유전자도 한 세트씩 받는 셈이다. 그렇다면 유전은 성적으로 대칭적이어야 하지 않을까? 노새는 부모가 자식에게 Y염색체 외에도 뭔가 비대칭적인 것을 물려준다는 사실을 처음 일깨운 증거였다. 과학자들은 이 비대칭을 근원 부모 효과parent-of-origin effect 라고 부른다. 이 효과는 노새와 같은 잡종에게서 뚜렷하다. 타이곤(수호랑이와 암사자의 자손)과 라이거(수사자와 암호랑이의 자손)도 서로 상당히 다르다.

근원 부모 효과는 잡종에서 가장 뚜렷하게 드러나지만, 그 밖의 여러 현상들에서도 많이 확인되었다. 사람에서는 터너 증후군이 그런 사례다. 터너 증후군은 X염색체의 일부나 전부가 사라질 때 나타난다. 8장에서 보았듯이, 정상적인 여성은 부모로부터 X염색체를 하나씩 받는다. 그러나 터너 증후군 여성은 X염색체가 하나 부족하다. 과학자들은 이런 여성의 성염색체를 XO라고 표기한다. 그런데 역시 8장에서 이야기했던 무작위적 X염색체 비활성화를 떠올리면, XO 상태라도 별 문제가 없는 것이 아닐까? 정상적인 XX 여성도 결국에는 한 세포에서 하나의 X염색체만 기능한다고 하지 않았는가. 그러나 나머지 X염색체도 완전히 비활성화되는 것은 아니라고 했던 말을 떠올리자. 일부 유전자들은 비활성화 상태를 벗어난다고 했었다.

XO 여성이 겪는 문제는 대개 X염색체 비활성화 상태를 벗어나는 15퍼센트의 유전자들 탓에 발생한다. 정상적인 XX 여성은 모든 세포에서 그 유전자들의 모계 복사본과 부계 복사본이 둘 다 발현하지만, XO 여성은 둘 중 한쪽만 갖고 있다. 터너 증후군에 걸린 태아의 98퍼센트가 자연 유산되는 까닭은 아마도 이 때문일 텐데, 그러고도 터너 증후군은 무사히 태어나는 여아 2,500명당 한 명꼴일 만큼 많아서 주요한 유전 결함들 중에서 가장 흔한 편이다.

무사히 출생한 터너 증후군 여성들도 많은 문제를 겪는다. 제일 큰 특징은 성적으로 성숙하지 않는다는 점이고, 그 밖에도 정도의 차이는 있지만 성장 부진, 심장혈관질환, 뼈엉성증(골다공증), 당뇨, 공간 지각력 결함을 겪는다.[3] 그런데 이 중에서 실제로 어떤 문제가 드러나는가 하는 점은 하나 있는 X염색체가 모계인가 부계인가 하는 점

에 부분적으로 좌우된다.⁴

그러나 터너 증후군은 게놈이 너무 많이 사라진 상태이기 때문에, 근원 부모 효과에 관해 알려주는 내용에 한계가 있다. 그 점에서는 프라더윌리 증후군^PWS이 더 유용하다. 프라더윌리 증후군도 여러 발달 이상에 관계된 증후군으로, 보통 비만, 근육 긴장 약화, 생식샘 미발달, 작은 키, 인지 장애가 나타난다.⁵ 프라더윌리 증후군을 낳는 경로는 하나 이상이지만, 대부분의 환자들은 15번 염색체에서 DNA가 조금 사라진 경우에 해당한다. 유전학자들은 이런 현상을 결손^deletion이라고 부른다.⁶ 결손된 서열에는 유전자도 여럿 들어 있고, 유전자가 아닌 서열(유전자의 일부가 아닌 DNA)도 들어 있다. 결손이 발생에 심각한 영향을 미친다는 점은 그다지 놀랍지 않다. 정말로 놀라운 점은, 결손이 아버지로부터 물려받은 것일 때만 프라더윌리 증후군이 나타난다는 것이다. 똑같이 15번 염색체에 결손이 있더라도 그것이 어머니로부터 물려받은 것이라면, 안젤만 증후군^AS이라는 전혀 다른 장애가 발생한다.⁷ 그러니 그 DNA 영역에서 어머니의 유전자들과 아버지의 유전자들은 서로 다른 각인^stamp을 깆고 있는 것처럼 보인다. 발생이 정상적으로 진행되려면 어머니의 각인과 아버지의 각인이 둘 다 필요한 것이다.

이때 중요한 것은 부모의 각인이 제대로 다 있는 것이지, 단순히 각인이 두 개 있는 것이 아니다. 프라더윌리 증후군 환자들 중에서 결손이 없는 사례도 있다는 것이 그 증거다. 환자의 약 25퍼센트는 일반적인 상황과는 좀 다른 분자적 실수가 벌어진 상황으로, 어머니의 염색체와 아버지의 염색체가 정상적으로 하나씩 있는 게 아니라 어머니의 염색체만 두 개 중복된 경우다.[8] 이런 사례로 보아, 분명 15번 염색체의 일부 유전자들에게 아버지의 각인도 반드시 있어야만 정상적인 발생이 가능하다.

프라더윌리/안젤만 증후군에 관련된 유전자는 벌써 몇 개 발견되었다. 그러나 실제 각인된 유전자에 대해서 가장 많은 내용이 밝혀진 사례는 벡위스비데만 증후군BWS 연구였다. 이 증후군을 일으키는 문제의 유전자는 우리가 1장에서 네덜란드 기근을 이야기할 때 만났던 IGF2 유전자였다. 기억하겠지만, IGF2는 성장인자로서 태아 발달에 특히 중요하다.

*IGF2*에 아버지의 각인이 있으면 유전자는 활성화되고, 어머니의 각인이 있으면 비활성화된다. 이것이 정상 상태다. 주목할 점은, IGF2 작용을 억제하는 단백질을 암호화한 유전자에도 각인이 찍혀 있지만, 각인이 찍힌 상태가 정반대라는 것이다. IGF2 억제자의 경우에는 어머니의 각인이 있으면 유전자가 활성화되고, 아버지의 각인이 있으면 비활성화된다. IGF2 억제자에게는 이것이 정상이다.[9] 이런 정상적인 근원 부모 각인들이 사라지면 나쁜 결과가 발생한다. 그 한 사례가 벡위스비데만 증후군인 것이다.

벡위스비데만 증후군은 태아가 지나치게 자라는 성장 장애다. 그 밖에도 여러 형질들과 연관되는데, 일례로 빌름스 종양이라는 특수한 신장암의 발병률이 높아진다.[10] 모두 *IGF2*나 그 억제자가 부적절하게 각인되었을 때 발생하는 문제들이다. 그런데 각인의 정체는 무엇일까? 어떻게 각인이 될까?

근원 부모 각인은 게놈 각인

대개의 유전자는, 어머니로부터 받은 버전(대립유전자)이든 아버지로부터 받은 버전이든, 일단 발현되는 경우에는 둘 다 발현된다. 통상적인 이 상태를 양부모biparental 발현이라고 부른다. 그러나 전체 유전자의 약 1퍼센트는 두 대립유전자 중 하나만 정상적으로 발현된다. 그것이 모계 대립유전자일 때도 있고, 부계 대립유전자일 때도 있다. 이것이 곧 한부모uniparental 발현이다. 한부모 발현은 어머니든 아버지든 한쪽의 유전자가 거의 영구적으로 못 쓰게 된 경우에 나타난다. 그렇게 못 쓰게 되는 과정을 가리켜 예전에는 유전자 각인genetic imprinting이라고 불렀지만, 요즘은 게놈 각인genomic imprinting이라고 부른다.[11] 각인은 메틸화가 중요하게 개입하는 후성유전적 과정이다.

그러나 각인은 여타의 후성유전적 과정들에 비해 여러모로 독특하다. 첫째, 시기가 약간 다르다. 7장에서 보았듯이, 대개의 후성유전적 변화들은 난자와 정자가 생성되는 과정에서 제거된다. 각인된 유전자도 예외가 아니라, 후성유전적 각인도 정자와 난자 발생 초기에 지위진다. 그러나 생식세포의 재프로그래밍에는 한 단계가 더 있다. 그 두 번째 단계에서, 각인된 메틸화 패턴이 정자와 난자에 도로 복구된다. 정자와 난자는 그 후 더 성숙하고, 둘이 만나 수정될 때도 각인은 그대로 남는다.[12]

하지만 각인된 유전자는 그 뒤에 또 한 번 벌어지는 재프로그래밍 단계까지 견뎌내야 한다. 수정과 착상 사이에 전체적으로 탈메틸화가 벌어지는 것이다.[13] 각인된 유전자는 이 두 번째 재프로그래밍에서도 완전히 탈메틸화되지 않는다는 점에서 특별하다. 이때 다른 후성유전적 과정들이 탈메틸화를 막아주므로, 배아가 착상하는 시점에는 각인된 유전자가 고유의 발현 패턴으로 후성유전적으로 고정된 상태다. 이것은 좋은 일이다. 각인된 유전자는 출생 한참 전인 발생 초기에 대부분의 작업을 마치기 때문이다.[14]

유전자 각인 대신 게놈 각인이라는 용어가 쓰이게 된 까닭은 무엇일까? 각인이 찍히는 장소는 유전자나 유전자의 제어반이 아니고, 심지어 DNA에서 유전자에 가까운 부분도 아니기 때문이다. 메틸화 각인은 조절을 받는 유전자와는 상당히 먼 곳에 찍힐 수도 있다. 과학자들은 그 장소를 각인 조절 영역ICR이라고 부른다.[15] 프라더윌리 증후군에서는 ICR이 15번 염색체의 많은 유전자를 후성유전적으로 조절한다. 게놈 각인은 이처럼 많은 유전자를 '원격 조종'한다는 점에서 X염색체 비활성화와 공통점이 있다.

각인된 유전자의 또 다른 후성유전적 특징은 메틸화, 즉 각인이 유전자의 발현을 늘 막는 것은 아니라는 점이다. 오히려 발현을 촉진할 때도 있다. 그러므로 한부모 발현은 한 대립유전자가 각인으로 '켜져서' 생기는 것일 수도 있고, 다른 대립유전자가 각인으로 '꺼져서' 생기는 것일 수도 있다. 나는 앞으로 이것을 '활성화한 대립유전자'와 '비활성화한 대립유전자'라고 간단히 부르겠다. 각인된 *IGF2* 대립유전자는 아버지로부터 물려받은 것일 때만 활성화하는 것이 정상이지만, 각인된 IGF2 억제자 대립유전자는 어머니로부터 물려받은 것일 때만 활성화하는 것이 정상이다.

각인된 유전자가 발생에서 맡는 역할

각인된 대립유전자가 활성화하는 경우는 주로 어머니에게서 물려받은 것으로, 유전자는 태반에서 발현하여 배아 성장을 억제할 때가 많다.[16] 대조적으로, 아버지에게서 물려받은 각인된 유전자는 대체로 배아 성장을 촉진하는 듯하나.[17] 드물기는 하지만 부계의 각인이 몽땅 지워진 경우, 태반은 제대로 발달하지 않는다. 거꾸로 모계의 각인이 몽땅 지워진 경우에는 태반이 비정상적으로 커진다. *IGF2* 유전자와 그 억제자의 각인은 이 대비를 잘 보여준다. *IGF2*가 부적절하게 각인된 경우, 그래서 대립유전자 한쪽에서만 발현되지 않고 양쪽에서 모두 발현된 경우, 태아는 벡위스비데만 증후군의 특징인 과다 성장을 겪는다. 이때 모계로부터 물려받은 각인된 억제자가 없다면, 과다 성장이 더욱 두드러진다.[18] 둘 다 염색체에서 모계 부분이 사라지고 부계 부분이 중복되는 바람에 나타나는 현상이다.[19]

각인 오작동 때문에 각인된 부계 *IGF2* 대립유전자가 덜 발현되면, 게다가/또는 IGF2 억제자가 지나치게 발현되면, 실버러셀 증후군과 같은 성장 지체가 나타난다.[20] 각인된 부계 *IGF2*와 각인된 모계 억제자는 서로 상반되게 작용하고, 정상적인 배아 발달에는 양쪽의 균형이 꼭 필요한 것이다. 이 말은 더 보편적으로 적용할 수도 있는 듯하다. 배아가 정상적으로 발달하려면 각인된 모계 유전자들과 각인된 부계 유전자들의 작용이 균형을 이뤄야 한다고 말이다.[21]

각인된 유전자의 발현은 단일대립유전자 monoallelic 발현이기 때문에(한 대립유전자만 발현한다는 뜻) 분자적 사고에 유독 취약하다. 보통의 유전자들은 대부분 쌍대립유전자 biallelic 발현이라(두 대립유전자가 모두 발현한다는 뜻), 설령 한쪽에서 무언가 잘못되어도 반대쪽이 부분적으로나마 보완한다. 각인된 대립유전자에는 그런 보완책이 없다. 그래서 무언가 잘못되는 경우에는 다른 유전자들보다 훨씬 더 크게 잘못되기가 쉽다.[22] 이런 후성유전적 사고는 심대한 결과를 낳는다. 사고가 아주 이른 발생 단계에서 벌어지는 것이 한 이유고, 뒤죽박죽된 각인은 여타의 뒤죽박죽된 후성유전적 과정들보다도 더 쉽게 후세대에 전달된다는 것이 또 다른 이유다. 각인은 세대를 초월하여 영향을 미치는 것이다.

각인된 유전자에 환경이 미치는 영향

요즘 과학자들은 환경 독소가 후성유전적 과정에 미치는 영향을 궁금해한다. 최근에는 특히 게놈 각인에 미치는 영향을 궁금해한다. 독소 중에서도 내분비 교란물질^{endocrine disruptor}에 집중하여 이야기해보자. 이름이 암시하듯이, 내분비 교란물질은 호르몬이 관여하는 생리적 과정을 망가뜨리는 물질이다. 보통은 호르몬을 흉내 내어, 자기가 그 대신 호르몬 수용체와 결합하는 방식으로 작용한다. 그중에서도 해로운 종류는 여성호르몬 에스트로겐을 흉내 내는 것들인데, 폴리염화바이페닐^{PCB}, 플라스틱 제조에 쓰이는(가령 어디에나 굴러다니는 물통에 쓰인다) 비스페놀 A 등이다. 그 밖에도 제초제로 쓰이는 아트라진, 농약으로 쓰이는 빈클로졸린이 역시 에스트로겐을 닮은 내분비 교란물질이다.

내분비 교란물질의 효과는 어류와 양서류에서 처음 감지되었다. 일부 지역에서 개체수가 급감한 요인이기도 했다.[23] 어류와 양서류는 두 가지 이유에서 내분비 교란물질에 유달리 취약하다. 첫 번째는 화학물질이 농축되기 쉬운 물속 서식지에서 살기 때문이고, 두 번째는 사람을 비롯한 포유류에 비해 성 발달 과정에서 환경의 영향을 더 많이 받기 때문이다.[24] 내분비 교란물질 때문에 물고기들의 성별이 바뀌어 암컷만 있는 집단이 만들어질 수도 있다.[25] 내분비 교란물질은 양서류에서도 심각한 여성화 효과를 발휘하여, 수컷의 불임을 가져

온다.**26**

어류와 양서류보다는 덜 극단적이지만, 사람을 비롯한 포유류에서도 내분비 교란물질은 다양한 질병과 관련이 있다고 알려져 있다. 과학자들은 특히 내분비 교란물질이 포유류의 각인된 유전자에 미치는 영향을 깊게 연구했다.**27** 내분비 교란물질은 각인된 유전자에 영향을 미쳐 발생 오류를 일으키는데, 이 점에서 수컷은 암컷보다 더 민감한 듯하다. 전립샘암, 신장질환, 고환 기형의 발생률이 높아지는 것을 보면 알 수 있다. 사람을 포함한 모든 포유류가 그렇다.**28** 성인이 되어서야 발병하는 대사 증후군 따위처럼, 이런 문제들은 성인기가 되어야만 확연히 드러난다. 설상가상으로, 쥐를 대상으로 한 최근의 실험은 이 결함이 후대로 전달된다는 것을 보여주었다.

자궁에서 빈클로졸린 농약에 노출되었던 수컷 쥐는 자라서 기형 정자를 생산하고, 생식력이 떨어진다. 게다가 그 수컷의 수컷 자식들도 직접 빈클로졸린에 노출된 적이 없는데도 기형 정자와 낮은 생식력을 보여주었고, 3세대와 4세대 수컷 후손들도 마찬가지였다.**29** 빈클로졸린은 정자 발달의 각인 과정을 바꿈으로써 세대를 초월한 영향을 미친다. 정상적인 각인을 바꾸는 것은 물론이고, 보통 각인이 찍히지 않는 부분에 새로 찍기까지 한다.**30** 새 각인도 수컷 가계를 따라 최소한 4세대까지 고스란히 전달된다. 새 각인은 생식력은 물론이거니와 성인이 되어서 발병하는 각종 질병, 이를테면 고환, 전립샘, 신장, 면역계 질병에도 영향을 미친다.**31**

사람을 대상으로 이런 실험이 수행된 예는 없다. 아마 앞으로도 없을 것이다. 어느 산모가 빈클로졸린 노출에 자원하겠는가? 그러나 위의 실험들은 내분비 교란물질이 물고기와 개구리의 문제만은 아니라는 것을 강력하게 암시한다.

잡종의 문제

우리는 이 장을 노새-버새 수수께끼로 시작했다. 이제 다시 그 문제로 돌아가자. 먼저 주목할 점은, 말과의 동물들이 잡종을 통해 건강한 새끼를 낳는 능력이 유달리 뛰어나다는 것이다. 말과 당나귀만 그런 것이 아니라 얼룩말도 그렇다(얼룩말과 말과의 다른 종을 교배해서 얻은 잡종은 제브로이드라고 통칭한다-옮긴이). 얼룩말과 말을 교배시키면 조르스(수컷 얼룩말 × 암컷 말)나 호르바(수컷 말 × 암컷 얼룩말)가 태어난다. 포유류가 다 이런 것은 아니다. 연관관계가 대단히 가까운 종들을 제외하면, 포유류 잡종들은 갖가지 발생 장애와 건강 문제를 드러낸다. 이 현상을 잡종 발생장애 hybrid dysgenesis라고 부른다. 말과의 동물들도 잡종 발생장애가 아주 없는 것은 아니다. 노새를 비롯하여 모든 잡종이 불임이라는 것만 봐도 알 수 있다. 지금까지 과학자들은 잡종 발생장애를 유전적 부적합성 탓으로 돌렸다. 유전적으로 충분히 먼 두 종 사이의 잡종은 문제를 겪을 수밖에 없다. 부모가 물려준

두 종류의 게놈이 한 수정란에서 결합할 때 제대로 아귀가 맞을 리 없기 때문이다.

이 해석은 분명 일리가 있다. 그러나 최근 연구들을 보면, 이것은 이야기의 일부에 지나지 않는다. 잡종 포유류는 각인 과정에서도 문제를 겪기 때문이다. 가끔은 일부 유전자에서 각인이 통째로 사라지기도 하는데, 이 현상은 설치류에서, 가령 흔한 집쥐를 포함하는 무스^{Mus} 속屬 종들에서 제일 분명하게 확인되었다. 그러면 원래 모계일 때만 혹은 부계일 때만 발현하는 대립유전자가 근원 부모와는 무관하게 무조건 발현하므로, 아주 이른 발생 단계에서부터 갖가지 문제가 발생한다.[32] 이것은 유전적 불일치가 아니라 후성유전적 불일치 때문에 발생하는 일이므로, 후성유전적 재프로그래밍에도 문제가 생긴다.

당연히 말과 당나귀도 후성유전적 불일치를 드러내지만, 후성유전적 재프로그래밍이 철저히 망가져서 각인이 사라질 정도는 아니다. 수말과 수탕나귀는 서로 약간 다른 각인을 후손에게 물려주고, 암말과 암탕나귀도 그렇다. 따라서 잡종은 유전적으로는 대칭일지라도 후성유전적으로는 비대칭이다. 노새와 버새의 차이는 후성유전적 비대칭의 힘을 여실히 보여주는 사례인 것이다.

노새의 변이

노새(그리고 버새)는 지금으로부터 3,000여 년 전에 약간 괴짜 같으면서도 모험심이 강한 어느 메소포타미아 주민들이 처음 만들었다. 노새는 역사에 기록된 첫 근원 부모 효과 사례였다. 이후 사례는 더 많이 발견되었다. 잡종에서만 발견된 것도 아니었고, 프라더윌리 증후군이나 터너 증후군 같은 여러 발달 장애가 후대로 전달되는 과정에서도 확인되었다. 그러나 현대 유전학이 등장하고도 한참 지나서까지, 근원 부모 효과는 여전히 수수께끼였다. 멘델의 설명 체계를 후대에 더 다듬은 것만 가지고는 이 현상을 이해할 수 없었다.

아주 최근에 후성유전학이 등장하고서야, 비로소 우리는 노새와 버새 수수께끼를 비롯한 여러 근원 부모 효과들을 설명할 수 있었다. 요즘은 근원 부모 효과라는 이름 대신 게놈 각인이라는 이름이 쓰이지만 말이다. 각인은 7장에서 논한 형태의 후성유전적 유전과 여러모로 닮았다. 다만 중요한 차이가 있다. 각인의 경우, 생쥐의 아구티 대립유전자나 아라비돕시스의 *fwa* 대립유전자와는 달리 후성유전적 표지가 다음 세대로 직접 전달되지는 않는다. 대신에 각인은 후성유전적 재프로그래밍 단계에서 일단 지워졌다가, 다시 붙는다. 그 때문에 과학자들은 각인을 진정한 후성유전적 유전으로는 여기지 않는다. 비록 *fwa* 같은 다른 유전자나 후성유전적 표지와는 조금 다른 방식을 쓸지언정 각인도 엄연히 유전되고, 엄연히 후성유전적인 현상인데도 말이다. 각인을 진정한 후성유전적 유전으로 보든 단순히 세대를 초월하여 영향을 미치는 후성유전적 효과라고 보든, 각인 때문에 우리가 기존의 생물학적 유전 개념을 더 확장해야 한다는 것은 마찬가지다. 각인은 엄연한 생물학적 유전이다. 그저 유전자적 유전과는 규칙이 다를 뿐이다.

그러나 게놈 각인의 제일가는 의의는 따로 있다. 그것이 발생을 후성유전적으로 제어하는 참신한 메커니즘이라는 점이다. 발생이란 하나의 수정란, 즉 접합체zygote가 나나 당신과 같은 한 사람으로 변하는 과정이다. 지금부터는 그 과정을 후성유전적으로 조절하는 방법들 중에서 게놈 각인보다 좀 더 평범한 것들을 살펴보자. 많은 생물학자들은 앞으로 후성유전학이 거둘 최대의 성과가 바로 이 발생을 이해하는 것이리라고 생각한다. 특히 발생의 첫 단계를.

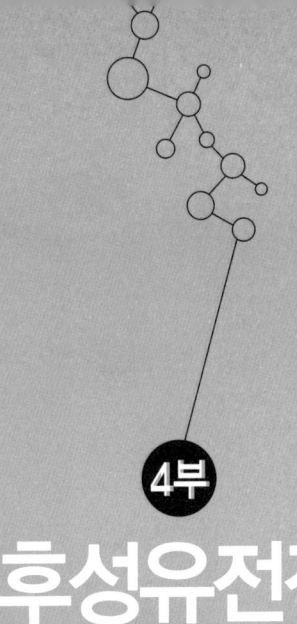

4부
후성유전적 과정의 이해

10장_전성설 vs. 후성설

11장_후성유전과 암

10장

전성설 vs. 후성설

바다 유람객들은 그 가시 때문에 미워하지만 초밥 애호가들은 그 생식샘 때문에 사랑하는 생물, 성게는 발생 생물학에서 주된 역할을 맡고 있다.[1] 우리가 발생 초기 단계에 대해 아는 내용은 대개 성게 연구에서 나왔다. 과학자들이 수정을—정자핵과 난자핵의 융합—처음 관찰한 것은 성게에서였다. 그다음 과정에 대한 연구에서도 성게는 중요하게 기여했다. 바로 세포 분열이 거듭되면서 하나의 수정란, 즉 접합체가 여러 개의 일반 세포들이 공처럼 뭉친 포배 blastula로 바뀌는 과정이다.

 포배 세포를 일반 generic 세포라고 말한 까닭은, 다 자란 성게의 여러 세포 종류들, 가령 혈액세포, 뉴런(성게는 뉴런은 있지만 뇌는 없다) 등에서 어느 하나의 속성을 드러내지 않기 때문이다. 포배 세포는 성체의 모든 세포 종류로 자랄 수 있다는 점에서도 일반적이다. 이런 일반적인 포배 세포를 우리는 배아줄기세포 embryonic stem cell 라고 부른다. 사람도 성게와 마찬가지다.

접합체가 포배로 바뀌는 과정, 그리고 포배가 척추와 생식샘을 갖춘 동물, 혹은 뇌와 생식샘을 갖춘 동물로 자라는 과정은 세상에서 가장 멋진 과정이자 인간의 머리로 파악해내기 가장 어려운 과정이다. 인간의 직관은 다른 과학적 맥락에서는 아주 유용할 때가 많지만, 이 문제에서는 우리를 저버린다. 오히려 길을 잃게 만든다. 발생의 문제는 여러모로 아주 중요하다. 누가 뭐라 해도 우리의 궁극적인 목표는 인간이 어떻게 인간이 되는지, 내가 어떻게 내가 되는지 이해하는 것이니까. 앞으로 내가 간단히 발생 development 이라고 부를 이 과정에 대해 인류가 오래전부터 논쟁했던 것은 어쩌면 당연한 일이었다.

논쟁의 쟁점은 무수히 많지만, 내 이야기의 맥락에서는 논쟁자들을 크게 두 진영으로 나눌 수 있다. 우선, 접합체가 겉으로는 전혀 그렇게 보이지 않지만, 사실 그 속에 미래의 인간이 다 담겨 있다고 보는 사람들이 있다. 이것이 전성설 preformationism 이다. 전성설의 극단적인 형태에서는 발생을 단순히 성장의 문제로 본다. 극단적인 전성설은 가장 원시적인 의견이기도 하다. 18세기와 19세기에는 훨씬 더 세련된 형태들이 등장했다.[2] 좀 더 세련된 전성설에서는 다음과 같이 주장한다. "나라는 사람의 존재는 접합체에 다 담겨 있다." 발생은 '잠재된 나'가 '드러난 나'로 변하는 과정이다. 비록 잠재적인 수준이라 할지라도, 나라는 독특한 형상은 접합체에 이미 온전히 들어 있다는 것이다. 이것이 전성설의 핵심 주장이다. 환경은 성체에 아무런 영향도 미치지 않는다는 것, '드러난 나'는 발생의 결과로 생겨나는 것이 아니라 처음부터 그곳에 있었다는 것.

특히 맨 마지막 주장은 전성설을 두 번째 설명, 즉 후성설epigenesis과 분명히 구별 짓는 요소다.³ 후성설의 관점에서는, 드러난 형태든 잠재된 형태든 나라는 존재는 발생 이전부터 있는 것이 아니다. 오히려 발생을 통해서 내가 존재하게 되는 것이다. 발생은 이미 존재하는 것을 풀어내는 과정이 아니라 창조적인 과정이다. 그렇다고 해서 접합체 속의 유전자들이나 다른 생화학 분자들이 발생에 중요하지 않다는 말은 아니다. 물론 중요하다. 그러나 그것들이 '이미 형성된 나'로서 기여하는 것은 아니다.

최초의(즉 17세기와 18세기의) 전성설에서는 수정되지 않은 난자 속에 '이미 형성된 나'가 들어 있다고 보았다. 게다가 난자는 마치 겹겹이 싸인 러시아 인형처럼, 미래에 올 모든 세대들의 형상을 점점 더 작은 크기로 겹겹이 품고 있다고 했다. 그렇다면 이브의 난자에는 당신을 포함하여 이후에 올 모든 인간들의 형상이 담겨 있었을 것이다. 지금 우리에게는 이 생각이 한심하게 들리지만, 당시의 기술과 지식 수준에서는 결코 우스꽝스러운 가설이 아니었다. 더구나 이 가설에는 상당히 훌륭한 장점들이 있었다. 특히 어떤 초자연적 원칙을 끌어들여 자연주의(초자연주의에 대비되는 의미다)의 과학적 기본 원칙을 깨뜨리지 않고서도 발달을 설명할 수 있다는 것은 큰 장점이었다. 전성설은 어머니의 난자가 자식이 되는 과정을 설명하기 위해서 추가로 초자연적 요소를 도입할 필요가 없었던 것이다. 성장은 전혀 신비로울 것 없는 과정이었다.

그러나 후성설 지지자들의 생각은 달랐다. 그들이 볼 때 전성설은, 비록 자연주의적이기는 해도, 잘 봐주어야 지나치게 단순한 생각이고 나쁘게 보면 전혀 말이 안 되는 소리였다. 일반적으로 후성설은 전성설보다 발생의 복잡성에 더 관심을 기울였다. 그러나 후성설에도 나름의 문제가 있었다. 모종의 초자연적 요소에 의존하지 않고서는 그 복잡한 과정의 질서 정연함을 설명할 수 없다는 점이 제일 문제였다. 달리 말해, 어떻게 단순하고 균일해 보이는 상태로부터 훨씬 더 복잡하고 질서 정연한 상태가 탄생하는지를 설명할 수 없었던 것이다. 전성설에서는 복잡성이 전혀 문제가 되지 않았다. 그것은 그저 처음부터, 창조의 여명부터 존재했던 것이니까. 반면에 후성설은 어떻게 접합체처럼 단순한 것으로부터 더없이 복잡한 개체가 생겨나는지를 설명해야만 했다. 맥락은 다르지만 다윈이 맞닥뜨렸던 문제도 똑같은 것이었다. 후성설은 알려진 물리 법칙에서, 특히 뉴턴의 물리학에서 설명의 원칙을 찾아내려고 노력했지만, 결국 실패했다. 그래서 하는 수 없이 생물에게는 있지만 무생물에게는 없는 정체 모를 무언가를 도입해야 했다. 그 무언가가 과연 무엇인가 하는 생각은 사람마다 크게 달랐지만, 공통점은 있었다. 그 무언가는 물질적인 것이 아닐 터였고, 그 존재를 증명하는 방법은 그저 현실의 과정을 가리키는 것밖에 없을 터였다. 그러나 이것은 과학적 설명이 아니다.

 19세기가 끝을 향해 갈 무렵, 과학자들은 그동안 발전한 실험 기술 덕분에 양쪽의 주장들 중에서 일부를 실제로 확인해볼 수 있었다. 이때 주도적으로 논쟁을 이끈 것은 빌헬름 루Wilhelm Roux와 한스 드리슈Hans Driesch라는 두 명의 독일 과학자였다.

세포 분열의 결정적 실험과 그 여파

드리슈가 성게를 연구 동물로 택한 이유는 그 전에 다른 사람들이 수정을 연구할 때 성게를 택한 이유와 같았다. 성게는 난자가 크고, 난황이 거의 없다는 점 때문이었다. 성게의 난자는 개구리나 사람을 비롯한 다른 동물들의 난자보다 훨씬 크다. 이것은 수정뿐 아니라 최초의 세포 분열을 관찰하기에도 좋은 조건이었다. 첫 몇 번의 세포 분열은 접합체에 갇혀서 벌어지기 때문에, 한 번 분열할 때마다 세포 하나하나는 점점 더 작아진다. 그러나 성게의 세포들은 첫 몇 번의 분열을 거친 뒤에도 비교적 큰 편이라, 같은 단계의 개구리나 사람 배아 세포보다는 당시의 현미경으로 관찰하기가 더 쉬웠다. 성게의 접합체에 난황이 거의 없다시피 하다는 것은 세포가 거의 투명하다는 뜻이므로, 역시 유리했다.

당시 논쟁의 핵심은 이랬다. 어떻게 하나의 난자세포로부터 온갖 종류의 세포들이―혈액세포, 피부세포, 원뿔세포 등등―생겨나는가? 난자세포는 그것들 중 무엇과도 닮지 않았는데 말이다. 루가 지지했던 1890년대 수준의 최신 전성설에서는 수정란 혹은 접합체에 성체의 형상을 결정하는 모든 인자들이 담겨 있다고 보았다.[4] 그렇다면 세포가 거듭 분열하는 동안 염색체들은 점점 더 잘게 나뉘어 세포마다 분배될 것이고, 끝내 모든 세포 종류들이 완전히 분화될 것이다. 분화된 세포가 뉴런이 되느냐, 근육섬유가 되느냐, 혈액세포가 되느냐, 다른 종류가 되느냐 하는 문제는 해당 세포에 담긴 염색체에 좌우될 것이다. 이 생각은 철저히 기계론적이었기 때문에 많은 사람의 지지를 얻었다.

루와 드리슈는 둘 다 이 발상을 점검하려고 나섰지만, 드리슈만이 실험에 필요한 기술을 터득했다.[5] 드리슈는 수정 직후, 첫 세포 분열이 벌어질 때 그 과정에 개입했다. 그는 성게 배아에 세포가 겨우 2개에서 8개 있는 단계일 때 그것들을 갈라놓았다. 놀랍게도, 두 세포 단계에서 갈라진 세포들은 둘 다 완전한 성게 유생으로 자랐다. 네 세포 단계, 여덟 세포 단계의 세포들도 일부 그랬다. 루의 전성설에 따르면, 두 세포 단계에서 분리된 세포는 전체 염색체의 절반만을 갖고 있을 것이다. 따라서 절반의 성게로 자랄 것이다. 드리슈의 성게 실험은 루의 전성설에 대한 결정적인 반박이었고, 이후 드리슈는 후성설을 지지하게 되었다.

드리슈는 아주 이른 배아 단계에서는 각 세포가 어떻게 해서든지 자신의 발생을 조절함으로써 온전한 배아로 자란다고 결론 내렸다. 합리적인 결론이었다. 드리슈가 상상했던 그런 과정을 요즘 우리는 자기 조직적 self-organizing 과정이라고 부른다.[6] 다음으로 드리슈는 발생의 더 나중 단계에서 실험을 실시했다. 그 결과는 더 의미심장했다. 그는 교묘한 조작으로, 정상적인 상황에서 가령 척추로 자라야 할 세포 조각을 떼어내어 가령 입이 되어야 할 위치로 옮겼다. 루의 전성설이 옳다면, 그렇게 탄생한 배아는 엉망진창이 되어야 했다. 즉 입이 있을 자리에 척추가 튀어나온 모양이어야 했다. 그러나 드리슈는 정상적인 배아를 얻었다.

드리슈는 세포핵에 든 염색체(유전자)의 종류가 아니라 세포가 배아에서 취하는 위치가 세포의 잠재력을 결정한다고 결론지었다. 나아가 그는 더욱 보편적인 후성유전적 설명 체계를 개발하기 시작했다. 그의 생각은 세포 환경이 유전자 조절에 관여한다는 현대적 개념을 예견한 것이었다. 그는 핵(유전자가 들어 있다) 바깥의 세포 물질들이 핵(즉 유전 물질)의 활동에 영향을 미치고, 그러면 핵이 다시 세포 물질들에게 영향을 미치고, 이런 방식으로 서로 영향을 주고받는다고 생각했다.[7] 이런 상호 인과관계 reciprocal causation, 달리 말해 되먹임 feedback 은—하나의 작용이 원인도 되고 결과도 되는 현상이다—과학에서 새로운 개념이었다. 지금은 생물학의 기본 원칙으로 여겨지지만 말이다.

루와 마찬가지로 드리슈는 오로지 물리학과 수학의 법칙들로만 발생을 설명하겠다는 철저한 자연주의적 전망으로 실험에 착수했었다. 그러니 드리슈는 자신이 얻은 실험 결과를 통해서 자신의 망상을 깨우친 셈이었다. 그는 발생의 복잡성에 너무나도 압도되어, 단순한 자연주의적 설명을 버리는 것을 넘어 모든 자연주의적 설명을 버렸다. 그는 영혼과 비슷한 모종의 원리가 있어야만 그 복잡한 과정을 설명할 수 있다고 생각했고, 아리스토텔레스에게서 빌려온 '엔텔레케이아entelechy'라는 이름으로 그 무언가를 명명했다.[8] 결국 드리슈는 생물학을 버리고 철학을 택했다. 이는 두 분야 모두에 손해였다.

전성설의 죽음과 부활

드리슈의 실험은 당시 존재하던 전성설의 한 형태를 죽인 것이 아니라 전성설적인 생각 자체를 죽였다. 그러나 결국 전성설은 부활한다. 여기에는 후성설이 초자연적이지 않으면서도 신빙성 있는 발생 메커니즘을 끝내 생각해내지 못한 탓도 있었지만, 그 이면에 또 다른 힘이 있었다. 전성설이 인간의 직관에 호소한다는 점이었다. 우리는 전성설로 기우는 성향을 타고난 듯하다. 과학자든 아니든, 우리는 발생(혹은 진화)처럼 복잡한 현상을 설명할 때 아주 순진하고 자연스럽게 어떤 특정한 사고방식을 선호한다.

우리에게는 전성설(그리고 창조론)을 지지하도록 이끄는 두 가지 직관이 있다. 둘은 서로 관련이 있다. 첫 번째는 '전성설'의 '전前'에 관한 내용이다. 우리는 복잡성이 맨 처음부터, 그러니까 난자(혹은 창조주의 마음)에서부터 존재해야 한다고 직관적으로 생각한다. 이것을 '복잡성 직관'이라고 부르자. 두 번째는 '전성설'의 '성成'에 관한 내용이다. 우리는 난자(혹은 창조주의 마음)에 온전한 생물체의 형상이 이미 담겨 있고, 그것이 성체로의 발생을 지휘할 것이라고 직관적으로 생각한다. 이것을 '감독 직관'이라고 부르자.

자연주의적 후성설은 초자연적인 요소를 끌어들이지 않고서 두 직관과 싸워야 한다. 복잡성은 복잡성에서만 나온다는 직관에 맞서, 후성설은 비교적 단순한 초기 상태에서 복잡성이 생겨날 수 있다는 것을 성공적으로 보여주어야 한다. 발생처럼 복잡하지만 질서 있는 과정에는 궁극에 도달할 형상을 알려주는 중앙의 지휘자가 있을 것이라는 직관에 맞서, 후성설은 초기 조건이 적절히 주어지기만 한다면 세포 차원의 국지적 상호작용을 통해서도 질서가 생겨날 수 있다는 것을 보여주어야 한다.[9] 이것은 쉬운 일이 아니다. 되먹임, 상호 인과 관계, 자기 조직성 등의 핵심 개념을 일찌감치 떠올렸던 드리슈조차 끝내 이 과제에서 손을 떼고 엔텔레케이아라는 초자연적 개념에 의지하지 않았는가? 그렇다 보니 많은 생물학자들은 드리슈의 실험으로 후성설이 전투에서 이겼다는 것은 인정하면서도 후성설이 전쟁에서까지 이겼다고는 인정하지 않았다. 그러다가 현대 유전학이 등장했고, 생물학자들은 자신들의 생각이 결국 옳았다는 확신을 느꼈다.

유전학은, 이를테면 모건이 연구했던 유전학은 원래 발생 생물학과는 별개로 발전했다. 그러나 유전학자들은 이윽고 발생의 문제와 씨름하지 않을 수 없었다. 그들은 드리슈 같은 옛 연구자들이 발생 생물학 분야에서 이뤘던 성과를 거의 모른 채, 강한 전성설적 성향으로 연구에 착수했다. 유전학에 감화된 새로운 전성설은 한 개체의 복잡한 형상이 유전자에 다 담겨 있고 유전자가 발생을 지휘한다고 보았다. 과학자들은 직관에 호소하는 몇몇 비유들을 동원하여 유전적 전성설을 멋지게 포장했다. 처음 등장한 비유는 '청사진으로서의 유전자'였고, 다음은 '조리법으로서의 유전자'였고, 마지막은 '프로그램으로서의 유전자'였다. 조리법과 프로그램을 조합한 비유는 요즘도 인기가 있다. 이 비유들의 공통점은 유전자가 지시를 내리고 세포가 그 지시를 수행한다고 보는 점이다. 유전적 전성설은 이른바 유전자 감독을 게놈 감독으로 더 확장한 것일 뿐이다.[10]

조리법/프로그램 비유는 왜 매력적일까? 모든 형태의 전성설에 공통되는 인간의 기본적인 직관을 가령 케이크나 졸업식 프로그램과 같은 친숙한 인공물과 연결지어 설명하기 때문이다.[11] 그러나 아무리 직관적으로 호소력이 있다 한들, 이 비유는 가벼운 점검에도 쉽게 무너진다. 백 번 양보하여 조리법으로서의 유전자가 지침을 제공한다고 인정하더라도, 우리는 그 지침으로는 세포 하나도 만들어내지 못할 것이다. 하물며 인간은 말할 것도 없다. 우리에게 필요한 내용은 유전자 바깥에 더 많다. 개체를 만드는 데 필요한 조리법은 처음부터 완벽하게 주어진 것이 아니다. 오히려 발생을 거치면서 정보가 생겨난다고 보아야 한다. 보다시피 이것은 후성설에 더 가깝다.[12] 조리법은 발생 중에 쓰인 것이지, 발생 전에 이미 쓰여 있는 것이 아니다.

프로그램으로서의 유전자 비유도 마찬가지다. 게다가 여기에는 또 다른 치명적인 흠이 있다. 소프트웨어와 하드웨어를 구분한다는 점이다. 이 비유에서는 유전자를 소프트웨어로 보고, 세포의 나머지 구성 요소들은 유전자의 지시를 수행하는 하드웨어로 본다. 그러나 우리가 이 책에서 줄곧 보았듯이, 유전자는 여느 생화학 물질들과 마찬가지로 엄연한 하드웨어의 일부다. 유전자는 지시를 내리기만 하는 것이 아니라 받기도 한다. 사실 후성유전학이라는 분야는 유전자를 생화학적 하드웨어로 보는 시각에서만 성립할 수 있다.

줄기세포에서 원뿔세포로

모든 형태의 전성설에서—가장 원시적인 형태(이브의 난자)에서 가장 세련된 형태(유전적 프로그램)까지—가장 골치 아픈 문제는, 다 똑같은 세포들로 이루어진 공에서 어떻게 원뿔세포, 뉴런, 근육세포 등 분화된 세포들이 생겨나는지 설명하는 대목이다. 그 과정을 세포 분화 cellular differentiation라고 부른다. 앞에서 이야기했듯이, 루의 전성설에서 분화란 유전자들이 발생을 거치면서 점점 더 잘게 분할된 결과였다. 접합체는 모든 유전자를 다 갖고 있었지만 원뿔세포는 그중 작은 하위집합만을 갖고 있고, 근육세포는 또 다른 작은 하위집합만을 갖고 있다는 것이다. 그러나 이제 우리는 몸속의 모든 세포들이 유전적으로 같다는 것을 안다.[13] 원뿔세포가 갖고 있는 유전자는 간세포, 근육세포, 다른 어떤 세포와도 다 같다. 원뿔세포가 가령 심장근육세포와 다른 점은 유전자가 아니라 유전자의 발현이다. 그리고 유전자 발현의 차이를 빚어내는 것은 후성유전적 과정들이다.

세포의 여러 속성 중에서도 잠재력의 측면에서 접합체를 평가해보자. 접합체에는 잠재력이 아주 많다. 아니, 한 세포가 가질 수 있는 최대한의 잠재력을 갖고 있다. 그런데 어떤 잠재력일까? 수많은 중간 상태를 거친다면 결국에는 태반을 포함하여 인체에 존재하는 200여 종류의 세포들 중 무엇이든 다 될 수 있는 잠재력이다. 이 능력을 전능성totipotent이라고 한다. 접합체가 포배가 되면(약 128개의 세포로 이루어진다), 세포들은 태반세포가 되는 능력을 잃어버린다. 그러나 나머지 200여 종류의 세포들 중 무엇이든 될 수 있는 능력은 아직 갖고 있다. 이것이 바로 배아줄기세포이고, 이 능력이 만능성pluripotent이다. 포배 단계를 넘어서면, 세포 분열이 진행될수록 세포들은 다른 종류의 세포가 될 잠재력을 조금씩 잃는다. 딸세포는 모세포에게 있었던 잠재력의 일부를 잃어버리므로, 나중에 수많은 중간 상태를 거친 뒤, 될 수 있는 상태가 좀 더 제한된다. 이렇게 계속 잠재력이 좁혀져

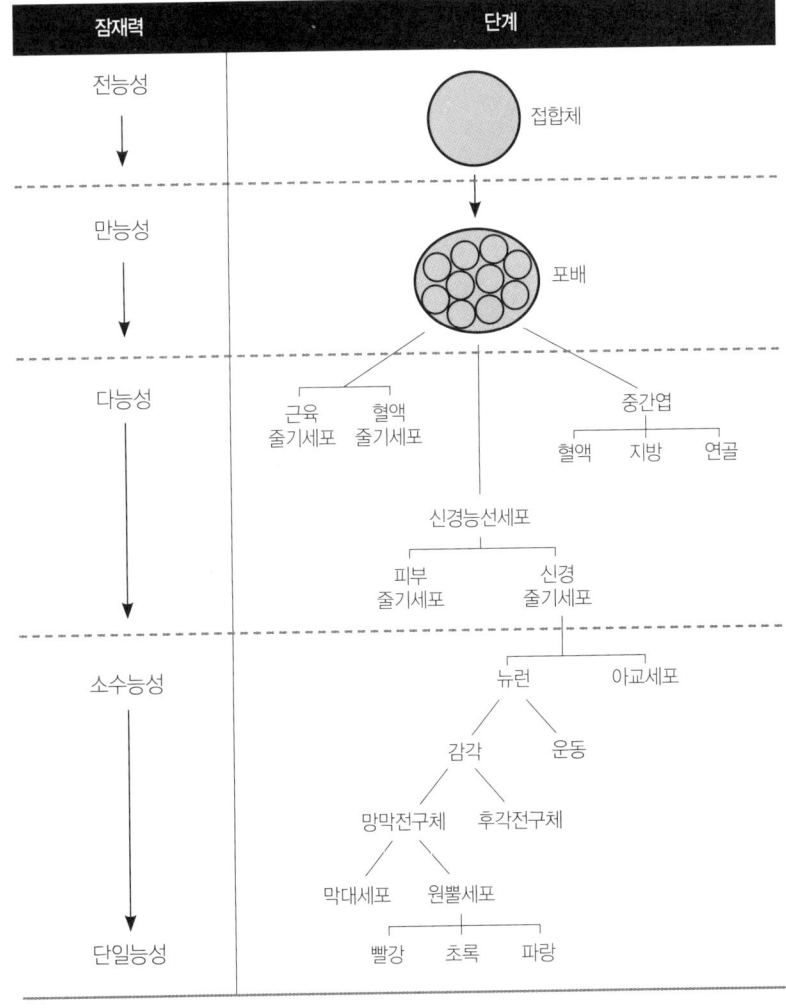

접합체에서 시작하여 최종적으로 원뿔세포가 되기까지 세포 분화의 과정을 그린 도표. 소수능성 세포는 다능성 세포보다는 잠재력이 적지만 단일능성 세포보다는 잠재력이 많다. 소수능성 영역에서 가지들이 뻗은 모양은 추측이 많이 적용되었다.

서 결국 딸세포가 한 종류의 세포만 될 수 있는 상태에 도달하면, 가령 혈액세포나 신경세포 둘 중 하나만 될 수 있다면 그것이 곧 신체줄기세포somatic stem cell다(언론은 신체줄기세포 대신에 오해의 소지가 있는 '성체줄기세포adult stem cell'라는 표현을 쓴다). 신체줄기세포는 배아줄기세포에 비하면 잠재력을 상당히 잃었지만, 원뿔세포나 심장근육세포에 비하면 여전히 잠재력이 많은 편이다. 이것이 다능성multipotent이다. (원뿔세포처럼) 잠재력이 전혀 없는 것도 아니고 (배아줄기세포처럼) 거의 다 있는 것도 아닌 그 중간으로서, 여러 종류의 세포가 될 수 있다는 뜻이다. 신체줄기세포도 신경줄기세포, 혈액줄기세포 등 세부 종류가 많다.

만능성 배아줄기세포가 신경줄기세포와 같은 다능성 신체줄기세포로 전환하는 과정은 후성유전적 과정이다. 그 과정이 진행될수록 점점 더 많은 유전자가 영구적으로 비활성화된다(그러나 새로 활성화되는 유전자들도 있다). 다능성 신체줄기세포 이후에도 분화는 계속되고, 후성유전적 비활성화가 더 많이 진행됨으로써 결국 원뿔세포나 심장근육세포처럼 200여 종류의 세포들 중 하나로 귀결된다. 원뿔세포와 심장근육세포는 분화의 계통수에서 서로 다른 가지의 말단에 있다. 그래서 원뿔세포는 원뿔세포만 낳고, 심장근육세포는 심장근육세포만 낳는다. 이 세포들은 이제 다른 무엇이 될 잠재력이 없다.

세 번째 형태의 후성유전적 조절

세포 분화에는 DNA 메틸화도 히스톤 변형도 주요하게 기여하지만, RNA가 관여하는 또 다른 후성유전적 메커니즘도 기여한다.

우리는 후성유전적 조절에 관여하는 RNA를 앞에서 이미 만났다. 즉 X염색체 비활성화에서 중요한 역할을 하는 Xist라는 RNA였다. 그러나 후성유전적 기능이 있는 대부분의 RNA들은 Xist보다 훨씬 더 작다. 대개는 아주 아주 작다. 그렇게 작은 비암호화 RNA 중에서도 마이크로RNA microRNA 라는 종류가 특히 중요하다.[14]

마이크로RNA의 후성유전적 유전자 조절 방식은 메틸화나 히스톤 결합과는 사뭇 다르다. 제일 중요한 점은 마이크로RNA가 단백질 합성의 후반부에 작용한다는 것이다. 2장에서 말했듯이, 단백질 합성은 두 단계로 진행된다. 첫 단계인 전사 과정에서는 DNA 주형으로부터 메신저RNA mRNA 가 만들어진다. 두 번째인 번역 과정에서는 RNA 주형으로부터 전구 단백질이 만들어진다. 후성유전적 유전자 조절은 대부분 첫 단계에서 벌어지며, 보통 전사를 억제한다. 그러나 마이크로RNA는 두 번째 단계인 번역에 영향을 미친다.

전사 과정은 대체로 치밀하게 조절되지만, 그래도 가끔 특정 유전자에서 만들어진 mRNA 전사물이 세포가 쓰기에 너무 많을 때가 있다. 만일 세포가 지금이 그런 상황이라고 '판단'하면, 마이크로RNA를 내보내어 상황을 바로잡는다. 마이크로RNA는 어떤 mRNA가 과잉인지 확인한 뒤, 그것들에 표지를 붙여서 분해되게끔 만든다. 그러려면 마이크로RNA는 mRNA의 염기 서열에서 자신의 서열과 상보적인 곳을 찾아 직접 결합해야 한다. 그러나 이때 마이크로RNA의 서열이 mRNA의 서열과 완벽하게 상보적일 필요는 없다. 자신보다 훨씬 더 큰 mRNA에 잘 붙어 있을 정도로만 상보적이면 된다. 다시 말해 마이크로RNA는 mRNA 전사물보다 종류가 훨씬 적어도 된다는 뜻이다. 가끔은 마이크로RNA와 mRNA의 결합이 강해서 mRNA가 단백질로 번역되는 것을 아예 막는다. 게다가 마이크로RNA가 효소를 포함한 다른 단백질들까지 끌어들여 mRNA의 활성을 더 적극적으로 낮출 때도 있다. 어느 쪽이든, 결국에는 단백질 생산의 주형으로 기능할 mRNA가 적어진다. 과학자들은 마이크로RNA가 동원되는 이런 유전자 조절을 RNA 간섭 RNA interference이라고 부른다. 이것은 세포가 특정 유전자에서 만들어지는 단백질의 양을 미세 조정하는 방법이다.[15] 이 기능을 밝기 조절 장치에 비유하는 사람도 있다.

마이크로RNA는 정상적인 세포 분화에서 중요한 역할을 맡는다.[16] 마이크로RNA가 세포 차원에서 수행하는 주된 기능은 세포의 분화된 상태를 안정시키는 것으로 보이는데, 어떤 연구 결과에 따르면 이때 마이크로RNA는 분화를 촉진하기보다는 탈분화를 방지함으로써 기능하는 듯하다.[17]

분화는 가역적이다

아마 눈치챘겠지만, 세포 분화는 루의 전성설 체계와 피상적으로나마 닮았다. 단계가 진행될수록 유전자가 아니라 유전자 발현이 더 잘게 구획화된다고 보면 꽤 비슷하다. 그러나 사실은 겉만 비슷할 뿐, 속은 아주 다르다. 후성유전적 비활성화를 통해 유전자 발현이 차츰 구획화되는 과정은 전성설과는 전혀 다르다. 오히려 드리슈가 추측했듯이, 세포의 운명은 배아에서의 위치, 그리고 이웃 세포들과의 (화학적) 상호작용에 크게 좌우된다. 다능성 단계를 한참 지난 뒤에도 말이다. 세포간 상호작용은 세포 내부 환경에 영향을 미치고, 세포 내부 환경은 어떤 유전자가 후성유전적으로 활성화되거나 비활성화되는가 하는 문제에 영향을 미친다. 그러니 우리가 세포의 위치를 이리저리 바꾸면, 세포의 운명은 그에 따라 바뀐다. 발생 초기라면 더욱 그렇다. 드리슈가 성게 배아에서 원래 척추가 될 운명이었던 세포들을 입의 위치로 옮겼을 때 결국 그것들이 입이 되었던 것과 비슷하다.

분화의 가역성 또한 형태를 불문하고 모든 전성설에 불리한 점이다. 세포는 적절한 조건에서 탈분화dedifferentiate할 수 있다. 분화의 상류로 거슬러 올라가서 '줄기성stemness'에 더 가까워지는 것이다. 이 현상은 생물의 상처가 치유되는 과정에서 자연적으로 벌어지는데, 특히 양서류의 능력이 뛰어나서, 팔다리나 다른 기관이 통째로 재생되기도 한다.[18] 이 과정의 핵심이 바로 피부세포, 근육세포, 뼈세포의 탈분화인 것이다. 반면에 포유류는 연골이나 말초신경계의 손상에 대처할 때만 탈분화가 벌어진다.[19] 그래서 요즘 어떤 연구자들은 양서류를 모범으로 삼아 사람에게도 탈분화에 의존한 치유 범위를 더 넓힐 수 있는지 알아보고 있다.[20] 그러나 뭐니 뭐니 해도 탈분화 치료 기법에서 가장 흥미로운 가능성은 줄기세포 연구다.

현재 줄기세포를 연구하는 생물학자들은 성체의 피부에서 세포를 취하여 생화학적 처리를 가함으로써 배아의 피부세포와 같은 상태로 바꿔놓을 수 있다.[21] 심지어 피부세포에서 유도한 그 배아줄기세포를 다시 분화시켜 뉴런으로 만들 수도 있다.[22] 다음 장에서 이야기하겠지만 탈분화는 암으로 가는 한 경로이기도 한데, 놀랍게도 과학자들은 암세포에서 배아줄기세포를 유도할 수 있었다. 이것은 아마 후성유전학의 가장 극적인 일화일 것이다.

연구자들이 쓴 방법은 사람의 악성 흑색종 세포를 닭 배아에 이식하는 것이었다. 뻔히 실패할 것 같은 괴상한 실험이다.[23] 설령 흑색종 세포가 배아 세포와 융합하더라도, 문제가 많이 생기지 않을까? 그러나 확인 결과, 암세포는 닭 배아에 피해를 끼치지 않았다. 암세포가 죽은 것은 아니었다. 암세포는 무사히 생존하여 정상 속도로 분열했다. 다만 흑색종 세포가 종양을 형성하지는 않았을 뿐이다. 그 후 손 세포들은 처음에 종양 세포가 유래했던 정상 세포, 이 경우에는 신경능선세포의 정체성을 취했고,[24] 신경능선세포가 가야 하는 적절한 위치로 잘 이동했다. 정말로 놀라운 일이다. 암세포를 줄기세포에 노출시킴으로써 정상 세포를 만들어낼 수 있다니!

암세포는 어떻게 된 것일까? 정확히 어떤 메커니즘인지는 몰라도, 사람의 암세포는 닭 배아 세포와의 상호작용을 통해서 후성유전적으로 변했다. 그 때문에 흑색종 세포가 줄기세포로 탈분화했고, 그것이 다시 정상 세포로 분화했다. 이것은 유전자의 지침을 수행한 것이라기보다는 지침을 직접 쓴 것에(한 번 쓰고도 다시 쓴 것에) 가깝다.

초자연적 요소가 없는 후성설

후성유전학은 후성설이 오래 기다린 자연주의적 메커니즘을 제공하는 것처럼 보인다. 덕분에 이제야말로 전성설을 퇴치할 수 있을 것처럼 보인다. 그러나 전성설은 우리의 직관에 호소하는 장점이 있어, 마치 두더지 때리기 게임의 두더지처럼 몇 번이고 부활하는 능력이 있다. 우리가 가장 최근의 형태를 때려 잡으면, 금세 새로운 형태가 솟아난다. 나는 가장 최근에 등장한 전성설을 '유전적-후성유선적 프로그램'이라고 부른다.[25] 발생을 유전적-후성유전적 프로그램에 빗대는 비유는 후성유전적 사건들이 발생에 핵심적으로 기여한다는 점을 인정하되, 그것을 전성설의 렌즈를 통해 바라본다. 요컨대 우리가 앞에서 살펴본 후성유전적 사건들은 모두 게놈 감독이 프로그래밍한 요소라는 견해다.

유전적-후성유전적 프로그램 개념은 다른 '프로그램' 비유들(가령 '프로그램으로서의 유전자' 비유)이 갖고 있는 문제점을 똑같이 갖고 있는 데다가, 추가의 문제점이 있다. 대체 어떤 의미에서 후성유전적 사건들이 프로그래밍되어 있다는 것일까? 대부분의 독자들이 곧바로 떠올릴 이미지, 즉 조리법과 비슷한 일군의 지침들이라는 의미에서의 '프로그램'은 아니다. 앞에서 말했듯이, 세포의 운명을 결정하는 후성유전적 유전자 발현 변화는 발생 중인 배아에서 세포가 놓인 위치에 크게 좌우된다. 그러므로 오히려 유전자가 세포간 상호작용에 의해 프로그래밍되어 있다고 말하는 편이 더 알맞을 것이다.

인공지능과 인공생명 분야에서 널리 쓰이는 또 다른 의미의 '프로그램'도 있다.[26] 이것은 아주 미니멀한 개념이다. 여기에서 프로그램은 소수의 기본적인 규칙들을 제공할 뿐이고, 그러면 로봇들이나 세포자동자cellular automata들이 그 규칙을 바탕으로 하여 이웃을 비롯한 주변의 모든 환경과 상호작용한다. 중앙에서 지시하는 감독은 없다. 그런데, 미니멀한 의미의 이 프로그램은 후성설과 상당히 비슷해 보이지 않는가? 그렇다면 발생을 후성유전적(혹은 유전적) 프로그램으로 보는 전성설이란 거짓된 개념이거나, 후성설과 구별되지 않을 정도로 애매한 개념인 셈이다. 어느 쪽이든 우리는 '프로그램' 비유를 아예 버리는 편이 더 낫다. 그와 더불어, 유전자를 소프트웨어로 보려는 생각도 버려야 한다. 우리가 분화 과정에서 유전자를 조절하는 후성유전적 과정을 제대로 이해하려면, 유전자를 구체적이고 물질적인 (생화학적) 물체로 간주하는 편이 더 낫다.

줄기세포 논란에 부쳐

배아줄기세포는 그 변화무쌍한 성격 덕분에 의학을 혁신할 잠재력이 있다. 이론적으로는, 뇌를 포함하여 어디든 다친 곳에 배아줄기세포를 놓아두면 그것이 증식하고 분화함으로써 문제의 손상된 세포를 무엇이든 대신할 것이다. 척수 손상처럼 지금은 치료법이 없는 상태들도 고칠 수 있을 것이다. 몇 년 동안 마비를 겪은 사람이 다시 걷게 만들 수도 있을 것이다. 게다가 이것은 무수히 많은 응용 가능성 중에 한 예일 뿐이다.

신체줄기세포도 같은 방식으로 어느 정도 활용할 수 있다. 예를 들어 척수 손상이라면 신경줄기세포가 배아줄기세포와 같은 일을 해낼 수 있을 것이다. 이것은 대단한 이득이다. 신체줄기세포는 배아줄기세포보다 구하기가 훨씬 쉽기 때문이다. 아주 최근까지만 해도 배아줄기세포는 포배 단계의 배아에서만 얻을 수 있었고, 많은 사람이 종교적 이유에서 이 방법에 반대했다. 그러나 신체줄기세포는 성인이 된 뒤에도 몸에서 얻을 수 있다. 사람들이 종종 신체줄기세포를 성체줄기세포라고 잘못 말하는 까닭은 이 때문이다(신체줄기세포는 배아 발생의 첫 몇 단계를 제외하고서는 이후 언제든 존재하므로, 성체에만 있는 것이 아니다). 신체줄기세포는 구하기가 더 쉽고, 그런 방법에 대한 반대도 거의 없다. 하지만 줄기세포를 응용할 때 신체줄기세포보다 배아줄기세포가 더 효율적인 분야가 많다.[27] 줄기세포를 인공적으로 유도할 수 있음을 보여준 최신 연구들에 엄청난 환호가 쏟아진 것은 그 때문이다. 잠재력이 확인된 이 기법은 탈분화를 통해 배아줄기세포를 더 많이 생성하는 것으로, 현재 배아줄기세포 연구를 반대하는 사람들의 원성도 사지 않을 것이다. 그러나 원리만 증명된 기법을 상용 가능한 기술로 발전시켜 실제로 배아줄기세포를 만들려면 앞으로도 시간이 많이 걸릴 것이다.[28] 그때까지는 배아(포배)에서 수확한 배아줄기세포만이 많은 사람에게 최선의 희망이다.

배아줄기세포 연구를 반대하는 사람들은 이른바 종교적 전성설을 믿는다고 볼 수 있다. 그들은 정자와 난자가 만났을 때 인간의 영혼이 탄생한다고 믿는다. 세속적 전성설도 마찬가지라, 접합체를 인간으로 인정하고는 인간에게 따르는 모든 윤리적 고려를 접합체에도 적용해야 한다고 본다. 그러나 후성설의 시각에서는 접합체를 인간으로 생각하는 것이 말이 안 되는 소리다. 접합체에서 시작된 과정들이 정말 인간으로 끝맺게 될지 아닐지는 알 수 없는 일이다. 물론 사람의 접합체는 성게의 접합체보다 사람으로 자랄 가능성이 훨씬 높겠지만, 그렇다고 해서 접합체가 곧 사람이라는 뜻은 아니다. 배아줄기세포 연구자들이 수확하는 미분화 세포 덩어리도 마찬가지다.

그렇다면 배아는 어느 시점부터 인간이 될까? 후성설은 이 질문에 대한 확실한 답을 주지 못한다. 후성설은 다만, 인간의 발생은 인간이 형성되는 과정이지 애초부터 존재했던 '잠재된 인간'이 '드러난 인간'으로 나타나는 과정은 아니라고 말해줄 뿐이다. 따라서 인간성은 정도의 문제이지, 모 아니면 도의 문제가 아니다. 발생 과정에서 연속적으로 달라지는 인간성의 정도를 어떻게 처리할 것인가 하는 문제는 우리가 다함께 사회적으로 결정할 문제다.

직관의 잘못된 판단

전성설은 처음부터 후성설에 비해 두 가지 상당한 이점이 있었다. 직관적이라는 점과 자연주의적이라는 점이다. 한편 단점은 늘 실험 영역에서 실패한다는 것이었다. 최초의 전성설(이브의 난자)은 개량된 현미경 때문에 망했다. 루의 2세대 전성설은 드리슈의 성게 실험 때문에 망했다. 그러나 실패에도 불구하고 전성설은 살아남았다. 한편으로는 그 개념이 직관적으로 호소력이 있었기 때문이고, 다른 한편으로는 드리슈 같은 후성설 지지자들이 자꾸만 초자연적 요소에 의존하려고 했기 때문이다. 이후 유전학자들이 가세하자, 전성설은 다시금 추진력을 얻었다. 유전자는 매력적인 전성설 메커니즘을 제공하는 것처럼 보였기 때문이다. 이런 생각은 조리법으로서의 유전자와 프로그램으로서의 유전자라는 매력적인 두 비유를 통해 더욱 널리 표현되었다. 3세대 전성설이라고 할 수 있는 이 시각은 순전히 비유적이기 때문에, 시험에 부치기가 오히려 더 어렵다. 그래도 적절히 구축된 후성유전학은 마침내 전성설을 끝장낼 수 있을 것이다.

'후성유전적epigenetic'이라는 단어의 기원은 '후성설epigenesis'이지, 흔히 생각하는 것처럼 '유전적genetic'이 아니다.²⁹ 콘래드 워딩턴Conrad Waddington이 1940년대에 이 신조어를 만들었을 때, 그는 유전자가 두드러진 역할을 맡는 자연주의적(즉 초자연적 요소가 없는) 후성설을 마음에 그리고 있었다.³⁰ 워딩턴이 생각했던 유전자의 역할은 유전자(게놈) 감독 시각보다는 세포 감독 시각에 훨씬 더 가까웠다.³¹ 그는 세포 환경이 유전자에게 반응하는 만큼 유전자도 세포 환경에 반응한다고 생각했다.³²

워딩턴 이후 후성유전학은 크게 발전했지만, 사람들은 여전히 전성설의 렌즈 너머로 후성유전학을 보려는 유혹을 강하게 느낀다. 특히 유전적-후성유전적 프로그램이라는 비유가 이 목적에 효과적으로 동원되고 있다. 그러나 세포 분화 연구에서 알 수 있듯이, 현대의 후성유전학은 유전적 프로그램이라는 의미에서의 전성설을 차츰 무너뜨리고 있다. 그중에서도 가장 근본적인 차원에서의 과제는, 유전자는 세포 기계에게 지시를 내리는 소프트웨어와 같고 세포는 하드웨어와 같다는 시각에 맞서는 것이다. 현대 후성유전학은 유전자를 여느 세포 구성 요소들처럼 하드웨어의 일환으로 보는 시각에서만 성립한다. 유전자가 지시를 내리는 것 못지않게 지시를 받고, 감독을 하는 것 못지않게 감독을 당하고, 원인으로 작용하는 것 못지않게 결과로 작용한다고 봐야 한다.

발생은 분명 프로그램과 비슷한 것처럼 느껴진다. 아무리 그래도, 발생은 프로그래밍되어 있는 과정이 아니다. 발생은 그 어떤 의미에서도 프로그램이 아니다. 예를 들어, 분화라는 질서 정연한 과정은 국지적인 세포간 상호작용으로부터 솟아난다. 특정 배아줄기세포가 원뿔세포가 되느냐 심장근육세포가 되느냐 하는 문제는 세포의 국지적 상호작용 역사에 따라 결정된다. 줄기세포는 이미 특정 종류로 분화한 세포를 탈분화시킬 수 있다. 암세포까지도. 혹자는 이 탈분화를 일종의 재프로그래밍이라고 보지만,[33] 이때의 '재프로그래밍'은 유전자가 행하는 작업이 아니라 유전자에 행해지는 작업이다. 정상적인 세포 분화를 프로그래밍에 빗대는 경우도 마찬가지다. 여하튼, 프로그래밍이니 재프로그래밍이니 하는 말들은 세포들의 구체적인 상호작용에서 벗어난 이야기일 뿐이다. 세포들의 구체적인 상호작용이야말로 정상적인 발생의 근간인데 말이다. 또한 그것은 다음 장의 주제인 암의 근간이기도 하다.

11장

후성유전과 암

영국 철학자 토머스 홉스는 인간의 삶은 '비참하고, 잔인하고, 짧다'고 비관적으로 평가했던 말로 제일 유명할 것이다.[1] 그가 태즈메이니아데빌(태즈메이니아주머니고양이라고도 한다 - 옮긴이)의 삶을 알았다면 뭐라고 했을까? 나는 그저 상상만 할 따름이다. 녀석들의 삶에 비하면 인간의 삶은 목가적인 것이나 다름없다. 태즈메이니아데빌은 저 아래 대륙에서도 저 아래에 사는 성질 고약한 동물로('저 아래Down Under'는 원래 북반구에서 오스트레일리아를 가리키는 말이고, '저 아래의 저 아래'는 태즈메이니아를 가리킨다 - 옮긴이), 녀석들의 삶은 확실히 더 비참하고, 더 잔인하고, 더 짧다. 최근에는 그마저도 훨씬 더 짧아지고 있다.

태즈메이니아데빌은 대개의 포유류보다 발달이 덜 된 상태에서 태어나는 유대류의 기준으로 보더라도, 유독 발달이 덜 된 상태로 태어난다. 새끼는 작디작다. 쌀알 하나만 하다. 그러니 새끼에게는 어미의 질에서 주머니로 가는 고작 10센티미터가 거대한 털들이 울창하게 솟은 숲을 통과하는 힘든 여행 길이다. 게다가 그것은 생사를 가르는 경주다. 어미는 한 번에 30~40마리의 새끼를 낳지만, 젖꼭지는 4개뿐이다. 젖꼭지에 먼저 도착하는 네 마리 새끼만이 최초의 도전에서 승리하고, 나머지는 죽는다. 젖꼭지에 도착한 새끼들은 당연히 진드기처럼 젖꼭지에 달라붙어서 몇 주 동안 절대로 문 것을 놓지 않는다.

여기까지 해낸 녀석들에게는 이후 몇 달이 비교적 행복한 기간이다. 젖을 뗀 뒤에는 안전한 주머니 속에서 살고, 다음에는 그보다 좀 덜 안전한 굴에서 산다. 그다음에 어린 태즈메이니아데빌은 자력으로 먹이와 짝을 찾아 나서야 한다. 그것은 분란과 갈등으로 점철된 고된 삶이다.

태즈메이니아데빌의 학명에서 첫 부분은 사르코필루스*Sarcophillus*로, 라틴어로 '살점을 좋아한다'는 뜻이다. 실제로 녀석들은 종류를 가리지 않고 고기를 먹는데, 대부분은 썩은 고기다. 가끔 캥거루처럼 큰 시체가 있으면 녀석들이 여러 마리 몰려들고, 시끄러운 혼전이 벌어진다. 흥분한 태즈메이니아데빌은 듣는 사람을 오싹하게 만드는 비명을 지른다. 녀석들에게 데빌(악마)이라는 평판이 붙은 것은 이 소리 때문이라고 생각하는 사람이 많다(어떤 사람들은 녀석들이 감정적으로 흥분하면 귀가 새빨갛게 변하는 점 때문에 그런 별명이 붙었다고 본다). 녀석들은 또 공격적인 상호작용 도중에 나쁜 냄새를 풍기는데, 그것은 스컹크에 맞먹을 만큼 고약하다고 한다.

 태즈메이니아데빌의 공격성은 청각과 후각으로만 표현되지 않는다. 녀석들은 서로 세게 물곤 하는데, 그 힘은 몸무게에 대한 비로 따졌을 때 모든 포유류 중에서 제일 세다. 심지어 점박이하이에나마저 능가한다.[2] 태즈메이니아데빌은 궁둥이에 상처가 있을 때가 많다. 머리와 얼굴을 보호하기 위해서, 현명하게도 궁둥이부터 먹이 쪽으로 밀고 들어가기 때문이다. 그러나 후진 전법은 어느 정도만 먹힐 뿐이고, 결국에는 배고픔이 압도하는 바람에 얼굴을 들이밀기 마련이다. 그래서 얼굴에도 물린다. 녀석들은 구애 중에도 얼굴에 상처를 입는다. 녀석들에게는 구애도 거친 사건이다. 태즈메이니아데빌은 사실상 단독 생활을 하는 동물로, 먹이를 찾을 때든 섹스를 원할 때든 다른 개체와 함께 있는 것을 통 편안하게 느끼지 못한다. 다행스러운 점은 태즈메이니아데빌에게 쩍 벌어진 상처마저도 순식간에 낫는 놀라운 치유 능력이 있다는 것이다. 최근까지만 해도 말이다.

지옥에서 온 암

1996년, 마운트 윌리엄 국립공원에서 작업하던 한 야생동물 사진작가는 얼굴과 입에 이상한 덩어리가 자란 태즈메이니아데빌을 많이 목격했다. 그때부터 태즈메이니아의 다른 야생동물 생물학자들도 그런 개체를 점점 더 많이 보았다. 그 병은 2002년에는 태즈메이니아데빌의 서식지 대부분을 아우르는 전염병으로 번졌다.³ 알고 보니 그 덩어리는 입과 얼굴에 자라는 특이한 암으로, 과학자들은 그것을 데빌 안면 종양증DFTD이라고 명명했다. 암은 급속하게 자라서 아예 입을 막았고, 개체는 굶어 죽었다. 그러기까지 보통 몇 달밖에 걸리지 않았다. 지난 10년 동안 DFTD 때문에 태즈메이니아데빌의 개체수는 곤두박질쳤지만, 질병의 기세가 완화되는 기미는 보이지 않는다. 상황이 지속된다면 태즈메이니아데빌은 곧 멸종할 것이다.

왜 이렇게 많은 태즈메이니아데빌이 갑자기 이 암에 걸렸을까? 암은 바이러스와는 다르다. 다행스럽게도 전염성 암이라는 것은 없다. 그런데 태즈메이니아데빌에게는 바로 그런 일이 벌어지고 있다. 암 전염병이 발생한다는 것은 곧 암에 감염성이 있다는 뜻이다. 그런데 태즈메이니아데빌의 감염성 암은 바이러스나 다른 매개체를 통해 전달되는 것이 아니다. 시체를 둘러싼 공격적 상호작용, 혹은 녀석들이 구애 행위라고 여기는 거친 상호작용 도중에 한 개체에서 다른 개체로 직접 암이 전달된다. 감염된 개체가 다른 개체를 물면 암세포의 일부가 전달되는 것이다.⁴ 이것은 정말로 악몽 같은 일이다. DFTD는 기생성 암이다.

물론 모든 암이 어떤 측면에서는 기생성이다. 우리 몸의 면역계는 암세포를 외부의 침입자로 취급하여 공격한다. 면역계의 다양한 방어책을 빠져나가거나 무력화하는 데 성공한 암세포만이 종양으로 발전할 수 있다. 그리고 여느 기생생물과 마찬가지로, 면역 반응을 회피하는 데 성공한 암세포라도 주변의 정상 세포들과 신체의 자원을 놓고 경쟁해야 한다.

사실 DFTD 암은 태즈메이니아데빌 개체 자신의 몸에서 발생한 암에 비해 대단히 불리한 조건이어야 한다. 태즈메이니아데빌의 면역계는 신체 바깥에서 유래한 암을 훨씬 더 쉽게 알아차리고, 그리하여 잘 파괴할 것이기 때문이다. 그런데 실제로는 태즈메이니아데빌의 면역계가 외부의 침입자에게 어떠한 방어 반응도 개시하지 않는 듯하다. 면역 반응에 무언가 문제가 있는 것이다. 면역 반응이 보편적으로 결핍된 탓은 아니다. 태즈메이니아데빌의 면역계가 대개의 도전에 튼튼하게 잘 반응할 것이라는 점은 충분히 예상할 수 있다. 썩은 먹이를 먹는 데다가 자주 상처를 입으니, 면역 반응이 보편적으로 저하된 태즈메이니아데빌은 이 세상에 오래 살아남지 못할 것이다.

문제는 인식 단계인 듯하다. 면역계가 외부의 암세포를 외부의 것으로, 즉 비자기 물질로 인식하지 못하는 것이다. 자기-비자기 구별은 면역 반응의 기본이다. 우리가 가까운 친척에게서 받은 것이라도 기증받은 장기에 거부 반응을 일으키는 것은 그 때문이다. 그래서 피부 이식을 비롯하여 모든 장기 이식을 할 때는 면역억제제를 다량 투입한다. 가끔 인식 과정이 망가지면 면역계는 제대로 된 자기 표지를 단 건강한 세포들까지 공격하고, 지나친 경계의 결과는 류머

티즘 관절염이나 루푸스와 같은 자가면역질환으로 나타난다. 태즈메이니아데빌은 이와는 거꾸로 된 방향으로 면역 인식에 실패한다. 면역계가 지나치게 너그러운 것이다.[5]

태즈메이니아데빌의 면역 반응에는 왜 맹점이 생겼을까? 아마도 마지막 빙하기 이후 언젠가, 어쩌면 20세기일 수도 있을 만큼 최근에, 녀석들이 유전적 병목을 겪었던 탓인 듯하다. 언제인지 모를 그 시기에 태즈메이니아데빌 집단은 겨우 몇 마리 수준으로 줄었고, 그들이 근친교배를 함으로써 그로부터 많은 세대가 지난 뒤에도 집단의 유전적 변이가 적은 상태가 되었다. 치타도 비슷한 일을 겪었다. 그래서 치타도 유전적 변이가 적고, 한 개체의 피부를 다른 개체가 바로 이식받을 수 있으며, 이런 형태의 전염성 암에 태즈메이니아데빌 못지않게 취약할 것이다.[6]

DFTD와 제일 비슷한 질병은 개 전염성 생식기 종양 CTVT이라고 불리는 개들의 암이다. 이 암도 한 개체에서 다른 개체로 직접 전달되는데, 이 경우에는 섹스를 통해 전달된다.[7] 이때도 면역계는 외부의 종양 세포를 외부 물질로 인식하지 못한다. 그러나 CTVT를 지닌 개는 결국 스스로 면역 반응을 개시하고, 암을 완벽하게 몰아낸다(암에 걸렸다가 나은 개는 평생 면역성을 띤다).[8] 안타깝게도 태즈메이니아데빌은 그보다 운이 나쁘다. DFTD에 대한 태즈메이니아데빌의 면역 반응은 면역 인식 결함 외에도 잘못된 데가 더 있다는 뜻이다.

암과 줄기성

태즈메이니아데빌의 암은 기이하고 특수하지만, 암세포 자체는 상당히 전형적인 보통의 암세포다. 예를 들어, DFTD 암세포는 분화가 덜된 상태다. 신체줄기세포와 좀 닮았다는 뜻이다. 그러면서도 자신이 원래 되어야만 하는 세포의 속성들도 조금 갖고 있는데, 이것 역시 평범한 암세포의 특징이다. 암세포 속에서 염색체가 재배열된 형태도 전형적이다. DFTD 암세포는 아예 염색체의 한 짝을 완전히 잃어버린 상태인데,[9] 염색체 결손(혹은 추가)은 어디에서 유래한 암이든 모든 암세포들에게 공통되는 현상이다.

 암이 어떤 형태의 세포 변형으로부터 발생하는가에 대한 견해는 크게 두 가지로 나뉜다. 전통적인 견해는 10장에서 짧게 이야기했던 것으로, 암세포가 뉴런이나 피부세포처럼 완전히 분화된 세포에서 유래한다고 본다. 정상 세포가 탈분화되는 바람에 줄기세포처럼 다시 마구 증식할 능력을 얻었다는 것이다.[10] 이 견해에서는 암세포가 근원 세포의 특징을 일부 간직하고 있는 이유도 탈분화로 설명한다. 태즈메이니아데빌의 암세포는 내분비(호르몬)계를 제어하는 특정 신경조직에서 유래한 것으로 보인다. 그 조직의 화학적 서명이 일부 남아 있기 때문이다.[11]

 탈분화 이론에 맞서는 대안은 최근에 제기되었다. 암세포가 신체줄기세포에서 유래했고, 신체줄기세포가 어쩌다 잘못된 결과라고 보는 이론이다.¹² 암을 줄기세포로 보는 이 시각에서, 암세포가 줄기세포를 닮은 까닭은 실제로 모세포가 줄기세포였기 때문이다. 그러나 세포가 태어난 직후에 방향을 잘못 틀어, 정상적인 신체줄기세포가 아니라 암 줄기세포가 되었다.

사실 암세포 중에서 줄기세포의 속성을 간직한 것은 소수뿐이다. 소수의 암 줄기세포는 정상 줄기세포처럼 비대칭 분열을 겪어, 암 줄기세포 하나와 그보다 좀 더 분화된 암세포 하나를 낳는다. 그리고 좀 더 분화된 암세포는 줄기세포가 아닌 일반 세포처럼 대칭적 세포 분열을 겪는다. 따라서 종양에는 소수의 암 줄기세포와 그보다 좀 더 분화된—분화 수준은 다양하다—다수의 암세포가 함께 존재한다. 이런 시각을 받아들인다면, 치료적 개입의 목표는 상대적으로 소수인 암 줄기세포만을 제거하는 것이어야 한다.

암의 탈분화 가설과 줄기세포 가설의 차이를 한마디로 요약하면 이렇다. 탈분화 이론에서 암세포는 분화 과정을 거슬러 올라가서 줄기성을 향해 다가가지만, 줄기세포 이론에서 암세포는 분화 과정을 더 진행하여 줄기성으로부터 멀어진다. 두 이론은 배타적이지 않다. 전립샘암은 탈분화의 징후를 보일 때가 많은 반면,¹³ 백혈병을 비롯한 혈액암은 줄기세포 가설로 더 잘 설명될 가능성이 있다.¹⁴

암 유전자와 변칙 염색체

탈분화 가설과 줄기세포 가설은 내가 '암의 역학 cancer dynamic'이라고 부를 어떤 현상을 설명하려는 이론들이다. 한편, 내가 지금부터 이야기할 가설들은 그 역학의 이면에 깔린 메커니즘이 무엇인지를 설명하려고 하는 이론들이다. 이 가설들은 대체로 암 역학의 탈분화 이론과도, 줄기세포 이론과도 양립할 수 있다.

최초에 암세포를 암으로 만드는 인자가 무엇일까? 지난 40여 년 동안 과학자들은 어느 한 세포에 모종의 유전적 변화가 일어났기 때문이라고 대답했다. 그래서 그 세포가 비정상적으로 증식하고, 점점 더 커지는 세포 집단에서 더 많은 돌연변이가 쌓이고, 결국 암이 유전적으로 이질성을 띠게 된다는 것이다. 유전적으로 서로 다른 클론들은 저마다 좀 더 증식하려고 경쟁하고, 그 과정에서 갈수록 해로워진다. 그 정점이 전이다. 그렇다면 암은 발생부터 전이까지 시종일관 유전적 변형의 문제인 셈이다. 이런 견해는 암의 체세포 돌연변이 이론 SMT이라고 불린다.[15] SMT에 따르면, 암은 소규모의 진화나 다름없다.

SMT가 제기된 이래, 과학자들은 인간에게서 종양 유전자를 100개 넘게 발견했다. 종양 유전자에 돌연변이가 생겨 비정상적으로 많이 발현하면, 암과 같은 세포 증식이 촉진된다. 과학자들은 종양 억제 유전자도 서른 개 넘게 발견했다. 이름이 암시하듯이, 종양 억제 유전자는 세포 증식을 억제한다. 이 유전자에 돌연변이가 생겨 억제 능력이 떨어져도 역시 암이 생길 수 있다. 이런 유전자들의 돌연변이는 자발적으로 나타난 것일 수도 있고—사실상 무작위적이라는 말이다—담배 연기, 농약, 자외선 등 환경 독소에 대한 반응으로 나타난 것일 수도 있다. 우리는 그런 독소를 발암물질이라고 부른다.

   SMT의 시각에서 볼 때, 발암물질은 곧 돌연변이 유도물질이다. 그리고 암 치료는 돌연변이를 일으킨 세포들을 제거하는 데 집중해야 한다. 가령 돌연변이 세포의 기원이 암 줄기세포라면, 그 줄기세포들을 집중적으로 치료해야 한다. 외과적 절제, 방사선 치료, 대부분의 화학요법 등 암 치료의 표준적 도구들은 SMT 모형에 기반을 둔다.

   SMT의 적절성을 대표하는 사례로는 대장암(잘록곧창자암)이 있다.[16] 대장암은 하나의 종양 유전자에 하나의 돌연변이가 발생함으로써 시작되고, 이후 진행 단계마다 더 많은 돌연변이가 따른다. 태즈메이니아데빌의 암도 SMT에 깔끔하게 맞아떨어지는 듯하다. DFTD 세포는 클론 선택 과정에서 승리한 세포고, 나아가 개체에서 개체로 전염되는 수단까지 진화시켰다. 그러나 SMT로부터 태즈메이니아데빌 암의 전염성을 곧장 예측할 수는 없다. 암 전달 과정에는 면역 반응에 대한 적응이 수반되는데, SMT가 주로 집중하는 종양 유전자와 종양 억제 유전자는 그런 적응과는 무관하다. 게다가 암 치료법 중에서 면역에 기반한 치료법은 SMT와는 상당히 다른 관점에서 비롯했다. 이 이야기는 나중에 다시 하겠다.

유전자로 암을 설명하는 두 번째 이론은 SMT보다 더 오래되었지만, 그만큼 인기를 얻지는 못했다. 이 이론은 암세포의 뚜렷한 특징인 염색체 이상을 주로 강조한다. 염색체가 통째로 사라지거나 더 생기는 현상도 포함된다. 이렇게 염색체 수가 바뀐 것을 홀배수체(이수배수체)aneuploidy라고 하므로, 이 이론은 '홀배수체 암 이론'이라고 불린다.[17] SMT에서는 홀배수체를 암의 이차적 효과로 보지만, 홀배수체 이론에서는 염색체 재배열이 먼저라고 본다. 홀배수체 가설에 따르면, 암의 시작과 진행은 특정 종양 유전자에 돌연변이가 벌어진 탓이 아니라 염색체 이상이 벌어진 탓에 발생한다.

홀배수체는 많은 유전자의 조절을 엉망으로 망가뜨린다. 그래서 홀배수체가 더 많이 생기고, 그래서 유전자 조절이 더 망가지고, 이렇게 계속된다. 이런 조절 이상으로 생겨나는 한 가지 변칙적 특징이 바로 손상된 세포의 증식이다. 그러나 애초에 왜 이 과정이 시작될까? 홀배수체 가설에 따르면, 세포 분열 중에 염색체의 통일성을 유지하는 데 관여하는 유전자들에 문제가 생겼기 때문이다.[18] 그리고 암이 진행되는 것은 홀배수체가 늘어나면서 유전자 조절이 갈수록 더 망가지기 때문이다. 그 증거로, 홀배수체 이론의 지지자들은 암세포가 정상 세포보다 돌연변이를 더 많이 일으키는 것은 아니지만 염색체 재배열은 더 많이 일으킨다는 사실을 지적한다.[19]

홀배수체 가설은 최초의 염색체 불안정이 신체줄기세포에서 일어났느냐 완전히 분화된 세포에서 일어났느냐 하는 문제와는 무관한 이야기라는 점에서 SMT와 같다. 또 SMT와 다른 치료법을 제공하지도 않는다.

한편, 태즈메이니아데빌의 암은 홀배수체 가설에 문제를 하나 제기한다. 태즈메이니아데빌의 암세포에 홀배수체가 없는 것은 아니다. 오히려 아주 많다. 문제는 DFTD 세포들의 홀배수체가 다 같은 패턴이라는 점이다. 홀배수체들이 몇 년씩이나 똑같은 패턴을 유지하고 있다는 점도 홀배수체 가설에 문제가 되는 대목이다. DFTD는 세포 차원에서 극단적으로 안정한 것이다. 사실 DFTD 세포 계통은 현재 살아 있는 어느 태즈메이니아데빌 개체보다도 더 오래되었다.[20] 그러나 홀배수체 가설에서는 이런 일이 있을 수 없다. 위에서 설명했던 긍정적 되먹임은—홀배수체 증가와 유전자 조절 이상의 증가가 서로 증폭하는 현상—계속 가속될 뿐, 억제될 수는 없다. 따라서 홀배수체 이론에서는 염색체 재배열이 갈수록 많아질 것이라고 예측하고, 한 종양의 암세포들이 드러내는 염색체 재배열의 변이가 갈수록 커질 것이라고 예측한다.

DFTD 세포들에게 변이가 없다는 사실은 SMT에게도 문제가 된다. 그렇다면 DFTD 세포들의 변이 결핍은 개체에서 개체로의 전염성과 더불어 이 암을 다른 전형적인 내인성 암들과 구별하는 가장 중요한 특징일지도 모른다. 어쩌면 세포 차원의 안정성과 전염성, 이 두 성질은 서로 관계가 있을지도 모른다. 이 점에서, 개 전염성 생식기 종양CTVT의 세포들이 수백 년 동안, 어쩌면 수천 년 동안 안정성을 유지해왔다는 사실은 특기할 만하다. 심지어 CTVT는 모든 포유류를 통틀어 가장 오래된 세포 계통일지도 모른다.[21]

암의 후성유전적 차원

암에 대한 체세포 돌연변이 이론과 홀배수체 이론은 둘 다 유전적 변형에 집중한다. 그리고 둘 다 후성유전학이 등장하기 전에 형성되었다. 그러나 연구자들이 암세포에서 후성유전적 변형을 찾아보기 시작하자, 금세 몇 가지가 발견되었다. 첫째로, 암세포의 유전자들은 메틸화 패턴이 독특하게 바뀌어 있다. 메틸화가 전반적으로 감소한 현상도 포함된다.[22] 전반적인 메틸화 감소는 초기 단계의 암을 예측하는 지표로도 훌륭하다. 그런 상태에서는 원래 억제되던 유전자들이 활성화하는데, 종양 유전자도 당연히 예외가 아니다. 또한 과학자들은 종양 유전자와 종양 억제 유전자의 메틸화가 특수하게 변한다는 점을 발견했다. 그 밖에도 여러 후성유전적 변화들이 암에서 관찰된다. 가령 DNA에 히스톤이 결합하지 않는 현상이 있는데, 그러면 문제의 유전자가 더 많이 활성화한다.

  SMT 이론이나 홀배수체 이론의 지지자라고 해서 후성유전적 과정들의 역할을 인정하지 않는 것은 아니다. 다만 그것을 유전적 변형에 뒤따르는 부차적인 현상으로 간주할 뿐이다. 그러나 또 다른 연구자들은 후성유전적 변형이 일차적인 현상일 때가 많다고 본다.[23] 후성유전적 시각에서, 암은 무엇보다도 유전자 조절에 결함이 생긴 결과다. 유전자 조절의 결함은 돌연변이 때문에 생길 수도 있고, 후성돌연변이 때문에 생길 수도 있다. 후성돌연변이는 자칫 돌연변이로 착각되기 쉽다. 종양 유전자나 종양 억제 유전자에 발생하면 더욱 그렇다. 암세포는 종양 유전자와 종양 억제 유전자에 돌연변이가 발생한 것은 아닌데도 둘 중 한쪽이나 양쪽의 조절이 망가진 경우가 많다.[24] 요즘 과학자들은 돌연변이가 아닌 이유 때문에 그 유전자들의 조절이 바뀐 상태를 후성유전적 변형으로 여긴다.

후성유전적 시각에 따르면, 암이 시작되는 것은 후성유전적 손상 때문이다. 예를 들어 전반적인 메틸화 감소 때문일 수 있는데, 이런 현상은 종양 유전자에 돌연변이가 발생하기 전부터 존재할 수도 있다. 암에 앞서서 양성 종양이 자라는 경우도 여기에 해당한다고 볼 수 있다. 과소 메틸화는 종양 유전자 발현을 증가시키는 것은 물론이고, 홀배수체 이론이 강조하는 염색체 불안정도 일으킨다. 뒤이어 특정 유전자의 메틸화 패턴에 특수한 변화가 발생한다. 그러면 종양 유전자는 더 탈메틸화되고, 종양 억제 유전자는 더 메틸화되어 종양 억제 물질을 억제한다.

암의 진행은 어떻게 볼까? 돌연변이와 그로 인한 염색체 재배열이 종종 관여하는 것은 사실이지만, 그런 유전자 변화는 최초의 후성유전적 변화에 비해 이차적인 현상이라고 본다. 게다가 후성유선적 변화는 암의 진행에서도 중요하게 기여한다. 암의 진행 자체가 유전적 과정인 동시에 후성유전적 과정인 것이다. 이것은 체세포 돌연변이 이론의 대표 사례인 대장암도 마찬가지다. 앞에서 말했듯이 대장암은 진행 단계마다 새로운 돌연변이가 등장하지만, 특정 단계에 반드시 특정 돌연변이가 연관되는 것은 아니다. 대장암 특유의 침습성을 일으킨다고 볼 만큼 자주 등장하는 돌연변이, 혹은 모든 증례나 적어도 대부분의 증례에서 전이를 일으킨다고 볼 만큼 자주 등장하는 돌연변이 따위는 없는 것이다.[25] 이런 속성들은 오히려 유전자 조절에 발생한 특수한 변화와 관련이 있다고 확인되었다.

후성유전학적 요인이 암의 일차적 원인이라는 주장을 가장 설득력 있게 뒷받침하는 증거는 백혈병 연구에서 왔다. 앞에서 말했듯이, 백혈병 세포들은 홀배수체에다가 돌연변이를 일으킨 경우가 많다. 그런데 과학자들은 이 세포들에 후성유전적 개입을 가함으로써 다시 정상화시킬 수 있었다.[26] 한때의 백혈병 세포가 정상적인 백혈구처럼 행동하도록 만든 것이다. 특히 주목할 점은, 세포가 정상화되더라도 전통적인 시각에서 백혈병의 원인으로 짐작되었던 염색체 재배열 상태는 되돌려지지 않았다는 것이다. 세포는 유전자 측면에서는 여전히 비정상이지만, 어쨌든 정상적인 백혈구처럼 행동한다.

여러 형태의 후성유전적 시각들 중에서도 두드러진 한 형태는 암역학 이론들 중에서 줄기세포 가설을 강력하게 권한다.[27] 그러나 다른 형태의 시각들은 탈분화 가설과도 양립할 수 있다. 어느 쪽이든,

후성유전적 시각에서 발암물질이란 후성유전적 조절을 바꿔놓는 무언가다. 체세포 돌연변이 이론에 비해 발암물질의 범위가 상당히 확장되는 셈이다. 그리고 치료 면에서도 충격적일 만큼 상이한 의미가 도출된다. 백혈병이 극적으로 보여주듯이, 후성유전적 과정은 유전적 과정과는 달리 가역적이기 때문이다. 게다가 후성유전적으로 개입할 방법이 더 많다. 덕분에 최근에는 후성유전적 치료법을 개발하는 연구가 유행이다.[28] 후성유전적 치료가 현재 쓰이는 암 치료법보다 더 나을 것 같은 점을 하나만 꼽자면, 건강한 세포를 더 적게 희생하면서 좀 더 미세하게 조정할 수 있다는 점이다.

후성유전적 접근법은 태즈메이니아데빌들에게도 흥미로운 의미가 있다. 과학자들이 태즈메이니아데빌을 구할 전략으로 논의하는 방법 중에는 DFTD 백신이 있다. 무릇 백신의 문제점은 유전적 변이형이 진화함으로써 백신의 표적에서 슬그머니 빠져나가는 것이다. DFTD 세포에 유전적 변이가 일어난 징후는 아직 없지만, 몇몇 연구자들은 후성유전적 변이를 걱정하기 시작했다.[29] 후성유전적 변이는 유전자 진화에 바탕을 둔 표준적 진화보다 더 심각한 문제일 수 있다. 그보다 더 빠르게 진행될 잠재력이 있기 때문이다. 후성유전적 변이형들이 태즈메이니아데빌의 면역 반응과 숙주 조직의 정상화 효과를 교묘히 회피하는지 못하는지, 한다면 어떻게 하는지 살펴보는 것은 흥미로운 주제일 것이다.

암의 미세환경

암에 대한 유전적 설명들과 대부분의 후성유전적 설명들은 주로 암세포 내부에서 벌어지는 사건에 관심을 둔다. 그러나 최근 몇몇 연구자들은 암세포를 둘러싼 미세환경에 관심을 쏟기 시작했다. 암세포의 미세환경은 면역계, 혈액 공급, 최초에 암세포가 유래한 정상 조직 등등 여러 측면으로 나눠볼 수 있고, 그 각각이 모두 중요한 연구 영역이 되었다. 미세환경을 살펴보는 접근법은 SMT와는 상반된 지점으로 우리를 데려간다. 시야를 넓혀, 암세포 내부가 아니라 주변 조직을 살펴보게 하기 때문이다. 암의 행동에서 어떤 측면들은 이런 시야를 취할 때만 비로소 이해가 된다. 그중 중요한 것이 암의 자연 완화다.

내가 지금부터 이야기할 내용은 미세환경 접근법 중에서도 조직 기반 암 이론이라고 불리는 시각이다. 이 이론에 따르면, 암은 정상적인 세포간 상호작용이 망가진 결과다.[30] 소통의 실패라고 불러도 좋다. 조직 기반 암 이론은 후성유전적 접근법을 중요한 측면에서 보완하고 확장한다. 첫째로, 이 이론은 탈메틸화처럼 암의 시작 단계에서 발생하는 최초의 후성유전적 변형을 설명할 메커니즘을 제공한다. 둘째로, 이 이론은 암의 진행 단계에서 발생하는 유전적, 후성유전적 변형들을 이해할 설명의 틀을 제공한다. 이 이론에 따르면, 암의 내부 역학은 최초에 암세포를 낳았고 나중에 그 암세포들과 상호작용하는 정상 세포들의 기능에 대체로 달려 있다. 바로 그 상호작용이 암을 발달시키지만, 때로는 발달을 저지할 수도 있고 심지어 흔적 없이 제거할 수도 있다는 것이다. 암이 제거된 사례는 10장에서 이미 이야기한 바 있다.

그것은 악성 흑색종 세포가 배아줄기세포의 미세환경과 접촉함으로써 정상화된 사례였다. SMT의 관점에서는 이것이 신비롭기 그지없는 사건이다. 그러나 조직 기반 암 이론의 관점에서는 전혀 신비로울 것이 없다. 오히려 암의 정상적인 행동 범위에 포함되는 일이다. 하지만 배아줄기세포의 환경이란 여러모로 특수하다. 따라서 우리는 완전히 분화된 다른 조직에서도 암이 정상화될 수 있다는 것을 확인한 연구들에 좀 더 주목해볼 만하다.

UC 버클리의 메리 비셀 Mary Bissell과 동료들은 정상 유방조직의 핵심적인 특징을 본뜬 인공 유방조직을 3차원으로 구축했다. 그리고 악성 유방암 세포를 그 환경에 넣은 뒤, 어떻게 되는지 살펴보았다. 그 결과는 비셀을 제외한 많은 사람에게 놀라운 것이었다. 암세포가 정상화되었던 것이다.[31] 암세포는 암성을 잃고 정상적인 조직 구조로 정렬되었다. 물론 정상 유방세포들과의 상호작용이 한 요인이었지만, 또 다른 중요한 요인은 세포 사이 매질, 즉 모든 세포들이 잠겨 있는 겔의 화학적 조성이었다. 정상적인 발달에서든 암 발달에서든, 이 겔은 세포들 간의 화학적 상호작용을 일차적으로 매개하는 중요한 기능을 한다.

비셀이 발생 생물학에서 암 연구로 넘어온 연구자라는 점은 주목할 만하다. 그 덕분에 그녀는 정상적인 발달에서 어떤 세포간 상호작용이 벌어지는지를 잘 알았다. 조직 기반 암 이론을 지지하는 비셀과 같은 연구자들이 볼 때, 암은 정상적인 발달이 망가진 결과다. 그리고 어떤 조건에서는 그 상태가 스스로 교정될 수 있다. 자기 교정은 줄기세포 환경에서는 물론이거니와 완전히 분화된 조직 환경에서도 가능하다.

이처럼 미세환경을 중시하는 시각에서 볼 때, 암이 발생하는 까닭은 정상적인 세포간 상호작용이 망가졌기 때문이다. 세포간 상호작용이 망가지면 세포들의 내부 환경이 바뀌고, 그래서 과소 메틸화를 비롯한 후성유전적 변화들이 벌어진다. 이 관점에서 발암물질이란 조직 내부의 정상적인 세포간 상호작용을 망가뜨림으로써 암을 유발하는 물질이다. 나아가 이 관점에서는 SMT에 비해 암을 훨씬 더 일찍 감지할 가능성이 존재한다. 조직 구조만 점검하면 되니까 말이다. 암 치료는 정상 조직이 암에 대처하는 것을 옆에서 거드는 데 집중해야 할 것이다. 방사선 치료나 대부분의 화학요법과는 정반대인 셈이다.

조직 기반 암 이론은 태즈메이니아데빌의 암을 규명하는 데도 도움을 줄지 모른다. 이 관점에서 볼 때, DFTD는 정상화가 유달리 어려운 경우다. 이 암은 전염성을 진화시키기에 앞서, 최초의 숙주였던 태즈메이니아데빌 개체에서 정상 조직이 발휘하는 정상화 효과를 물리쳐야 했다. 그것이 전이의 선결 조건이다. DFTD는 그렇게 전이 상태를 갖춘 뒤에야 개체에서 개체로의 전염성을 획득했다. 그런데 전이암 세포에서는 이전 단계 암세포들이 갖추고 있었던 조직성이 사라진다. 전이암 세포는 하나하나가 개별 유기체에 가까운 상태다. 그 때문에, DFTD 세포는 다른 DFTD 세포들이 미치는 영향에 대해서조차 면역력을 갖고 있다. DFTD 세포는 진정한 자유 행위자고, 태즈메이니아데빌의 얼굴과 입에 있는 정상 조직과는 별개의 것으로 취급되어야 한다.

그렇다면 태즈메이니아데빌이 대처해야 할 DFTD 세포의 수가 적을수록 더 나을 것이다. 그러나 DFTD 세포의 수가 비교적 적어도 정상화 과정이 아주 어려울 수 있다. 그것들은 숙주 세포와는 다른 조직에서 유도된 세포들이기 때문이다. DFTD 세포는 숙주 세포와는 다른 방언을 말하는 셈이다. 아예 언어가 다르다고 할 수는 없어도 말이다. 정상 세포가 그 세포에게 제동을 걸기가 어려운 것이 당연하다. 모든 전이암 세포는 일반적으로 다 이런 상황이다. 그러나 적절한 조건이 갖춰진다면, 전이암 세포라도 정상화될 수 있다.

무신론자의 암 치료

내가 보기에, 다미앵 신부Father Damien (1840~1889, 벨기에 출신으로 하와이에서 나환자들과 함께 살았다 - 옮긴이)는 분명히 성인聖人다운 인물이었다. 그는 몰로카이 섬의 나병 환자들과 함께 살면서 목회 활동을 했고, 그러다가 자신도 그 병에 걸렸다. 그러나 가톨릭 교회에 따르면 그것만으로는 그가 성인으로 추대될 수 없다. 이 문제에 관해서 가톨릭 교회는 기준이 다소 엄격하다. 그중에서도 한 기준은 과학적 관점에서 특히 부담스러운데, 두 건의 공인된 기적을 행한 사람이라야만 성인이 될 수 있다는 것이다. 그나마 좀 어려움을 더는 점은, 사후에 행한 기적도 인정된다는 것이다. 다미앵 신부는 그 덕분에 기준을 통과했다.

사실, 이미 많이 진전된 암을 고쳐주었다는 기적은 성인으로 추대되는 흔한 방법이다. 다미앵 신부는 가장 최근의 사례였을 뿐이다. 오드리 토구치라는 하와이 여성은 다미앵 신부의 무덤에 가서, 신성한 힘을 발휘하여 자신의 전이암을 고쳐 달라고 기도했다. 그녀와 가톨릭 교회가 보기에, 그녀의 기도는 응답을 받았다. 곧 암이 싹 나았던 것이다. 담당 의사도 다른 사람들만큼이나 놀랐다. 가톨릭 교회는 다미앵 신부의 기적적인 개입이 없었다면 치유가 불가능했을 것이라고 결론 내렸고, 다미앵 신부는 공식적으로 성인으로 추대되었다.

만일 체세포 돌연변이 암 이론이 절대적인 진실이라면, 가톨릭 교회의 주장은 근거가 있다고 할 것이다. SMT의 관점에서 전이암이 사라진다는 것은 발생 가능성이 극히 낮은 역 돌연변이들이 연속적으로 벌어져야만 가능한 일이니까. 그러나 후성유전적 관점, 특히 미세환경을 중시하는 관점에서는, 그를 성인으로 인정할 근거가 훨씬 약해진다. CTVT에 걸린 개처럼, 환자의 면역계가 알맞은 순간에 구조에 나선 것일지도 모르기 때문이다. 그리고 앞에서 나는 이 여성이 치료될 수 있는 또 다른 방법을 이야기했다. 암은 정상 세포들과의 상호작용을 통해서 정상화될 수 있다. 심지어 암이 제일 진전된 단계에서도 가능하고, 줄기세포 환경에서든 완전히 분화된 조직 환경에서든 다 가능하다.

진전된 암의 자연 완화는 성인이 개입하지 않아도 벌어질 수 있다. 당연히 무신론자도 경험할 수 있다. 물론 흔치 않은 일이지만, 암의 정상적인 행동 범위에 충분히 들어오는 일이다. 적어도 미세환경을 중시하는 접근법에서 보기에는. 성인에게 의지하지 않고도 암의 자연 완화를 설명할 수 있다는 것은 가톨릭 교회에는 골칫거리일 것이다. 또한 체세포 돌연변이 이론에서 자연 완화가 신비스러운 사건으로 보인다는 점은 체세포 돌연변이 이론에 골칫거리일 것이다.

미세환경을 중시하는 시각은 태즈메이니아데빌들에게도 일말의 희망을 안긴다. 백신이 듣지 않는다고 확인되더라도, 면역 반응을 증강하는 약물과 정상화를 촉진하는 처방을 함께 쓰면 도움이 될지 모르니까. 그러나 태즈메이니아데빌들에게 최선의 희망은 암에 대한 면역 반응이나 정상화 반응을 녀석들이 자발적으로 발달시키는 것이다. 개들이 CTVT에 대해 그랬던 것처럼 말이다. 그동안은 우리가 이 악마들을 위해 기도해도 나쁠 것은 없겠다.

후성유전적인 희망

태즈메이니아데빌의 암은 전형적인 동시에 예외적이다. 세포 차원에서는 전형적이다. 분화가 덜 되어 있고 홀배수체라는 점에서. 그리고 우리가 아직 확실히 말할 수는 없지만, 그 암세포가 줄기세포에서 유래했든 완전히 분화된 세포에서 유래했든 다른 암들과는 기원이 전혀 다르다고 볼 이유는 없다. 그 세포들이 암세포로 변형되고 암이 진전되는 메커니즘이 다른 암들과는 전혀 다르다고 볼 까닭도 없다. 그렇지만 그 구체적인 과정에 대해서는 논란이 있다.

SMT 설명은 유전자를 세포의 감독으로 보는 견해에 바탕을 둔다. 이것은 종양 유전자와 종양 억제 유전자를 강조하는 견해다. 홀배수체 이론도 유전자 감독 견해에서 나왔지만, 암으로의 변형을 개시하는 요인이라고 간주하는 유전적 배우들이 SMT와는 다르다. 그리고 암이 이후 발달하면서 더 많이 변형되는 현상에 대해서는 SMT보다 좀 더 거시적으로 유전자가 아니라 염색체를 중시한다. 이에 비해, 후성유전적 설명은 유전자에 기반한 두 이론이 암 발달의 첫 단계를 잘못 짚었다고 본다. 사실 그 첫 단계는 돌연변이가 아직 하나도 발생하지 않은 상태에서 벌어진 가역적 후성유전적 사건이라는 것이다. 이 관점에서는, 아무리 진전된 암이라도 조건만 적절하다면 후성유전적으로 되돌려질 수 있다. 한편, 조직 기반 암 이론을 포함하여 미세환경을 중시하는 관점은 그 적절한 조건이 무엇인지를 보여줌으로써 후성유전적 접근법을 보완한다. 후성유전적 모형과 미세환경 모형은 세포 감독 시각과 좀 더 쉽게 양립한다.

 태즈메이니아데빌의 암에서 예외적인 속성은, 물론 오직 이 암만의 특징은 아니지만, 그 전염성이다. 이것은 전이를 넘어선 단계라고 볼 수 있다. 다행스럽게도 대부분의 암들은 그 단계까지 이르지 않는다. 전염성이 있으려면 세포 차원에서 어느 정도 안정성이 있어야 하는 것처럼 보이는데, 대부분의 암세포들에게는 그런 안정성이 없다. 또한 숙주 조직의 면역 반응과 정상화 효과를 회피하는 능력도 필요한데, 이것은 둘 다 미세환경적 요인이다. 암을 둘러싼 미세환경이 가장 진전된 단계의 암조차 제거하거나 후성유전적으로 되돌릴 수 있다는 점을 감안할 때, 우리에게는 희망이 있다. 성인에게 기도하지 않는 사람들에게도.

| 후기 |

야누스 유전자

이 짧은 여행에서, 나는 후성유전학이라는 새롭고 흥분되는 과학의 몇몇 하이라이트만을 소개했다. 그 여정에서 등장했던 중요한 주제들을 마지막으로 간략히 정리해보겠다.

첫 번째 주제는 후성유전적 과정의 속성에 관한 것으로, 후성유전적 과정은 유전자 조절의 한 형태라는 명제다. 후성유전적 유전자 조절은 장기적 유전자 조절이고, 따라서 유전자의 행동에 장기적인 영향을 미친다. 후성유전적 유전자 행동 변화는 돌연변이에 의한 변화보다 더 오래갈 수 있다. 그러나 돌연변이에 의한 변화와는 달리, 후성유전적 변화는 보통 가역적이다.

두 번째 주제는 우리의 환경이 단기적으로든 장기적으로든 우리 유전자의 행동에 영향을 미친다는 것이다. 그런데 환경이 유전자 행동에 미치는 장기적 영향은 후성유전적 과정을 동원한 것이다. 특히 생애 초기에 환경적으로 유도된 후성유전적 변화가 중요한데, 우리는 그중에서도 영양실조와 스트레스가 태아와 영아에게 영향을 미친다는 것, 심지어 성인기에까지 숱한 건강 문제를 일으킨다는 것을 살펴보았다. 그러나 사실 환경은 평생 우리 유전자에게 후성유전적으로 영향을 미친다.

세 번째 주제는 무작위성이다. 여느 생물학적 과정처럼 후성유전적 과정에도 무작위적 요소가 포함되어 있는데, 가끔은 이 요소가 중요하게 작용한다. 가령 아구티 유전자 자리의 메틸화가 그렇다. 이 메틸화는 생쥐들의 털색뿐만 아니라 비만, 당뇨, 암에 대한 취약성에도 영향을 미친다. X염색체 비활성화도 무작위성이 결정적으로 작용하는 후성유전적 과정이다. 이 경우에는 무작위성이 적응적 속성이라고 말할 수 있을 것이다. 그런 무작위성이 없다면 X우먼은 없을 테니까.

클론은 결코 충실한 복사물이 아니다. 일란성 쌍둥이와 같은 자연적 클론이든, 캘리코 고양이 씨씨와 같은 인위적 클론이든 마찬가지다. 이유는 여러 가지인데, 후성유전적인 요인도 포함된다. 씨씨의 털색 무늬가 어미와는 눈에 띄게 다른 것은 무작위적 X염색체 비활성화 때문이었다. 씨씨는 심지어 색소 한 가지가 아예 없을 정도였다.

일란성 쌍둥이에서는 무작위성에 의한 후성유전적 차이와 환경에 의한 후성유전적 차이가 둘 다 드러난다. 나는 책의 첫머리에서 사람 클론들의 칼만 증후군이 극적인 후성유전적 불일치를 드러내는 사례를 소개했다. 클론 불일치가 드러나는 다른 영역으로는 알츠하이머병, 루푸스, 암, 색깔 분별 능력 등이 있다.

후성유전적 유전자 행동 변화 중에는 개체의 수명을 넘어서까지 영향을 미치는 것도 있다. 이것이 네 번째 주제다. 세대를 초월한 후성유전적 변화의 효과는 직접적일 수도 있고, 간접적일 수도 있다. 세대를 초월한 직접적 영향은 후성유전적 표지가 부모에서 자식으로, 정자나 난자를 통해 직접 전달될 때 나타난다. 나는 이것을 '진정한 후성유전적 유전'이라고 불렀다. 사람과 같은 포유류에서는 진정한 후성유전적 유전이 흔하지 않지만, 이따금 발생하기는 한다. 한편 세대를 초월한 간접적 영향은 훨씬 더 흔하다.

세대를 초월한 간접적 후성유전적 영향 중 가장 직접적인 것은 게놈 각인이다. 이것은 부모가 갖고 있던 후성유전적 표지가 자손에게도 상당히 충실하게 재현되는 현상이다. 이보다 훨씬 더 간접적인 경우는 임신한 쥐들의 행동과 스트레스 반응에서 드러난 세대 초월적 영향이다. 이때 쥐들의 행동에 영향을 미친 후성유전적 변화는 사회적 상호작용을 통해 재창조되는데, 후성유전적 변화가 그 상호작용에 영향을 주기도 하지만 거꾸로 받기도 한다. 유전자 행동과 사회적 상호작용이 주고받는 긍정적 되먹임 고리 때문에 세대를 초월한 효과가 발생하는 셈이다. 직접적이든 간접적이든, 세대를 초월한 후성유전적 효과들은 기존의 유전에 관한 개념을 확장시킨다.

마지막 다섯 번째 주제는 이전 네 주제에 대한 주제, 즉 메타 주제다. 이 주제는 우리가 단백질 합성에서 세포 분화, 암까지 다양한 생물학적 과정들을 설명함에 있어서 유전자의 역할을 어떻게 보는가 하는 문제에서 몇몇 기초적인 통찰을 건드린다. 전통적인 시각에 따르면, 유전자는 그런 과정들을 개시하고 지시하는 생화학적 감독이다. 세포의 나머지 생화학 물질들은 좀 더 블루칼라에 가까운 일을 한다. 나는 연극 극단의 비유를 들어 이 견해를 설명했다. 유전자는 감독이고, 단백질은 배우고, 나머지 생화학 물질들은 무대 담당이라고. 그러나 내가 이 책에서 지지하는 대안적 관점에 따르면, 연극은 좀 더 즉흥적이다. 유전자는 단백질과 다른 생화학 물질들을 모두 아우르는 앙상블 캐스팅의 일원에 가깝다. 유전자의 활동은 단백질 합성의 원인인 동시에 결과고, 게놈의 활동은 정상적이든 병리적이든 모든 세포 분화 과정의 원인인 동시에 결과다.

이 대안적 시각에서, 유전자에게는 두 개의 얼굴이 있다. 그것은 현관과 문을, 입구와 출구를, 시작과 끝을 모두 다스리는 로마의 야누스 신을 닮았다. 전통적인 설명들은 이 중에서 하나의 측면만을 인정했다. 밖을 향한 얼굴, 원인이 되는 측면만을 이야기했다. 그래서 우리는 유전자와 그 활동에 대해 지나치게 단순하고 왜곡된 시각을 갖게 되었다. 그러나 유전자에게는 또 다른 측면이 있다. 즉 안을 향한 얼굴, 반응하는 측면이 있다. 후성유전학이란 한마디로 야누스 유전자의 그 반응하는 측면을 부각하는 것이다. 아직 초기 단계임에도, 우리가 이 학문으로부터 얻은 보수는 엄청나다.

주

서문_유전자가 입은 옷

1. Christian, Bixler, et al. (1971).
2. Schwanzel-Fukuda, Jorgenson, et al. (1992); Whitlock, Illing, et al. (2006).
3. 칼만 증후군의 유전학에 대한 최근 리뷰로는 다음을 보라. Bianco and Kaiser (2009).
4. Hipkin, Casson, et al. (1990). French, Venu, et al. (2009)는 칼만 증후군 측면에서 쌍둥이 불일치를 소개한 또 다른 사례 연구지만, 불일치가 그렇게 심하지는 않다.
5. 가령 다음을 보라. Wong, Gottesman, et al. (2005).
6. 이것은 좁은 의미에서 말하는 후성유전학의 특징이다. 나는 이 책에서 후성유전학을 이런 의미로 정의한다. 좀 더 넓은 의미의 후성유전학은 DNA의 변형에 국한되지 않는다. 용어에 대한 역사적, 개념적 개괄로는 다음을 보라. Jablonka and Lamb (2002).
7. 불일치에 관한 후성유전적 연구로는 다음을 보라. 루푸스: Ballestar, Esteller, et al. (2006). 알츠하이머병: Mastroeni, McKee, et al. (2009). Singh and O'Reilly (2009)는 정신분열증 측면에서 일란성 쌍둥이의 후성유전적 불일치에 관한 증거를 제공한다. 다음도 보라. Kato, Iwamoto, et al. (2005).

1부 후성유전학과의 만남

1장_환경이 어떻게 유전자를 바꾸는가

1. Stein and Susser (1975).
2. 지금도 이어지는 이 추적 조사는 국제 협력 작업으로, 암스테르담 의학센터와 영국 사우샘턴 대학 MRC(의학연구위원회)의 여러 부서가 관여한다.
3. Smith (1947).
4. Stein, Susser, et al. (1972); Ravelli, Stein, et al. (1976).
5. Hoch (1998). 기근과 우울의 연관에 대해서는 Brown, van Os, et al. (2000)을 보라. 기근과 남성의 반사회성 성격장애에 대해서는 Neugebauer, Hoek, et al. (1999)을 보라.
6. Stein, Ravelli, et al. (1995); Lumey and Stein (1997); Lumey (1998).
7. Ravelli, van der Meulen, et al. (1998); Roseboom, van der Meulen, et al. (1999, 2000a, 2000b); Painter, Roseboom, et al. (2005).
8. Roseboom, de Rooij, et al. (2006).
9. Tobi, Lumey, et al. (2009).
10. Painter, Osmond, et al. (2008).

2장_유전학이란 무엇인가

1. Allen (1978)은 모건에 대한 훌륭한 전기다. 내 책의 이야기도 앨런의 책에 많이 의존했다.
2. 최초의 논문은 Watson and Crick (1953a, 1953b)였다. 왓슨은 이후 일반인을 위해—자신의 관점에서—연구를 설명한 책을 썼다(Watson 1968). 대개의 과학적 회고록들보다는 훨씬 가십에 치중한 책이다.
3. 원래의 공식은 조지 비들과 에드워드 테이텀이 만든 것인데 '하나의 유전자 = 하나의 효소'였다(Beadle and Tatum 1941). 1950년대 말에 효소가 아닌 단백질을 포함하기 위해 '하나의 유전자 = 하나의 폴리펩티드(단백질)'로 수정되었다.
4. 번역 후 변형은 단백질 합성의 세 번째 단계로 여겨져야 마땅하다. 번역된 물질에는 기능이 없는 경우가 많기 때문이다. 전구 단백질은 번역 후 변형에서 많은 변화

를 겪으면서 비로소 생리적으로 유용한 물질로 바뀐다. 풋아편흑색소부신겉질자극호르몬(POMC) 유전자가 만드는 전구 단백질이 좋은 예다. POMC 전구 단백질은 그것이 담긴 세포 종류에 따라 20가지 더 작은 단백질 호르몬들 중 하나로 쪼개진다. 가령 뇌하수체(뇌 밑바닥에 있는 작은 내분비샘) 한쪽 엽의 세포에서는 스트레스 반응에 관여하는 부신겉질자극호르몬(ACTH)으로 쪼개지고, 반대쪽 엽에서는 아편성-엔도르핀으로 쪼개진다. 피부세포에서는 멜라닌이라는 흑색소의 생산을 촉진하는 멜라닌세포자극호르몬으로 쪼개진다. POMC 유전자의 단백질 산물은 단순히 염기 서열에 따르는 것이 아니라 세포 차원에서 결정되는 것이다.

어떤 번역 후 변형은 DNA 염기 서열마저 넘어선다. 서열에 암호화된 아미노산이 화학적으로 전환되어 서열에 암호화되지 않은 아미노산으로 바뀌는 것이다. 전구 단백질에서 어떤 아미노산이 다른 아미노산으로 교체될 때도 있는데, 교체된 아미노산은 심지어 부호를 구성하는 20가지 아미노산에 포함되지 않은 것일 때도 있다. 이 경우, DNA 염기 서열과 단백질 아미노산 서열의 관계는 세포 차원에서 변형되는 셈이다.

5. 내가 지지하는 세포 감독 가설은 생물학에서 역사가 깊다. 초기의 주창자들 중에서는 어니스트 에버릿 저스트(1883~1941)를 꼭 언급해야 한다. 저스트(1939)를 보라. 저스트는 내가 소개한 것과 아주 비슷한 형태로 유전자 작용과 반작용(세포질-핵 상호작용)을 머리에 그렸다(Sapp 2009, Newman 2009을 참고하라).

6. 단백질 합성의 첫 두 단계에서도, 과정은 세포에 의존하여 형성된다. 1단계인 전사(41쪽 그림을 보라)는 실제로는 두 단계다. 첫 번째는 전구 메신저RNA가 형성되는 과정이다. 두 번째는 전구 mRNA가 최종 mRNA로 변형되는 과정이고, 최종 mRNA가 전구 단백질 제작의 주형으로 쓰인다. 이 두 번째 단계에서도 많은 일이 벌어진다. 모든 유전자는 엑손이라고 불리는 암호화 영역을 둘 이상 갖고 있는데, 인트론이라고 불리는 비암호화 영역들이 그 사이사이에 끼어 있다. 엑손과 인트론을 포함한 전체 DNA가 전구 mRNA로 전사되지만, 그 뒤에 인트론에서 유래한 RNA 조각들은 제거되고 엑손들만 이어붙여진다. 가끔은 이때 엑손들을 다양한 방식으로 결합할 수 있다. 그리고 서로 다른 방식으로 이어붙여진 것들은 서로 다른 단백질에 해당한다. 선택적 이어맞추기라는 이 현상은 한 유전자에서 하나 이상의 단백질이 만들어지는 또 하나의 방법이다.

선택적 이어맞추기는 최초의 전사물이 세포 환경에 맞추어 변형되는 여러 방식 중 한 예다. 이어맞추기가 끝나면 RNA 편집이 이어진다. 편집 과정에서, mRNA 서열에 있는 일부 염기들은 화학적 전환을 겪어 다른 염기로 바뀐다. DNA가 암호화하지 않았던 전혀 다른 염기 말이다. 그러니 DNA 서열과 mRNA 서열의 대응이 늘 완벽하게 1 대 1인 것은 아니다.
7. 가령 다음을 보라. McClellan and King (2010); Galvan, Falvella, et al. (2010).
8. 가령 다음을 보라. Rakyan, Blewitt, et al. (2002); Hatchwell and Greally (2007).
9. Griffiths and Neumann‒Held (1999); Beurton, Falk, et al. (2000); Stoltz, Griffiths, et al. (2004); Rheinberger (2008); Portin (2009).
10. 단백질을 암호화하지 않은 유전자를 가리켜 'RNA 유전자'라고도 부른다.
11. 제어반이라는 용어는 평범한 유전자 조절의 방식을 직관적으로 이해하도록 돕는 비유일 뿐이다. 제어반을 구성하는 조절 요소들이 서로 물리적으로 가까이 있어야 하는 것은 아니다. 특정 유전자의 제어반을 구성하는 조절 요소들 중 일부나 전부가 다른 유전자의 조절에 관여할 수도 있다.

3장_유전자 조절에 관해

1. Guerriero (2009)는 뇌의 남성호르몬 수용체 분포에 관해 알려진 내용을 잘 요약했다.
2. 어류의 연구 사례는 Hannes, Franck, et al. (1984)를 보라. Burmeister, Kailasanath, et al. (2007)은 사회적 지위가 추락함에 따라 남성호르몬 수용체 수치가 떨어졌다고 보고했다. 사람에 대한 증거로 가장 확실한 것은 경기를 마친 운동선수들에 대한 연구였다. Booth, Shelley, et al. (1989)는 테니스 선수들을 조사한 결과, 경기의 패자는 테스토스테론 수치가 떨어졌고 승자는 높아졌다고 보고했다. 그러나 경쟁(혹은 동물들의 공격적 상호작용)의 결과가 테스토스테론 수치에 미치는 영향은 사실 상당히 복잡하다. Suay, Salvador, et al. (1999)을 참고하라. 나는 이 책에서 이야기를 약간 단순화했다.
3. 더 정확하게 말하자면, 시상하부에 있는 시각교차앞구역(POA)이라는 일군의 뉴런들이 뇌하수체의 GT 수치를 통제한다. Francis, Soma, et al. (1993)을 보라.
4. 과학 문헌에서 생식샘자극호르몬분비호르몬의 머리글자는 GTRH가 아니라 GnRH이다. 그런데도 내가 GTRH라고 쓰는 까닭은 한편으로는 보통 사람이 이해하기가 더 쉽기 때문이고, 다른 한편으로는 그것이 생식샘자극호르몬을 GT라고 표시하는 관행과 더 일관된 표현이기 때문이다.
5. 우세 경쟁, 테스토스테론, GTRH 수치의 관계에 대한 자세한 설명은 Francis, Jacobson, et

al. (1992)를 보라.
6. Francis, Soma, et al. (1993).
7. White, Nguyen, et al. (2002). 그런데 사회적 지위가 낮아지는 수컷들은 처음에 일시적으로나마 GTRH 유전자의 활성이 증가한다(Parikh, Clement, et al. 2006). 사회적 지위가 GTRH 유전자 자체에 미치는 영향은 복잡한 셈이다. 어쩌면 이 유전자의 전사보다 번역이 더 영향을 받는지도 모른다. 모든 mRNA가 전구 단백질로 번역되는 것은 아니다. 단백질(이때는 GTRH)보다 더 많은 mRNA가 만들어지는 경우도 있다. 그러면 잉여의 mRNA는 질이 저하되는데, GTRH 유전자는 그 저하 속도가 사회적 지위와 연관이 있을지도 모른다. 영역이 있는 수컷보다 없는 수컷에게서 GTRH mRNA의 질이 더 빠르게 저하되는 것이다.
8. Renn, Aubin-Horth, et al. (2008).
9. 남성호르몬 수용체 유전자의 변화에 대해서는 Burmeister, Kailasanath, et al. (2007)을 보라. GTRH 수용체 유전자의 변화에 대해서는 Au, Greenwood, et al. (2006)을 보라.

2부 후성유전과 유전

4장_사회화한 유전자

1. 베트남 참전용사 잰 스크러그는 1979년 3월에 〈디어 헌터〉를 본 뒤, 전투에서 사망한 모든 사람들의 이름을 기념비에 새겨야겠다고 생각했다(Ashabranner 1988).
2. 테스토스테론과는 달리, 코르티솔과 같은 글루코코르티코이드는 게놈을 동원하지 않는 두 경로를 통해서도 영향을 미친다. 첫째는 단백질-단백질 상호작용과 다른 전사인자들을 통하는 경로다(Revollo and Cidlowski 2009를 보라). 두 번째는 세포핵이 아닌 다른 곳의 수용체를 통하는 경로다. 후자는 이 호르몬에 대해 가장 빠른 반응을 일으키는 경로로 여겨진다(Evanson, Tasker, et al. 2010).
3. 병리적 스트레스 반응의 또 다른 좋은 지표는 신경펩티드인 아르기닌 바소프레신(AVP)이다. Lightman (2008)을 보라. CRH도 AVP도 급성 스트레스 인자에 반응하여 빠르게 양이 늘어나는데, 만성 스트레스에 대해서는 CRH 농도가 갈수록 줄 때도 있다. AVP는 만성 스트레스에 대해서도 증가한다.

4. Ventolini, Neiger, et al. (2008); Bevilacqua, Brunelli, et al. (2010).
5. Seckl and Holmes (2007); Drake, Tang, et al. (2007).
6. Kapoor, Leen, et al. (2008); Seckl (2008).
7. 가령 다음을 보라. Seckle and Meaney (2006); Kapoor, Petropoulos, et al. (2008).
8. 다음을 보라. *PTSD Forum:Promoting Growth Through Healing*, http://www.ptsdforum.org.
9. Laugharne, Janca, et al. (2007).
10. Yehuda, Bell, et al. (2008); Yehuda and Bierer (2007).
11. Yehuda, Engel, et al. (2005); Brand, Engel, et al. (2006).
12. Dean, Yu, et al. (2001). 합성 글루코르티코이드의 효과는 대단히 성별 특정적이고, 노출의 시기에 결정적으로 좌우된다(Kapoor and Matthews 2008; Kapoor, Kostaki, et al. 2009).
13. Kapoor, Petropoulos, et al. (2008); Emack, Kostaki, et al. (2008).
14. Liu, Diorio, et al. (1997); Francis and Meaney (1999); Francis, Champagne, et al. (2000).
15. Francis, Diorio, et al. (1999).
16. Liu, Diorio, et al. (1997).
17. Francis, Champagne, et al. (1999); Szyf, Weaver, et al. (2005).
18. Weaver, Cervoni, et al. (2004).
19. 메틸기는 DNA의 아무 곳에나 붙는 것이 아니라, 구아닌 옆에 있는 시토신에게만 붙는다. DNA 염기 서열의 모든 염기들은 인산 분자 하나씩을 사이에 두고 떨어져 있으므로, 관례적으로 그 결합 부위를 'CpG'라고 지칭한다.
20. Goldberg, True, et al. (1990); Kaminsky, Petronis, et al. (2008); Coventry, Medland, et al. (2009).

5장_태내 환경과 비만의 상관성

1. Neel (1962).
2. 가령 다음을 보라. Rothwell and Stock (1981); Speakman (2006, 2008); Gibson (2007).
3. 닐은 Neel (1999)에서 절약 유전자 가설을 버렸다. 새로운 형태로는 Prentice, Hennig, et al. (2008)과 Wells (2009) 등이 있다.

4. 가령 다음을 보라. Hinney, Vogel, et al. (2010).
5. 이 점에서 비만은 다른 많은 복잡한 형질들을 닮았다(Petronis 2001 ; Smithies 2005).
6. 비만 유전자의 복잡성이 어떤 방식으로 논의되는가에 대해서는 다음을 보라. Shuldiner and Munir (2003) ; Damcott, Sack, et al. (2003) ; Swarbrick and Vaisse (2003).
7. De Boo and Harding (2006)에는 출생 시 몸무게와 연관된 질병들이 잘 정리되어 있다.
8. Warner and Ozanne (2010). 이것은 유전자를 중심으로 한 이론들과 구별하기 위해 발생 기원 가설이라고도 불린다(Mcmillen and Robinson 2005 ; Waterland and Michels 2007).
9. 가령 다음을 보라. Barker, Robinson, et al. (1997) ; Hales and Barker (2001).
10. 가령 다음을 보라. Susser and Levin (1999).
11. 리뷰는 다음을 보라. Junien and Nathanielsz (2007) ; Burdge, Hanson, et al. (2007).
12. Seckl (2004) ; Seckl and Holmes (2007).
13. Lillycrop, Slater-Jefferies, et al. (2007) ; Kim, Friso, et al. (2009). DNA 메틸기전달효소(Dnmt)는 종류가 무수히 많다. 이어지는 논의에서 다루는 것은 Dnmt1이다.
14. Bellinger and Langley-Evans (2005) ; Lillycrop, Phillips, et al. (2005).
15. Lillycrop, Slater-Jefferson, et al. (2007).
16. 이 상태에 영향을 미치는 것은 간에서의 글루코코르티코이드 수용체 유전자(*GR*) 발현만이 아니다. 가령 지방조직에서의 *GR* 발현도 대사 증후군에서 중요한 역할을 한다(Walker and Andrew 2006을 보라). 간에서의 *GR* 발현과 당뇨의 연관성에 대해서는 Simmons (2007)을 보라. *GR* 발현과 대사 증후군의 관계에 대한 일반적인 개요는 Witchel and DeFranco (2006)를 보라. 글루코코르티코이드의 조직 특정적 작용에 대한 좋은 리뷰는 Gross and Cidlowski (2008)를 보라.
17. Meaney, Szyf, et al. (2007).
18. Shively, Register, et al. (2009).
19. Bjorntorp and Rosmond (2000) ; Taylor and Poston (2007).
20. 히스톤은 크게 다섯 종류로 나뉘어 여러 가지가 있고, 유전 부호의 염기들과 비슷한 조합 능력이 있다. 그것이 '히스톤 부호'다(Strahl and Allis 2000). 히스톤 부호는 후성유전적 부호라고 해야 할 것이다. 그러나 나는 이 부호에 대한 이야기가 이 책에 필요하지 않다고 판단했다.
21. Aagaard-Tillery, Grove, et al. (2008) ; Delage and Dashwood (2008).
22. DNA 메틸화에서는 메틸기가 염기 시토신과 결합하고, 히스톤 메틸화에서는 메틸기가

아미노산과 결합한다. 보통 리신이나 아르기닌이다. DNA 메틸화가 보통(늘 그런 것은 아니다) 그렇듯이, 히스톤 메틸화도 유전자 발현을 억제한다. 히스톤의 번역 후 변형이 후성유전적 영향을 미치는 경우는 이 밖에도 여러 형태가 있다. 아세틸기(CH_3CO)가 히스톤의 리신에 덧붙는 아세틸화도 한 예다. 히스톤의 아세틸화는 보통(늘 그런 것은 아니다) 유전자 발현을 촉진한다.

23. Lillycrop, Slater-Jefferies, et al. (2007).
24. 가령 다음을 보라. Simmons (2007); Hess (2009); Zeisel (2009).
25. Kim, Friso, et al. (2009).
26. Rogers (2008); Leeming and Lucock (2009).
27. Jones, Skinner, et al. (2008); Currenti (2010); Ptak and Petronis (2010).

6장_외상과 모성, 그리고 유전

1. Beck and Power (1988); Porton and Niebrugge (2002). 어쩌면 당연한 말이지만, 성적으로 무능한 수컷들은 번식 성공률도 낮다(Meder 1993; Ryan, Thompson, et al. 2002). 사람 손에 자란 수컷 침팬지들은 더 나빠서, 거의 절반이(46퍼센트) "적절한 성적 행동"을 보여주지 못한다(King and Mellen 1994).
2. 사회적 유전에 관한 모든 연구의 기원은 데넨버그와 로젠버그의 선구적 연구인 Denenberg and Rosenberg (1967)였다. 그들은 암컷 쥐들이 새끼 때 경험했던 조작의 영향이 손자들의 정서(열린 공간에서의 활동으로 측정하는데, 이것은 대충 행동 면에서의 스트레스 척도로 볼 수 있다)와 몸무게에까지 미친다는 것을 보여주었다. 내가 아는 한 이것은 할머니 효과를 최초로 보여준 연구였다. 마이클 미니와 동료들이 이 연구의 중요성을 지적하기 전까지 과학자들은 대체로 이 연구를 간과했던 것 같다.
3. Harlow and Zimmerman (1959).
4. Harlow, Harlow, et al. (1971).
5. Ruppenthal, Arling, et al. (1976); Champoux, Byrne, et al. (1992).
6. Champagne and Meaney (2001).
7. Champagne, Weaver, et al. (2006); Champagne and Curley (2009).
8. Champagne, Diorio, et al. (2001); Ross and Young (2009).

9. Champagne, Weaver, et al. (2006).
10. Bardi and Huffman (2006); McCormack, Sanchez, et al. (2006).
11. 일본원숭이에서 어미의 영향은 Bardi and Huffman (2002, 2006)을 보라. 돼지꼬리원숭이에서 어미의 영향은 Weaver, Richardson, et al. (2004)을 보라.
12. Maestripieri (2003, 2005).
13. Greenfield and Marks (2010).
14. Bradley, Binder, et al. (2008).
15. Serbin and Karp (2004); Bailey, Hill, et al. (2009).
16. McGowan, Sasaki, et al. (2009). 다음도 보라. Weaver (2009).
17. Patton, Coffey, et al. (2001); DiBartolo and Helt (2007); Otani, Suzuki, et al. (2009). 애정 없는 통제가 스트레스축에 미치는 영향에 대해서는 Joyce, Williamson, et al. (2007)을 보라.
18. Engert, Joober, et al. (2009); Kochanska, Barry, et al. (2009); Kaitz, Maytal, et al. (2010).
19. 가령 다음을 보라. Calatayud and Belzung (2001); Champagne and Meaney (2001); Weaver (2009).
20. 가령 다음을 보라. Calatayud and Belzung (2001); Champagne and Curley (2009).
21. Tyrka, Wier, et al. (2008).
22. Weaver, Meaney, et al. (2006).
23. Weaver, Champagne, et al. (2005).

3부 후성유전적 효과

7장_후성유전적 유전이란

1. Castle, Carpenter, et al. (1906). 캐슬의 과학적 경력을 짧게 정리한 전기는 Snell and Reed (1993)가 있다.
2. Provine (1986)는 라이트에 대한 탁월한 전기로, 집단 유전학과 진화 생물학 분야의 업적을 강조했다.

3. Castle and Wright (1916); Wright (1916, 1927).
4. Voisey and van Daal (2002)는 아구티 단백질과 그 조절의 생리적 작용을 (분자 차원에서) 상세하게 설명했다.
5. Wilson, Ollmann, et al. (1995).
6. Miltenberger, Mynatt, et al. (1997); Morgan, Sutherland, et al. (1999). 사실 생육 가능한 노랑 돌연변이는 아구티 유전자 자리보다 좀 더 위쪽에서 나타난다. 그러면 레트로트란스포손이라고 불리는 이동성 유전자 요소가 개입하여, 그 유전자의 딴곳(이소성) 발현을 이끈다(Duhl, Stevens, et al. 1994; Duhl, Vrieling, et al. 1994). 이 경우에는 구체적으로 인트라시스터날 A 입자(IAP)라는 레트로트란스포손이 관여한다. IAP는 이 유전자 자리 외에도 다른 우성 돌연변이들에 관여한다. 아구티 대립유전자의 제어반이 아니라 바로 이 IAP가 메틸화되는 것이다.
7. Wolff, Roberts, et al. (1986).
8. Wolff (1996).
9. Michaud, van Vugt, et al. (1994).
10. Morgan, Sutherland, et al. (1999).
11. Martin, Cropley, et al. (2008).
12. Morgan, Sutherland, et al. (1999).
13. Wolff, Kodell, et al. (1998); Dolinoy, Weidman, et al. (2006).
14. Cropley, Suter, et al. (2006). 그러나 이 결과에 대한 다른 해석으로는 Waterland, Travisano, et al. (2007)을 보라. Blewitt, Vickaryous, et al. (2006)은 이 실험에서 메틸화 상태 자체가 유전된 후성유전적 상태는 아니라는 증거를 제공한다.
15. Rakyan, Preis, et al. (2001); Waterland, Travisano, et al. (2007).
16. 가령 다음을 보라. Reik, Dean, et al. (2001).
17. Rakyan, Chong, et al. (2003). 흥미롭게도 액신^{fu} 돌연변이는 A^{vy} 돌연변이처럼 IAP를 동원한다(주 6을 보라.).
18. 리뷰는 Roemer, Reik, et al. (1997)를 보라. Rassoulzadegan, Grandjean, et al. (2006)은 가장 좋은 사례 두 가지를 연구했고, Rassoulzadegan, Grandjean, et al. (2007)은 털색에 관여하는 또 다른 유전자 자리인 *Kit*을 연구했다. 이런 형태의 후성유전적 유전은 내가 뒤에서 이야기할 RNA 기반 후성유전적 조절을 동원하는 것으로 보인다.
19. Martin, Ward, et al. (2005); Morak, Schakert, et al. (2008). 그러나 다음도 보라. Chong,

Youngson, et al. (2007).

20. Jablonka and Raz (2009). 후성유전적 유전이 식물(과 균류)에서 훨씬 흔한 이유는, 다세포 동물에서는 생식 세포 계열이 일찌감치 분리되는 데 비해 식물은 그렇지 않기 때문이다. 또한 야블론카와 라즈는 식물과 균류가 복잡한 신경계가 없어 행동적 유연성이 부족하기 때문에 후성유전적 유전이 그들에게 더 적응적인 현상이 되었으리라고 추측한다. 나아가, 이동성이 큰 동물에서는 후성유전적 유전에 반대하는 선택이 적극적으로 벌어졌을 것이라고 추측한다. 동물이 경험하는 환경은 예측 가능성이 떨어져, 부모와 자식과 손자가 경험하는 환경 사이에 상관관계가 적기 때문이다.
21. 꼼꼼한 리뷰는 다음을 보라. Jablonka and Raz (2009).
22. Richards (2006)와 Henderson and Jacobsen (2007)은 식물의 후성유전적 유전에 대한 훌륭한 리뷰다.
23. Stokes, Kunkel, et al. (2002); Stokes and Richards (2002). RNA 기반 후성유전적 유전 (주 18도 참고하라.)은 종종 준(準)돌연변이라고 불린다. 이때 한 세대의 후성대립유전자는 다음 세대에서 그 유전자 자리의 다른 대립유전자가 발현하는 데 영향을 미친다.
24. Koornneef, Hanhart, et al. (1991).
25. Zilberman and Henikoff (2005).
26. 여기에서 나는 Youngson and Whitelaw (2008)의 용어들을 가져와 썼다.
27. 게다가 식량이 풍족했던 사람들의 손자들은 당뇨에 걸릴 가능성이 더 높았다(Pembrey, Bygren, et al. 2006). 발생에서 정자의 후성유전적 역할에 관해서는 Carrell and Hammoud (2010)을 참고하라. 히스톤과 염색질 재형성을 통한 후성유전적 유전 메커니즘에 관해서는 Puri, Dhawan, et al. (2010)을 보라.

8장_X염색체의 활약과 X우먼

1. Dobyns, Filauro, et al. (2004)이 강조하듯이, 대부분의 X염색체 연관 형질들은 우성도 열성도 아니다. 침투성에 변이가 있다. 색맹도 그런 변이성이 있다는 증거가 있다.
2. Kraemer (2000). 물론 남성의 사망 위험이 더 높은 데는 X염색체 결핍 외에도 다른 많은 요인이 있다. 남녀가 그 차이를 설명하는 방식이 어떻게 다른지를 조사한 흥미로운 사회학 연구로 Emslie and Hunt (2008)가 있다.

3. 신경생물 유전학 분야에서 선구적인 이 작업을 수행한 것은 제러미 네이선스와 동료들이었다(Nathans, Piantanida, et al. 1986; Nathans, Thomas, et al. 1986). 다음도 보라. Nathans (1999).
4. Jordan and Mollon (1993); Jameson, Highnote, et al. (2001).
5. X염색체 후성유전학의 기원은 메리 리온의 X염색체 비활성화 발견일 것이다(Lyon 1961). 다음도 보라. Lyon (1971); Lyon (1989). 비활성화의 메커니즘으로 메틸화를 처음 제안한 사람은 유전학, 특히 성염색체 연구의 거장인 오노 스스무였다(Ohno 1969). 오노가 이 분야에 남긴 업적은 Riggs (2002)에 정리되어 있다. Lyon (1995)은 X염색체 비활성화 연구들에 대한 역사적 개요다. Chow, Yen, et al. (2005)는 이른바 X염색체 비활성화 후성유전학에 대한 좋은 개요다. Urnov and Wolffe (2001)는 후성유전학이 발전할 때 X염색체 비활성화가 어떤 역할을 했는지를 다룬, 훌륭한 후성유전학 역사다(다음도 참고하라. Holliday 2006). Jablonka (2004)는 X염색체 비활성화 후성유전학에 대해 진화적 시각을 제공한다.
6. Lyon (1961).
7. Brown and Greally (2003); Berletch, Yang, et al. (2010).
8. Namekawa, VandeBerg, et al. (2007); Deakin, Chaumeil, et al. (2009). 일부 조직에서는 부계 X염색체 유전자들도 조금 발현한다(VandeBerg, Johnston, et al. 1983).
9. 보통 염색체들의 어떤 속성이 완벽한 비활성화를 방해하는 것으로 보인다. 가령 다음을 보라. Popova, Tada, et al. (2006).
10. 가장 극단적인 차이로, 씨씨에게는 레인보우에게 있었던 오렌지색 털이 전혀 없었다. 이것은 오렌지색 털을 만드는 데 관여하는 X염색체 연관 유전자가 씨씨의 발생 초기에 무작위로 꺼졌다는 뜻이다.
11. 생쥐의 경우에는 틀림없이 사실이다(Moreira de Mello, de Araujo, et al. 2010). 사람은 덜 분명하다(Moreira de Mello, de Araujo, et al. 2010).
12. Erwin and Lee (2008).
13. 여기에 대한 증거가 좀 있다(Tiberio 1994; Loat, Asbury, et al. 2004; Haque, Gottesman, et al. 2009). 게다가 여성 일란성 쌍둥이가 적녹 색깔 구분 능력에서 불일치를 보였다는 사례도 있다. 원뿔세포에서 X염색체 비활성화가 서로 다른 패턴으로 일어났기 때문이다(Jorgensen, Philip, et al. 1992).
14. Pardo, Pérez, et al. (2007); Rodriguez-Carmona, Sharpe, et al. (2008).

15. Verriest and Gonella (1972); Cohn, Emmerich, et al. (1989).
16. 내가 이 책에서 이야기한 분자 생물학적 내용을 잘 요약한 자료로 Deeb (2005)이 있다. 다음도 보라. Hayashi, Motulsky, et al. (1999).
17. Jordan and Mollon (1993).
18. Hunt, Williams, et al. (1993); Shyue, Hewett-Emmett, et al. (1995).
19. Tovee (1993).
20. Jacobs (1998, 2008); Jacobs and Deegan (2003).

9장_각인된 유전자

1. 나는 이 정보를 온라인에서 얻었다. *The Mule Page*, http://www.phudpucker.com/mules/mule.htm.
2. The Reivers (1962).
3. 터너 신경인지 표현형이라고 불리는 특징적인 인지 장애가 있다(Ross, Roeltgen, et al. 2006). 주로 공간 인식과 수학적 추론 능력이 제한된다. 터너 증후군은 자폐증과도 연관 관계가 있다.
4. 터너 증후군에 드러나는 근원 부모 효과는 성장 면에서도 확인되었고(Hamelin, Anglin, et al. 2006; 그러나 Ko, Kim, et al. 2010도 보라). 인지 면에서도 확인되었다(가령 다음을 보라. Skuse, James, et al. 1997; Crespi 2008).
5. Cassidy and Ledbetter (1989).
6. Chen, Visootsak, et al. (2007).
7. Driscoll, Waters, et al. (1992); Williams, Angelman, et al. (1995).
8. Bittel, Kibiryeva, et al. (2005). 부계 X염색체가 영구적으로 비활성화되는 이 상태를 가리켜 한부모 이염색체성이라고도 한다.
9. Weksberg and Squire (1996); Delaval, Wagschal, et al. (2006).
10. Weksberg, Shuman, et al. (2005). 빌름스 종양은 배아암이다. 배아암은 희귀하고, 보통 발생에 굵직한 문제가 있을 때만 발생한다.
11. 가령 다음을 보라. Reik (1989); Shire (1989).
12. Reik, Dean, et al. (2001).

13. Santos and Dean (2004).
14. 최근, 보조생식기술을 동원하여 만들어진 배아들은 각인 유전자의 재프로그래밍에 결함이 있다는 증거가 속속 나오고 있다. 다음을 보라. Grace and sinclair (2009); Laprise (2009); Owen and Segars (2009). 각인 유전자의 재프로그래밍 결함은 포유류 복제가 어려운 이유로도 꼽힌다.
15. Lewis and Reik (2006).
16. 부계의 각인 유전자들이 과다 발현하면, 태반이 비정상적으로 크게 자란다. 다음을 보라. Reik, Constancia, et al. (2003); Fowden, Sibley, et al. (2006).
17. 부계의 각인 유전자들이 과다 발현하면, 태아가 지나치게 성장한다(Cattanach, Beechey, et al. 2006; Biliya and Bulla 2010).
18. 여기에서 이야기되는 IGF2 억제자는 H19이라고 하며, 번역되지 않은 mRNA 조각이다. IGF2의 조절은 상당히 복잡하다. 다른 유전자 자리들과 대립유전자들도 관여한다.
19. 이런 종류의 한부모 이염색체성은 벡위스비데만 증후군 사례의 약 20퍼센트를 설명한다(Cooper, Curley, et al. 2007).
20. 가령 다음을 보라. Bartholdi, Krajewska-Walasek, et al. (2009).
21. Kinoshita, Ikeda, et al. (2008).
22. 여기에서 이야기한 증후군들은 잘못된 각인이 건강에 미치는 나쁜 영향들 중 소수에 지나지 않는다. 각인 관련 장애들에 대한 리뷰는 Amor and Halliday (2008)를 보라. Wadhwa, Buss, et al. (2009)은 후성유전학과 일반적 질병의 맥락에서 각인 장애를 논한다. Murphy and Jirtle (2003)은 진화적 맥락에서 단일대립유전자 발현의 대가를 논한다.
23. 가령 다음을 보라. Vos, Dybing, et al. (2000); Hayes, Stuart, et al. (2006).
24. 어류가 다른 척추동물에 비해 성적으로 유연하다는 점에 대해서는 다음을 보라. Francis (1992).
25. Gross-Sorokin, Roast, et al. (2006). 암수한몸 수컷도—유전적으로는 수컷인데 난소의 속성들을 갖고 있는 개체—흔하다(Jobling, Williams, et al. 2006).
26. Milnes, Bermudez, et al. (2006).
27. Crews (2010)는 내분비 교란물질과 각인 유전자에 대한 훌륭한 개요이다. 다음도 보라. Prins (2008); Skinner, Manikkam, et al. (2010).
28. Virtanen, Rajpert-De Meyts, et al. (2005); Diamanti-Kandarakis, Bourguignon, et al. (2009); Wohlfahrt-Veje, Main, et al. (2009); Soto and Sonnenschein (2010). 생애 후반

에 발달하는 증후군 중에서 일부는 아구티 유전자 자리가 관여하는데, 이것은 모계의 각인을 띤다(Morgan, Sutherland, et al. 1999). 비스페놀 A(BPA)는 과소 메틸화 효과를 통해서 A^{vy}의 털색을 노랑 쪽으로 이동시키고, 따라서 덜 건강하게 만든다(Dolinoy, Huang, et al. 2007). 흥미롭게도 엽산이 풍부한 식단은 이 효과를 역전시킨다. Bernal and Jirtle (2010)은 BPA 노출이 사람의 건강에 중대한 영향을 미칠 수 있다고 경고한다. 노출된 세대는 물론이고, 후성유전적 유전을 통해 미래 세대들에게까지 영향이 미친다고 한다.

29. Anway, Cupp, et al. (2005).
30. Chang, Anway, et al. (2006); Stouder and Paoloni-Giacobino (2010).
31. Anway and Skinner (2008).
32. Shi, Krella, et al. (2005).

4부 후성유전적 과정의 이해

10장_전성설 vs. 후성설

1. Monroy (1986)는 발생 생물학에서 성게가 차지하는 중요성을 훌륭하게 설명했다.
2. 전성설의 초기 역사는 Bodemer (1964)를 보라. 발생학의 창시자 중 하나로 여겨지는 카스파르 프리드리히 볼프(1733~1794)는 초기 전성설을 단호하게 반박했다.
3. 전성설과 후성설의 차이에 대한 상세한 논의는 다음을 보라. Van Speybroeck, De Waele, et al. (2002); Maienschein (2008).
4. 이런 형태의 전성설을 처음 주창한 사람은 아우구스트 바이스만이었고, 이것은 모자이크 발생 이론이라고 불린다(주 3에 언급된 자료를 보라).
5. 이 실험들에 대한 훌륭한 소개는 다음 책을 보라. Gilbert, Scott, *Developmental Biology* (pp. 287~289, in the 3rd ed., 1991).
6. 내가 하는 이야기에서는 자기 조직적 과정의 두 가지 속성이 중요하다. 첫째, 관련 요소들이 순차적으로 작용하는 것이 아니라 병렬적으로(동시에) 작용한다는 점이다. 둘째, 감독 기능이 집중되어 있지 않고 분산되어 있다는 점이다. 발생 초기에 드러난 자기 조직성의 좋은 사례는 Berge, Koole, et al. (2009)을 보라. 연구자들은 *Wnt* 유전자의 활동에 집중하여, 별도의 감독을 따르지 않는 세포간 상호작용이 그 발현에 영향을 미친다는

것을 확인했다.
7. 이 때문에, 드리슈는 이 책이 지지하는 세포 감독 시각을 처음 주장한 사람이라고 할 수 있다.
8. 생물학자들은 엔텔레케이아 같은 초자연적 개념들을 '생기론'이라는 용어로 통칭한다. 생기론은 유기체론과는 다르다. 유기체론은 철저히 물질주의적이되(초자연적이지 않되) 비환원주의적인 설명 체계로 발생을 비롯한 복잡한 현상들을 해석하려는 시각이다. 이때 비환원주의란 부분들의 속성을 밝힘으로써 전체를 충분히 설명할 수 있다는 견해를 기각하는 입장이다. 한마디로 환원주의적 설명은 철저히 상향식이고, 비환원주의적 설명은 상향식과 하향식을 둘 다 요구한다.

유기체적 발생 생물학을 지지했던 주요 생물학자로는 카를 에른스트 폰 베어(1792~1876), 찰스 오티스 휘트먼(1842~1910), 오스카르 헤르트비히(1849~1922), 한스 슈페만(1869~1941), 로스 그랜빌 해리슨(1870~1959), 어니스트 에버릿 저스트(1883~1941), 파울 알프레드 바이스(1898~1989), 빅토르 함부르거(1900~2001), 조지프 니덤(1900~1995), 콘래드 워딩턴(1905~1975)이 있다. 스콧 길버트는 우리 시대의 눈에 띄는 유기체론자다. 유기체론의 역사를 잘 정리한 자료는 Gilbert and Sarkar (2000)가 있다. 우리 시대의 유기체론(이름은 다르지만)에 대한 훌륭한 설명은 Kirschner, Gerhart, et al. (2000)이 있다. 유기체론은 생물학적 체계를 기계에 빗대는 비유를 거부한다. 유기체적 발생 생물학은 전성설을 거부한다.

9. 후성설도 이런 초기 조건이(특히 게놈이) 성체를 결정하는 데 중요하다는 것을 부정하지 않는다. 다만 초기 조건에 아무리 잠재력이 많아도 그것이 곧 성체는 아니라고 볼 뿐이다.
10. 게놈 감독 시각과는 달리, 내가 지지하는 세포 감독 시각은 유기체적 후성설로 분류될 수 있다.
11. 나는 전성설(그리고 창조론)의 감독 직관이 궁극적으로는 우리가 인공물과 관계 맺는 방식에서 비롯된 뿌리 깊은 의인화 관행을 반영한다고 본다. 내가 볼 때 의인화는 발생(그리고 진화)과 같은 복잡한 과정들을 이해함에 있어서 중요한 장애물이다.
12. 이 논지는 수전 오야마의 〈정보의 개체발생〉(1985)에 특히 잘 나와 있다. '조리법/프로그램으로서 게놈' 비유에 대한 통찰력 있는 비판은 다음을 보라. Nijhout (1990); Atlan and Koppel (1990); Moss (1992); Fox Keller (1999, 2000); Pigliucci (2010). 애틀런과 코펠, 폭스 켈러는 모두 내가 지적한 소프트웨어―하드웨어 구분뿐만 아니라 데이터―프로그램 구분도 문제가 있다고 밀한다. 내가 이 책에서 주장한 것과 마찬가지로, 네이

하우트는 유전자를 발생 중인 유기체가 사용하는 물질 자원으로 간주해야 한다고 주장한다. 유전자와 게놈을 이런 방식으로 바라보는 사고방식은 발생 시스템 이론(나는 '발생 시스템 시각'이라는 용어를 선호한다)을 지지하는 사람들의 특징이기도 하다. 가령 다음을 보라. Oyama (1985); Griffiths and Gray (1994).

13. 여기에서 나는 세포 중 소수가 체세포 돌연변이를 통해 약간 다른 게놈을 갖게 된다는 사실을 무시했다. 그러나 정상적인 세포 분화에서는 그런 체세포 돌연변이가 등장하지 않는다. 성숙한 적혈구에는 게놈이 없다는 사실도 밝혀두어야겠다.

14. 대표적인 마이크로RNA는 *lin-4*로, 예쁜꼬마선충에서 처음 확인되었다(Horvitz and Sulston 1980). 이 마이크로RNA는 뉴클레오티드 22개가 한 줄로 이어진 것으로, 마이크로RNA의 특징인 머리핀 구조를 취한다. 훌륭한 리뷰로 다음을 보라. Eddy (2001); Storz, Altuvia, et al. (2005). 다음도 보라. Ying, Chang, et al. (2008).

15. 원래 RNA 간섭(RNAi)이라는 용어는 작은 간섭 RNA(siRNA)라고 불리는 비암호화 조절 RNA의 작용을 가리키는 말이었다. 지금은 RNAi가 연관된 마이크로RNA의 작용까지 포괄하는 말로 쓰인다.

16. Schickel, Boyerinas, et al. (2008).

17. Georgantas, Hildreth, et al. (2007).

18. 가령 다음을 보라. Stocum (2004); Straube and Tanaka (2006).

19. 연골 수선에서 탈분화의 작용에 관해서는 Schulze-Tanzil (2009)을 보라. 말초신경계의 수선에서 탈분화의 작용에 관해서는 Chen, Yu, et al. (2007)을 보라. Bonventre (2003)는 신장 수선에서의 탈분화를 논한다.

20. Stocum (2002). 흥미롭게도, 양서류에게서 얻은 생화학 물질들은 포유류의 재생도 촉진한다. 이것은 포유류의 게놈이 정상적인 상황에서는 결코 노출될 일이 없는 환경적 영향력에 대해서도 후성유전적으로 질서 있게 반응할 수 있다는 것을 보여주는 증거다.

21. 이 실험에는 섬유모세포가 쓰였다(다음을 보라. Takahashi, Okita, et al. 2007). 다음도 보라. Diez-Torre, Andrade, et al. (2009); Lyssiotis, Foreman, et al. (2009). Kim, Zaehres, et al. (2008)은 신경 줄기세포를 써서 만능성 세포를 생성했다. 이렇게 생성된 만능성 세포는 실제 배아줄기세포(ESC)와 구별하기 위해 유도 만능성 줄기세포(iPSC)라고 부른다. 유도 만능성 줄기세포는 배아줄기세포의 핵심 속성을 다 갖고 있는 것으로 보인다. 가령 주된 세 배엽으로 모두 분화하는 능력도 갖고 있다. 그러나 어쩌면 미묘한 차이가 있을지도 모른다(Ou, Wang, et al. 2010). Araki, Jincho, et al. (2010)는 섬유모세

포가 유도 만능 줄기세포로 탈분화하는 과정을 단계별로 다 기록했다.
22. Okano (2009). 섬유모세포는 만능성 단계를 거치지 않고도 뉴런으로 변형될 수 있다 (Masip, Veiga, et al. 2010). 이것을 전환분화라고 부른다(Collas and Hakelien 2003).
23. Mintz and Illmensee (1975)는 이런 계통의 연구를 낳은 중요한 연구였다. 이 연구는 생쥐의 악성 기형암종 세포를 생쥐의 배반포(포유류의 포배를 말한다)로 이식했더니 기형암종 세포가 정상화되어 다양한 정상 세포들을 형성했다는 것을 보여주었다. 최근 Hochedlinger, Blelloch, et al. (2004)은 생쥐 흑색종 세포의 게놈을 정상 배아줄기세포에서 유도한 제핵 난모세포로 이식했다. 그러자 그 줄기세포로부터 정상으로 보이는 생쥐가 자랐다.
24. Kulesa, Kasemeier-Kulesa, et al. (2006); Hendrix, Seftor, et al. (2007).
25. 세포 분화의 맥락에서 볼 때, Collas (2010)는 이 점에서 전형적이다.
26. 상황적 로봇공학의 미니멀한 프로그래밍 개념에 대해서는 Hendriks-Jansen (1996)을 보라. Wolfram (2002)은 세포 자동자에 대한 울프램 자신의 연구에 기반하여 미니멀한 프로그램의 중요성을 더 상세하게, 거의 신비주의적일 정도로 주장했다.
27. Passier and Mummery (2003).
28. 게다가 배아줄기세포(ESC)와 유도 만능성 줄기세포(iPSC) 사이에는 임상적으로 유효한 차이가 있다. 가령 배아줄기세포는 유도 만능성 줄기세포보다 신경 재분화를 촉진하는 능력이 더 뛰어나다고 증명되었다(Tokumoto, Ogawa, et al. 2010).
29. 후성유전이라는 용어를 만든 콘래드 워딩턴은 다음과 같이 그 유래를 밝혔다. "몇 년 전에 나는 '후성유전'이라는 단어를 만들었다. 이것은 아리스토텔레스의 '후성설'에서 가져온 것이다. 지금은 별로 쓰이지 않는 이 단어는 유전자와 그 산물의 인과적 상호작용으로부터 표현형이 탄생하는 과정을 연구하는 생물학 분과를 가리키는 말로 적당해 보였다" (Waddington 1968).
30. 요컨대, 워딩턴의 목표는 당시 '발생학'이라고 알려졌던 것과 유전학을 통합하려는 것이었다. 요즘 우리는 그것을 발생 생물학이라고 부른다. 나는 워딩턴을 현대적 발생 생물학의 아버지로 여긴다.
31. 세포에서 인과적으로 우선하는 것이 게놈인가 세포질인가 하는 문제에 대해, 워딩턴은 이렇게 말했다. "논쟁을 무한히 밀고 나가면, 당연히 닭이 먼저냐 달걀이 먼저냐 하는 우스꽝스러운 질문만 낳을 뿐이다. 결국에는 유전자와 세포질이 서로 의존하고 있고, 어느 쪽도 혼자서는 존재할 수 없기 때문이다" (Waddington 1935/1946). 이것은 세포 감독

시각을 잘 요약한 말이라고도 볼 수 있다.
32. 게놈의 반응성에 대한 워딩턴의 견해는 다음 인용문에서 드러난다. '…세포질과 유전자의 되먹임은 고등 생물체에서 거의 보편적으로 등장한다. 핵 속 다양한 유전자들이 통제하는 합성 과정의 강도를 세포질의 성격이 결정 짓는 식이다' Waddington (1962). 이 묘사 또한 현대 후성유전학을 잘 표현한 것이라고 할 수 있다.
33. 가령 다음을 보라. Gurdon and Melton (2008) ; de Souza (2010).

11장_후성유전과 암

1. 이것은 홉스가—역작《리바이어던》에서—자연 상태의 인간 조건, 즉 문명화의 영향을 받지 않은 상태의 인간 조건을 평가한 말이다. 내가 가진 판본에서는 (R. Tuck 편집) 실제 문장이 이렇다. '인간의 삶은 외롭고, 곤궁하고, 비참하고, 잔인하고, 짧다' (Hobbes, 1651/1996).
2. Wroe, McHenry, et al. (2005).
3. McCallum (2008).
4. 암세포가 개체에서 개체로 직접 전달되는 메커니즘을 동종이식이라고 부른다(Pearse and Swift 2006).
5. 면역 인식 능력 부족의 원인으로는 주 조직 적합성 복합체(MHC) 유전자 자리의 다양성 부족이 손꼽힌다. 이 유전자의 단백질 산물은 특정 면역세포에서 자기와 비자기를 구별하는 일을 맡는다(Siddle, Kreiss, et al. 2007). 이 유전자에 변이가 부족하면, 자기와 비자기가 서로 좀 더 닮은 것처럼 인식된다. Murgia, Pritchard, et al. (2006)은 대부분의 동물에서 전형적으로 발견되는 높은 MHC 다양성이 전염성 암을 방지한다는 가설을 제기했다.
6. 치타 집단의 병목에 관해서는 O'Brien, Wildt, et al. (1983)을 보라. 피부 동종이식의 내성에 관해서는 Sanjayan and Crooks (1996)를 보라.
7. Murgia, Pritchard, et al. (2006).
8. Hsiao, Liao, et al. (2008).
9. Pearse and Swift (2006).
10. 가령 다음을 보라. Daley (2008).

11. Loh, Hayes, et al. (2006). 그러나 Murchison, Tovar, et al. (2010)는 DFTD 세포가 슈반세포에서 유래했다는 가설을 제안했다. 슈반세포는 (신경계의 지지세포인) 아교세포의 일종으로, 말초신경계의 축삭들에게 영양을 공급하는 일을 한다.
12. Tu, Lin, et al. (2002); Sales, Winslet, et al. (2007); Trosko (2009).
13. Schultz and Hatina (2006).
14. Johnsen, Malene Krag, et al. (2009).
15. Curtis (1965); Frank and Nowak (2004). Gatenby and Vincent (2003)는 SMT를 잘 요약하여 설명한다.
16. Hisamuddin and Yang (2006).
17. Duesberg (2005); Duesberg, Li, et al. (2005); Nicholson and Duesberg (2009).
18. Bharadwaj and Yu (2004); Pathak and Multani (2006).
19. Duesberg, Li, et al. (2000); Pezer and Ugarkovic (2008).
20. DFTD는 1996년 이전에 언젠가 존재했던 단 하나의 개체로부터 유래한 복제 세포 계통이다.
21. CTVT는 250년 전에서 2500년 전 사이에 유래했다(Murgia, Pritchard, et al. 2006). Frank (2007)은 CTVT를 독자적인 게놈 종으로 보고, '악성 개'라고 부른다.
22. Feinberg, Ohlsson, et al. (2006); Suijkerbuijk, van der Wall, et al. (2007).
23. Feinberg, Ohlsson et al. (2006).
24. Gaudet, Hodgson, et al. (2003).
25. Feinberg, Ohlsson, et al. (2006).
26. Lotem and Sachs (2002).
27. Feinberg, Ohlsson, et al. (2006).
28. 가령 다음을 보라. Ganesan, Nolan, et al. (2009).
29. Fassati and Mitchison (2010).
30. Capp (2005)은 이 접근법에 대한 훌륭한 안내를 제공한다. 다음도 보라. Ingber (2002); Soto and Sonnenschein (2004); Chung, Baseman, et al. (2005).
31. Kenny and Bissell (2003). 다음도 보라. Bissell and Labarge (2005); Nelson and Bissell (2006); Kenny, Lee, et al. (2007).

참고문헌 |

Aagaard-Tillery, K. M., K. Grove, et al. (2008). "Developmental origins of disease and determinants of chromatin structure: Maternal diet modifies the primate fetal epigenome." *J Mol Endocrinol* 41(2): 91-102.

Allen, G. (1978). *Thomas Hunt Morgan: The man and his science*. Princeton: Princeton University Press.

Amor, D. J., and J. Halliday (2008). "A review of known imprinting syndromes and their association with assisted reproduction technologies." *Hum Reprod* 23(12): 2926-2834.

Anway, M. D., A. S. Cupp, et al. (2005). "Epigenetic transgenerational actions of endocrine disruptors and male fertility." *Science* 308(5727): 1466-1469.

Anway, M. D., and M. K. Skinner (2008). "Epigenetic programming of the germ line: Effects of endocrine disruptors on the development of transgenerational disease." *Reprod Biomed Online* 16(1): 23-25.

Araki, R., Y. Jincho, et al. (2010). "Conversion of ancestral fibroblasts to induced pluripotent stem cells." *Stem Cells* 28(2): 213-220.

Ashabranner, B. K. (1988). *Always to remember: The story of the Vietnam Veterans Memorial*. New York: Putnam.

Atlan, H., and M. Koppel (1990). "The cellular computer DNA: Program or data." *Bull Math*

Biol 52(3): 335–348.

Au, T. M., A. K. Greenwood, et al. (2006). "Differential social regulation of two pituitary gonadotropin–releasing hormone receptors." *Behav Brain Res* 170(2): 342–346.

Bailey, J. A., K. G. Hill, et al. (2009). "Parenting practices and problem behavior across three generations: Monitoring, harsh discipline, and drug use in the intergenerational transmission of externalizing behavior." *Dev Psychol* 45(5): 1214–1226.

Ballestar, E., M. Esteller, et al. (2006). "The epigenetic face of systemic lupus erythematosus." *J Immunol* 176(12): 7143–7147.

Bardi, M., and M. A. Huffman (2002). "Effects of maternal style on infant behavior in Japanese macaques (*Macaca fuscata*)." *Dev Psychobiol* 41(4): 364–372.

Bardi, M., and M. A. Huffman (2006). "Maternal behavior and maternal stress are associated with infant behavioral development in macaques." *Dev Psychobiol* 48(1): 1–9.

Barker, M., S. Robinson, et al. (1997). "Birth weight and body fat distribution in adolescent girls." *Arch Dis Child* 77(5): 381–383.

Bartholdi, D., M. Krajewska–Walasek, et al. (2009). "Epigenetic mutations of the imprinted IGF2–H19 domain in Silver–Russell syndrome (SRS): Results from a large cohort of patients with SRS and SRS–like phenotypes." *J Med Genet* 46(3): 192–197.

Beadle, G. W., and E. L. Tatum (1941). "Genetic control of biochemical reactions in *Neurospora*." *Proc Natl Acad Sci USA* 27(11): 499–506.

Beck, B., and M. Power (1988). "Correlates of sexual and maternal competence in captive gorillas." *Zoo Biol* 7: 339–350.

Beck, S., A. Olek, et al. (1999). "From genomics to epigenomics: A loftier view of life." *Nat Biotechnol* 17(12): 1144.

Bellinger, L., and S. C. Langley–Evans (2005). "Fetal programming of appetite by exposure to a maternal low–protein diet in the rat." *Clin Sci (Lond)* 109(4): 413–420.

Belshaw, R., V. Pereira, et al. (2004). "Long–term reinfection of the human genome by endogenous retroviruses." *Proc Natl Acad Sci USA* 101(14): 4894–4899.

Berletch, J. B., F. Yang, et al. (2010). "Escape from X inactivation in mice and humans." *Genome Biol* 11(6): 213.

Bernal, A. J., and R. L. Jirtle (2010). "Epigenomic disruption: The effects of early developmental exposures." *Birth Defects Res A Clin Mol Teratol* 88(10): 938–944.

Bettegowda, A., K. Lee, et al. (2007). "Cytoplasmic and nuclear determinants of the maternal–to–embryonic transition." *Reprod Fertil Dev* 20(1): 45–53.

Beurton, P. J., R. Falk, et al. (2000). *The concept of the gene in development and evolution: Historical and epistemological perspectives*. Cambridge, UK: Cambridge University Press.

Bevilacqua, E., R. Brunelli, et al. (2010). "Review and meta–analysis: Benefits and risks of multiple courses of antenatal corticosteroids." *J Matern Fetal Neonatal Med* 23(4): 244–260.

Bharadwaj, R., and H. Yu (2004). "The spindle checkpoint, aneuploidy, and cancer." *Oncogene* 23(11): 2016–2027.

Bianco, S. D., and U. B. Kaiser (2009). "The genetic and molecular basis of idiopathic hypogonadotropic hypogonadism." *Nat Rev Endocrinol* 5(10): 569–576.

Billiya, S., and L. A. Bulla, Jr. (2010). "Genomic imprinting: The influence of differential methylation in the two sexes." *Exp Biol Med (Maywood)* 235(2): 139–147.

Bissell, M. J., and M. A. Labarge (2005). "Context, tissue plasticity, and cancer: Are tumor stem cells also regulated by the microenvironment?" *Cancer Cell* 7(1): 17–23.

Bittel, D. C., N. Kibiryeva, et al. (2005). "Microarray analysis of gene/transcript expression in Angelman syndrome: Deletion versus UPD." *Genomics* 85(1): 85–91.

Bjorntorp, P., and R. Rosmond (2000). "Obesity and cortisol." *Nutrition* 16(10): 924–936.

Blewitt, M. E., N. K. Vicaryous, et al. (2006). "Dynamic reprogramming of DNA methylation at an epigenetically sensitive allele in mice." *PLoS Genet* 2(4): e49.

Blobel, G. (1980). "Intracellular protein topogenesis." *Proc Natl Acad Sci USA* 77(3): 1496–1500.

Bodemer, C. W. (1964). "Regeneration and the decline of preformationism in eighteenth century embryology." *Bull Hist Med* 38: 20–31.

Bonventre, J. V. (2003). "Dedifferentiation and proliferation of surviving epithelial cells in acute renal failure." *J Am Soc Nephrol* 14(Suppl 1): S55–S61.

Booth, A., G. Shelly, et al. (1989). "Testosterone, and winning and losing in human competition." *Horm Behav* 23(4): 556–571.

Bradley, R. G., E. B. Binder, et al. (2008). "Influence of child abuse on adult depression: Moderation by the corticotropin–releasing hormone receptor gene." *Arch Gen Psychiatry* 65(2):

190–200.

Brand, S. R., S. M. Engel, et al. (2006). "The effect of maternal PTSD following in utero trauma exposure on behavior and temperament in the 9-month-old infant." *Ann N Y Acad Sci* 1071: 454–458.

Brenner, S., G. Elgar, et al. (1993). "Characterization of the pufferfish (Fugu) genome as a compact model vertebrate genome." *Nature* 366(642): 265–268.

Brown, A. S., J. van Os, et al. (2000). "Further evidence of relation between prenatal famine and major affective disorder." *Am J Psychiatry* 157(2): 190–195.

Brown, C., and J. Greally (2003). "A stain upon the silence: Genes escaping X inactivation." *Trends Genet* 19: 432–438.

Burdge, G. C., M. A. Hanson, et al. (2007). "Eppigenetic regulation of transcription: A mechanism for inducing variations in phenotype (fetal programming) by differences in nutrition during early life?" *Br J Nutr* 97(6): 1036–1046.

Burmeister, S. S., V. Kailasanath, et al. (2007). "Social dominance regulates androgen and estrogen receptor gene expression." *Horm Behav* 51(1): 164–170.

Calatayud, F., and C. Belzung (2001). "Emotional reactivity in mice, a case of nongenetic heredity?" *Physiol Behav* 74(3): 355–362.

Calin, G. A., C. D. Dumitru, et al. (2002). "Frequent deletions and down-regulation of micro-RNA genes *miR15* and *miR16* at 13q14 in chronic lymphocytic leukemia." *Proc Natl Acad Sci USA* 99(24): 15524–15529.

Callina, P. A., and A. P. Feinberg (2006). "The emerging science of epigenomics." *Hum Mol Genet* 15(Supple 1): R95 R101.

Campbell, K. H., J. McWhir, et al. (1996). "Sheep cloned by nuclear transfer from a cultured cell line." *Nature* 380(6569): 64–66.

Capp, J. P. (2005). "Stochastic gene expression, disruption of tissue averaging effects, and cancer as a disease of development." *BioEssays* 27(12): 1277–1285.

Carninci, P., and Y. Hayashizaki (2007). "Noncoding RNA transcription beyond annotated genes." *Curr Opin Genet Dev* 17(2): 139–144.

Carrell, D. T., and S. S. Hammoud (2010). "The human sperm epigenome and its potential role in embryonic development." *Mol Hum Reprod* 16(1): 37–47.

Cassidy, S. B., and D. H. Ledbetter (1989). "Prader–Willi syndrome." *Neurol Clin* 7(1): 37–54.

Castle, W. E., F. W. Carpenter, et al. (1906). "The effects of inbreeding, cross–breeding, and selection upon fertility and variability of *Drosophila*." *Proc Am Acad Arts Sci* 41.

Castle, W. E., and S. Wright (1916). "Studies of inheritance in guinea pigs and rats." *Carnegie Inst Wash Publ* 241: 163–190.

Cattanach, B. M., C. V. Beechey, et al. (2006). "Interactions between imprinting effects: Summary and review." *Cytogenet Genome Res* 113(1–4): 17–23.

Champagne, F. A., and J. P. Curley (2009). "Epigenetic mechanisms mediating the long–term effects of maternal care on development." *Neurosci Biobehav Rev* 33(4): 593–600.

Champagne, F., J. Diorio, et al. (2001). "Naturally occurring variations in maternal behavior in the rat are associated with differences in estrogen–inducible central oxytocin receptors." *Proc Natl Acad Sci USA* 98(22): 12736–12741.

Champagne, F. A., and M. J. Meaney (2001). "Like mother, like daughter: Evidence for non–genomic transmission of parental behavior and stress responsivity." *Prog Brain Res* 133: 287–302.

Champagne, F. A., I. C. Weaver, et al. (2006). "Maternal care associated with methylation of the estrogen receptor–alpha1b promoter and estrogen receptor–alpha expression in the medical preoptic area of female offspring." *Endocrinology* 147(6): 2909–2915.

Champoux, M., E. Byrne, et al. (1992). "Motherless mothers revisited: Rhesus maternal behavior and rearing history." *Primates* 33: 251–255.

Chang, H. S., M. D. Anway, et al. (2006). "transgenerational epigenetic imprinting of the male germline by endocrine disruptor exposure during gonadal sex determination." *Endocrinology* 147(12): 5524–5541.

Chen, C., J. Vissotsak, et al. (2007). "Prader–Willi syndrome: An update and review for the primary pediatrician." *Clin Pediatr (Phila)* 46(7): 580–591.

Chen, Z. L., W. M. Yu, et al. (2007). "Peripheral regeneration." *Annu Rev Neurosci* 30: 209–233.

Chong, S., N. A. Youngson, et al. (2007). "Heritable germlne epimutation is not the same as transgenerational epigenetic inheritance." *Nat Genet* 39(5): 574–575, author reply 575–576.

Chow, J. C., Z. Yen, et al. (2005). "Silencing of the mammalian X chromosome." *Annu Rev Genomics Hum Genet* 6: 69–92.

Christensen, B. C., E. A. Houseman, et al. (2009). "Aging and environmental exposures alter tissue-specific DNA methylation dependent upon CpG island context." *PLoS Genet* 5(8): e1000602.

Christian, J. C., D. Bixler, et al. (1971). "Hypogandotropic hypogonadism with anosmia: The Kallmann syndrome." *Birth Defects Orig Artic Ser* 7(6): 166–171.

Chung, L. W., A. Baseman, et al. (2005). "Molecular insights into prostate cancer progression: The missing link of tumor microenvironment." *J Urol* 173(1): 10–20.

Chung, Y., C. E. Bishop, et al. (2009). "Reprogramming of human somatic cells using human and animal oocytes." *Cloning Stem Cells* 11(2): 213–223.

Cohn, S. A., D. S. Emmerich, et al. (1989). "Differences in the responses of heterozygous carriers of colorblindness and normal controls to briefly presented stimuli." *Vision Res* 29(2): 255–262.

Collas, P. (2010). "Programming differentiation potential in mesenchymal stem cells." *Epigenetics* 5(6).

Collas, P., and A. M. Hakelien (2003). "Teaching cells new tricks." *Trends Biotechnol* 21(8): 354–361.

Cooper, W. N., R. Curley, et al. (2007). "Mitotic recombination and uniparental disomy in Beckwith-Wiedermann syndrome." *Genomics* 89(5): 613–617.

Costa, F. F. (2008). "Non-coding RNAs, epigenetics and complexity." *Gene* 410(1): 9–17.

Coventry, W. L., S. E. Medland, et al. (2009). "Phenotypic and discordant-monozygotic analyses of stress and perceived social support as antecedents to or sequelae of risk for depression." *Twin Res Hum Genet* 12(5): 469–488.

Crespi, B. (2008). "Genomic imprinting in the development and evolution of psychotic spectrum conditions." *Biol Rev Camb Philos Soc* 83(4): 441–493.

Crews, D. (2010). "Epigenetics, brain, behavior, and the environment." *Hormones (Athens)* 9(1): 41–50.

Cropley, J. E., C. M. Suter, et al. (2006). "Germ-line epigenetic modification of the murine Avy allele by nutritional supplementation." *Proc Natl Acad Sci USA* 103(46): 17308–17312.

Currenti, S. A. (2010). "Understanding and determining the etiology of autism." *Cell Mol Neurobiol* 30(2): 161–171.

Curtis, H. J. (1965). "Formal discussion of: Somatic mutations and carcinogenesis." *Cancer Res* 25: 1305–1308.

Dai, Y., L. Wang, et al. (2006). "Fate of centrosomes following somatic cell nuclear transfer (SCNT) in bovine oocytes." *Reproduction* 131(6): 1051–1061.

Daley, G. Q. (2008). "Common themes of dedifferentiation in somatic cell reprogramming and cancer." *Cold Spring Harb Symp Quant Biol* 73: 171–174.

Damcott, C. M., P. Sack, et al. (2003). "The genetics of obesity." *Endocrinol Metab Clin North Am* 32(4): 761–786.

Deakin, J. E., J. Chaumeil, et al. (2009). "Unravelling the evolutionary origins of X chromosome inactivation in mammals: Insights from marsupials and monotremes." *Chromosome Res* 17(5): 671–685.

Dean, F., C. Yu, et al. (2001). "Prenatal glucocorticoid modifies hypothalamo–pituitary–adrenal regulation in prepubertal guinea pigs." *Neuroendocrinology* 73(3): 194–202.

De Boo, H. A., and J. E. Harding (2006). "The developmental origins of adult disease (Barker) hypothesis." *Aust N Z J Obstet Gynaecol* 46(1): 4–14.

Deeb, S. S. (2005). "The molecular basis of variation in human color vision." *Clin Genet* 67(5): 369–377.

Delage, B., and R. H. Dashwood (2008). "Dietary manipulation of histone structure and function." *Annu Rev Nutr* 28: 347–366.

Delaval, K., A. Wagschal, et al. (2006). "Epigenetic deregulation of imprinting in congenital diseases of aberrant growth." *BioEssays* 28(5): 453–459.

Denenberg, V. H., and K. M. Rosenberg (1967). "Nongenetic Transmission of Information." *Nature* 216(5115): 549–550.

de Souza, N. (2010). "Primer: Induced pluripotency." *Nat Methods* 7(1): 20–21.

Diamanti–Kandarakis, E., J. P. Bourguignon, et al. (2009). "Endocrine–disrupting chemicals: An Endocrine Society scientific statement." *Endocr Rev* 30(4): 293–342.

DiBartolo, P. M., and M. Helt (2007). "Theoretical models of affectionate versus affectionless control in anxious families: A critical examination based on observations of parent–child interactions." *Clin Child Fam Psychol Rev* 10(3): 253–274.

Diez-Torre, A., R. Andrade, et al. (2009). "Reprogramming of melanoma cells by embryonic microenvironments." *Int J Dev Biol* 53(8–10): 1563–1568.

Dobyns, W. B., A. Filauro, et al. (2004). "Inheritance of most X-linked traits is not dominant or recessive, just X-linked." *Am J Med Genet A* 129A(2): 136–143.

Dolinoy, D. C., D. Huang, et al. (2007). "Maternal nutrient supplementation counteracts bisphenol A-induced DNA hypomethylation in early development." *Proc Natl Acad Sci USA* 104(32): 13056–13061.

Dolinoy, D. C., J. R. Weidman, et al. (2006). "Maternal genistein alters coat color and protects Avy mouse offspring from obesity by modifying the fetal epigenome." *Environ Health Perspect* 114(4): 567–572.

Drake, A. J., J. I. Tang, et al. (2007). "Mechanisms underlying the role of glucocorticoids in the early life programming of adult disease." *Clin Sci (Lond)* 113(5): 219–232.

Driscoll, D. J., M. F. Waters, et al. (1992). "A DNA methylation imprint, determined by the sex of the parent, distinguishes the Angelman and Prader-Willi syndromes." *Genomics* 13(4): 917–924.

Duesberg, P. (2005). "Does aneuploidy or mutation start cancer?" *Science* 307(5706): 41.

Duesberg, P., R. Li, et al. (2000). "Aneuploidy precedes and segregates with chemical carcinogenesis." *Cancer Genet Cytogenet* 119(2): 83–93.

Duesberg, P., R. Li, et al. (2005). "The chromosomal basis of cancer." *Cell Oncol* 27(5–6): 293–318.

Duhl, D. M., M. E. Stevens, et al. (1994). "Pleiotropic effects of the mouse lethal yellow (Ay) mutation explained by deletion of a maternally expressed gene and the simultaneous production of agouti fusion RNAs." *Development* 120(6): 1695–1708.

Duhl, D. M., H. Vrieling, et al. (1994). "Neomorphic agouti mutations in obese yellow mice." *Nat Genet* 8(1): 59–65.

Eddy, S. R. (2001). "Non-coding RNA genes and the modern RNA world." *Nat Rev Genet* 2(12): 919–929.

Eilertsen, K. J., R. A. Power, et al. (2007). "Targeting cellular memory to reprogram the epigenome, restore potential, and improve somatic cell nuclear transfer." *Anim Reprod Sci*

98(1−2): 129−146.

Elgar, G., and T. Vavouri (2008). "Tuning in to the signals: Noncoding sequence conservation in vertebrate genomes." *Trends Genet* 24(7): 344−352.

Emack, J., A. Kostaki, et al. (2008). "Chronic maternal stress affects growth, behaviour and hypothalamo−pituitary−adrenal function in juvenile offspring." *Horm Behav* 54(4): 514−520.

Emslie, C., and K. Hunt (2008). "The weaker sex? Exploring lay understanding of gender differences in life expectancy: A qualitative study." *Soc Sci Med* 67(5): 808−816.

Engert, V., R. Joober, et al. (2009). "Behavioral response to methylphenidate challenge: Influence of early life parental care." *Dev Psychobiol* 51(5): 408−416.

Erwin, J. A., and J. T. Lee (2008). "New twists in X−chromosome inactivation." *Curr Opin Cell Biol* 20(3): 349−355.

Evanson, N. K., J. G. Tasker, et al. (2010). "Fast feedback inhibition of the HPA axis by glucocorticoids is mediated by endocannabinoid signaling." *Endocrinology* 151(10): 4811−4819.

Fassati, A., and N. A. Mitchison (2010). "Testing the theory of immune selection in cancers that break the rules of transplantation." *Cancer Immunol Immunother* 59(5): 643−651.

Feinberg, A. P., R. Ohlsson, et al. (2006). "The epigenetic progenitor origin of human cancer." *Nat Rev Genet* 7(1): 21−33.

Fishman, L., and J. H. Willis (2006). "A cytonuclear incompatibility causes anther sterility in Mimulus hybrids." *Evolution* 60(7): 1372−1381.

Forterre, P. (2001). "Genomics and early cellular evolution. The origin of the DNA world." *C R Acad Sci Ser III* 324(12): 1067−1076.

Forterre, P. (2002). "The origin of DNA genomes and DNA replication proteins." *Curr Opin Microbiol* 5(5): 525−532.

Fowden, A. L., C. Sibley, et al. (2006). "Imprinted genes, placental development and fetal growth." *Horm Res* 65(Suppl 3): 50−58.

Fox Keller, E. (1999). "Elusive locus of control in biological development: Genetic versus developmental programs." *Exp Zool* 285(3): 283−290.

Fox Keller, E. (2000). *The century of the gene*. Cambridge: Harvard University Press.

Francis, D. D., F. A. Champagne, et al. (1999). "Maternal care, gene expression, and the development of individual differences in stress reactivity." *Ann N Y Acad Sci* 896: 66–84.

Francis, D. D., F. A. Champagne, et al. (2000). "Variations in maternal behavior are associated with differences in oxytocin receptor levels in the rat." *J Neuroendocrinol* 12(12): 1145–1148.

Francis, D., J. Diorio, et al. (1999). "Nongenomic transmission across generations of maternal behavior and stress responses in the rat." *Science* 286(5442): 1155–1158.

Francis, D. D., and M. J. Meaney (1999). "Maternal care and the development of stress responses." *Curr Opin Neurobiol* 9(1): 128–134.

Francis, R. C. (1992). "Sexual lability in teleosts: Developmental factors." *Q Rev Biol* 67(1): 1–18.

Francis, R. C., B. Jacobson, et al. (1992). "Hypertrophy of gonadotropin releasing hormone–containing neurons after castration in the teleost, *Haplochromis burtoni*." *J Neurobiol* 23(8): 1084–1093.

Francis, R. C., K. Soma, et al. (1993). "Social regulation of the brain–pituitary–gonadal axis." *Proc Natl Acad Sci USA* 90: 7794–7798.

Frank, S. A., and M. A. Nowak (2004). "Problems of somatic mutation and cancer." *BioEssays* 26(3): 291–299.

Frank, U. (2007). "The evolution of a malignant dog." *Evol Dev* 9(6): 521–522.

French, M., M. Venu, et al. (2009). "Non–identical Kallmann's syndrome in otherwise identical twins." *Endocr Abstr* 19: 46.

Fulka, J. Jr., and H. Fulka (2007). "Somatic cell nuclear transfer (SCNT) in mammals: The cytoplast and its reprogramming activities." *Adv Exp Med Biol* 591: 93–102.

Galvan, A., F. S. Falvella, et al. (2010). "Genome–wide association study in discordant sibships identifies multiple inherited susceptibility alleles linked to lung cancer." *Carcinogenesis* 31(3): 462–465.

Ganesan, A., L. Nolan, et al. (2009). "Epigenetic therapy: Histone acetylation, DNA methylation and anti–cancer drug discovery." *Curr Cancer Drug Targets* 9(8): 963–981.

Gatenby, R. A., and T. L. Vincent (2003). "An evolutionary model of carcinogenesis." *Cancer Res* 63(19): 6212–6220.

Gaudet, F., J. G. Hodgson, et al. (2003). "Induction of tumors in mice by genomic hypomethylation." *Science* 300(5618): 489–492.

Georgantas, R. W., III, R. Hildreth, et al. (2007). "CD34+ hematopoietic stem–progenitor cell microRNA expression and function: A circuit diagram of differentiation control." *Proc Natl Acad Sci USA* 104(8): 2750–2755.

Gibson, G. (2007). "Human evolution: thrifty genes and the Dairy Queen." *Curr Biol* 17(8): R295–R296.

Gilbert, S. F. (1991). *Developmental biology*, 3rd ed. Sunderland MA: Sinauer.

Gilbert, S. F., and S. Sarkar (2000). "Embracing complexity: Organicism for the 21th century." *Dev Dyn* 219(1): 1–9.

Goldberg, J., W. R. True, et al. (1990). "A twin study of the effects of the Vietnam War on posttraumatic stress disorder." *JAMA* 263(9): 1227–1232.

Grace, K. S., and K. D. Sinclair (2009). "Assisted reproductive technology, epigenetics, and long–term health: A developmental time bomb still ticking." *Semin Reprod Med* 27(5): 409–416.

Greenfield, E. A., and N. F. Marks (2010). "Identifying experiences of physical and psychological violence in childhood that jeopardize mental health in adulthood." *Child Abuse Negl* 34(3): 161–171.

Griffiths, P., and R. D. Gray (1994). "Developmental systems and evolutionary explanation." *J Phil* 91: 277–304.

Griffiths, P. and E. Neumann–Held (1999). "The many faces of the gene." *BioScience* 49(8): 656–662.

Gross, K. L., and J. A. Cidlowski (2008). "Tissue–specific glucocorticoid action: A family affair." *Trends Endocrinol Metab* 19(9): 331–339.

Gross–Sorokin, M. Y., S. D. Roast, et al. (2006). "Assessment of feminization of male fish in English rivers by Environment Agency of England and Wales." *Environ Health Perspect* 114(Suppl 1): 147–151.

Guerriero, G. (2009). "Vertebrate sex steroid receptors: Evolution, ligands, and neurodistribution." *Ann NY Acad Sci* 1163: 154–168.

Gurdon, J. B., and D. A. Melton (2008). "Nuclear reprogramming in cells." *Science* 322(5909): 1811–1815.

Hales, C. N., and D. J. P. Barker (2001). "The thrifty phenotype thpothesis: Type 2 diabetes." *Br Med Bull* 60(1): 5 – 20.

Hamelin, C. E., G. Anglin, et al. (2006). "Genomic imprinting in Turner syndrome: Effects on response to growth hormone and on risk of sensorineural hearing loss." *J Clin Endocrinol Metab* 91(8): 3002 – 3010.

Hannes, R. -P., D. Franck, et al. (1984). "Effects of rank – order fights on whole – body and blood concentrations of androgens and corticosteroids in the male swordtail (*Xiphophorus helleri*)." *Z Tierpsychol* 65: 53 – 65.

Haque, F. N., Gottesman, I. I., et al. (2009). "Not really identical: Epigenetic differences in monozygotic twins and implications for twin studies in psychiatry." *Am J Med Genet C Semin Med Genet* 151C(2): 136 – 141.

Harlow, H. F., M. K. Harlow, et al. (1971). "From thought to therapy: Lessons from a primate laboratory." *Am Sci* 50: 538 – 549.

Harlow, H. F., and R. R. Zimmerman (1959). "Affectional responses in the infant monkey." *Science* 136: 421 – 431.

Hatchwell, E., and J. M. Greally (2007). "The potential role of epigenomic dysregulation in complex human disease." *Trends Genet* 23(11): 588 – 595.

Hayashi, T., A. G. Motulsky, et al. (1999). "Position of a 'green – red' hybrid gene in the visual pigment array determines colour – vision phenotype." *Nat Genet* 22(1): 90 – 93.

Hayes, T. B., A. A. Stuart, et al. (2006). "Characterization of atrazine – induced gonadal malformations in African clawed frogs (*Xenopus laevis*) and comparisons with effects of an androgen antagonist (cyproterone acetate) and exogenous estrogen (17β – estradiol): Support for the demasculinization/feminization hypothesis." *Environ Health Perspect* 114(Suppl 1): 134 – 141.

Henderson, I. R., and S. E. Jacobsen (2007). "Epigenetic inheritance in plants." *Nature* 447(7143): 418 – 424.

Hendriks – Jansen, H. (1996). *Catching ourselves in the act: Situated activity, integrative emergence, evolution, and human thought*. Cambridge, MA: MIT Press.

Hendrix, M. J., E. A. Seftor, et al. (2007). "Reprogramming metastatic tumour cells with embryonic microenvironments." *Nat Rev Cancer* 7(4): 246 – 255.

Hess, C. T. (2009). "Monitoring laboratory values: Vitamin B1, vitamin B6, vitamin B12, folate, calcium, and magnesium." *Adv Skin Wound Care* 22(6): 288.

Hinney, A., C. I. Vogel, et al. (2010). "From monogenic to polygenic obesity: Recent advances." *Eur Child Adolesc Psychiatry* 19(30): 297–310.

Hipkin, L. J., I. F. Casson, et al. (1990). "Identical twins discordant for Kallmann's syndrome." *J Med Genet* 27: 198–199.

Hipp, J., and A. Atala (2008). "Sources of stem cells for regenerative medicine." *Stem Cell Rev* 4(1): 3–11.

Hisamuddin, I. M., and V. W. Yang (2006). "Molecular genetics of colorectal cancer: An overview." *Curr Colorectal Cancer Rep* 2(2): 53–59.

Hobbes, T. (1651/1996). *Leviathan*, ed. R. Tuck. New York: Cambridge University Press.

Hoch, S. L. (1998). "Famine, disease, and mortality patterns in the parish of Borshevka, Russia, 1830–1912." *Popul Stud (Camb)* 52(3): 357–368.

Hochedlinger, K., R. Blelloch, et al. (2004). "Reprogramming of a melanoma genome by nuclear transplantation." *Genes Dev* 18(15): 1875–1885.

Holliday, R. (1996). "Endless quest." *BioEssays* 18(1): 3–5.

Holliday, R. (2006). "Epigenetics: A historical overview." *Epigenetics* 1(2): 76–80.

Horvitz, H. R., and J. E. Sulston (1980). "Isolation and genetic characterization of cell-lineage mutants of the nematode *Caenorhabditis elegans*." *Genetics* 96(2): 435–454.

Hsiao, Y. W., K. W. Liao, et al. (2008). "Interactions of host IL–6 and IFN–gamma and cancer–derived TGF–beta1 on MHC molecule expression during tumor spontaneous regression." *Cancer Immunol Immunother* 57(7): 1091–1104.

Hunt, D. M., A. J. Williams, et al. (1993). "Structure and evolution of the polymorphic photopigment gene of the marmoset." *Vision Res* 33(2): 147–154.

Ikeda, D., and S. Watabe (2004). "[Fugu genome: The smallest genome size in vertebrates]." *Tanpakushitsu Kakusan Koso* 49(14): 2235–2241.

Ingber, D. E. (2002). "Cancer as a disease of epithelial–mesenchymal interactions and extracellular matrix regulation." *Differentiation* 70(9–10): 547–560.

Jablonka, E. (2004). "The evolution of the peculiarities of mammalian sex chromosomes: An epigenetic view." *BioEssays* 26: 1327–1332.

Jablonka, E., and M. J. Lamb (2002). "The changing concept of epigenetics." *Ann N Y Acad Sci* 981: 82−96.

Jablonka, E., and G. Raz (2009). "Transgenerational epigenetic inheritance: Prevalence, mechanisms, and implications for the study of heredity and evolution." *Q Rev Biol* 84(2): 131−176.

Jacobs, G. H. (1998). "A perspective on color vision in platyrrhine monkeys." *Vision Res* 38(21): 3307−3313.

Jacobs, G. H. (2008). "Primate color vision: a comparative perspective." *Vis Neurosci* 25(5−6): 619−633.

Jacobs, G. H., and J. F. Deegan II (2003). "Cone pigment variations in four genera of New World monkeys." *Vision Res* 43(3): 227−236.

Jameson, K. A., S. M. Highnote, et al. (2001). "Richer color experience in observers with multiple photopigment opsin genes." *Psychon Bull Rev* 8(2): 244−261.

Jobling, S., R. Williams, et al. (2006). "Predicted exposures to steroid estrogens in U.K. rivers correlate with widespread sexual disruption in wild fish populations." *Environ Health Perspect* 114(Suppl 1): 32−39.

Johnsen, H., K. Malene Krag, et al. (2009). "Cancer stem cells and the cellular hierarchy in haematological malignancies." *Eur J Cancer* 45: 194−201.

Jones, J. R., C. Skinner, et al. (2008). "Hypothesis: Dysregulation of methylation of brain−expressed genes on the X chromosome and autism spectrum disorders." *Am J Med Genet A* 146A(17): 2213−2220.

Jones, P. A., and S. B. Baylin (2007). "The epigenomics of cancer." *Cell* 128(4): 683−692.

Jordan, G., and J. D. Mollon (1993). "A study of women heterozygous for colour deficiencies." *Vision Res* 33(11): 1495−1508.

Jorgensen, A. L., J. Philip, et al. (1992). "Different patterns of X inactivation in MZ twins discordant for red−green color−vision deficiency." *Am J Hum Genet* 51(2): 291−298.

Joyce, P. R., S. A. Williamson, et al. (2007). "Effects of childhood experiences on cortisol levels in depressed adults." *Aust N Z J Psychiatry* 41(1): 62−65.

Junien, C., and P. Nathanielsz (2007). "Report on the IASO Stock Conference 2006: Early and lifelong environmental epigenomic programming of metabolic syndrome, obesity and type II diabetes." *Obes Rev* 8(6): 487–502.

Just, E. E. (1939). *The biology of the cell surface*. Philadelphia: Blakison's.

Kaitz, M., H. R. Maytal, et al. (2010). "Maternal anxiety, mother–infant interactions, and infants' response to challenge." *Infant Behav Dev* 33(2): 136–148.

Kaminsky, Z., A. Petronis, et al. (2008). "Epigenetics of personality traits: An illustrative study of identical twins discordant for risk–taking behavior." *Twin Res Hum Genet* 11(1): 1–11.

Kapoor, A., A. Kostaki, et al. (2009). "The effects of prenatal stress on learning in adult offspring is dependent on the timing of the stressor." *Behav Brain Res* 197(1): 144–149.

Kapoor, A., J. Leen, et al. (2008). "Molecular regulation of the hypothalamic–pituitary–adrenal axis in adult male guinea pigs after prenatal stress at different stages of gestation." *J Physiol* 586(Pt 17): 4317–4326.

Kapoor, A., and S. G. Matthews (2008). "Prenatal stress modifies behavior and hypothalamic–pituitary–adrenal stress and stage of reproductive cycle." *Endocrinology* 149(12): 6406–6415.

Kapoor, A., S. Petropoulos, et al. (2008). "Fetal programming of hypothalamic–pituitary–adrenal (HPA) axis function and behavior by synthetic glucocorticoids." *Brain Res Rev* 57(2): 586–595.

Kato, T. (2009). "Epigenomics in psychiatry." *Neuropsychobiology* 60(1): 2–4.

Kato, T., K. Iwamoto, et al. (2005). "Genetic or epigenetic difference causing discordance between monozygotic twins as a clue to molecular basis of mental disorders." *Mol Psychiatry* 10(7): 622–630.

Katz, L. A. (2006). "Genomics: Epigenomics and the future of genome sciences." *Curr Biol* 16(23): R996–R997.

Kenny, P. A., and M. J. Bissell (2003). "Tumor reversion: Correction of malignant behavior by microenvironmental cues." *Int J Cancer* 107(5): 688–695.

Kenny, P. A., and G. Y. Lee, et al. (2007). "Targeting the tumor microenvironment." *Front Biosci* 12: 3468–3474.

Kim, J. B., H. Zehres, et al. (2008). "Pluripotent stem cells induced from adult neural stem cells by reprogramming with two factors." *Nature* 454(7204): 646–650.

Kim, K. C., S. Friso, et al. (2009). "DNA methylation, an epigenetic mechanism connecting folate to healthy embryonic development and aging." *J Nutr Biochem* 20(12): 917–926.

Kimball, J. W. (2010). *Kimball's biology pages*. http://users.rcn.com/jkimball.ma.ultranet/BiologyPages/.

King, N. E., and J. D. Mellen (1994). "The effects of early experience on adult copulatory behavior in zoo–born chimpanzees (*Pan troglodytes*)." *Zoo Biol* 13: 51–59.

Kinoshita, T., Y. Ikeda, et al. (2008). "Genomic imprinting: A balance between antagonistic roles of parental chromosomes." *Semin Cell Dev Biol* 19(6): 574–579.

Kirschner, M., J. Gerhart, et al. (2000). "Molecular 'vitalism.'" *Cell* 100(1): 79–88.

Ko, J. M., J. M. Kim, et al. (2010). "Influence of parental origin of the X chromosome on physical phenotypes and GH responsiveness of patients with Turner syndrome." *Clin Endocrinol (Oxf)* 73(1): 66–71.

Kochanska, G., R. A. Barry, et al. (2009). "Early attachment organization moderates the parent–child mutually coercive pathway to children's antisocial conduct." *Child Dev* 80(4): 1288–1300.

Koornneef, M., C. J. Hanhart, et al. (1991). "A genetic and physiological analysis of late flowering mutants in Arabidopsis thaliana." *Mol Gen Genet* 229(1): 57–66.

Kraemer, S. (2000). "The fragile male." *BMJ* 321(7276): 1609–1612.

Kulesa, P. M., J. C. Kasemeier–Kulesa, et al. (2006). "Reprogramming metastatic melanoma cells to assume a neural crest cell–like phenotype in an embryonic microenvironment." *Proc Natl Acad Sci USA* 103(10): 3752–3757.

Lanctot, C., T. Cheutin, et al. (2007). "Dynamic genome architecture in the nuclear space: Regulation of gene expression in three dimensions." *Nat Rev Genet* 8(2): 104–115.

Lander, E. S., L. M. Linton, et al. (2001). "Initial sequencing and analysis of the human genome." *Nature* 409(6822): 860–921.

Lanza, R. P., J. B. Cibelli, et al. (2000). "Cloning of an endangered species (Bos gaurus) using interspecies nuclear transfer." *Cloning* 2(2): 79–90.

Laprise, S. L. (2009). "Implications of epigenetics and genomic imprinting in assited reproductive technologies." *Mol Reprod Dev* 76(11): 1006–1018.

Laugharne, J., A. Jance, et al. (2007). "Posttraumatic stress disorder and terrorism: 5 years after 9/11." *Curr Opin Psychiatry* 20(1): 36–41.

Leeming, R. J., and M. Lucock (2009). "Autism: Is there a folate connection?" *J Inherit Metab Dis* 32(3): 400–402.

Lewis, A., and W. Reik (2006). "How imprinting centres work." *Cytogenet Genome Res* 113(1–4): 81–89.

Li, Y., Y. Dai, et al. (2006). "Cloned endangered species takin (*Budorcas taxicolor*) by inter-species nuclear transfer and comparison of the blastocyst development with yak (*Bos grunniens*) and bovine." *Mol Reprod Dev* 73(2): 189–195.

Li, Y., Y. Dai, et al. (2007). "In vitro development of yak (*Bos grunniens*) embryos generated by interspecies nuclear transfer." *Anim Reprod Sci* 101(1–2): 45–59.

Lightman, S. L. (2008). "The neuroendocrinology of stress: A never ending story." *J Neuroendocrinol* 20(6): 880–884.

Lillycrop, K. A., E. S. Phillips, et al. (2005). "Dietary protein restriction of pregnant rats induces and folic acid supplementation prevents epigenetic modification of hepatic gene expression in the offspring." *J Nutr* 135(6): 1382–1386.

Lillycrop, K. A., J. L. Slater-Jefferies, et al. (2007). "Induction of altered epigenetic regulation of the hepatic glucocorticoid receptor in the offspring of rats fed a protein–restricted diet during pregnancy suggests that reduced DNA methyltrahsferase–1 expression is involved in impaired DNA methylation and changes in histone modifications." *Br J Nutr* 97(6): 1064–1073.

Liu, D., J. Diorio, et al. (1997). "Maternal care, hippocampal glucocorticoid receptors, and hypothalamic–pituitary–adrenal responses to stress." *Science* 277(5332): 1659–1662.

Loat, C. S., K. Asbury, et al. (2004). "X inactivation as a source of behavioural differences in monozygotic female twins." *Twin Res* 7(1): 54–61.

Loh, R., D. Hayes, et al. (2006). "The immunohistochemical characterization of devil facial tumor disease (DFTD) in the Tasmanian Devil (Sarcophilus harrisii)." *Vet Pathol* 43(6): 896–903.

Lorthongpanich, C., C. Laowtammathron, et al. (2008). "Development of interspecies cloned monkey embryos reconstructed with bovine enucleated oocytes." *J Reprod Dev* 54(5): 306–313.

Lotem, J., and L. Sachs (2002). "Epigenetics wins over genetics: Induction of differentiation in tumor cells." *Semin Cancer Biol* 12(5): 339–346.

Lu, J., G. Getz, et al. (2005). "MicroRNA expression profiles classify human cancers." *Nature* 435(7043): 834–838.

Lumey, L. H. (1998). "Reproductive outcomes in women prenatally exposed to undernutrition: A review of findings from the Dutch famine birth cohort." *Proc Nutr Soc* 57(1): 129–135.

Lumey, L. H., and A. D. Stein (1997). "In utero exposure to famine and subsequent fertility: The Dutch Famine Birth Cohort Study." *Am J Public Health* 87(12): 1962–1966.

Lyon, M. F. (1961). "Gene action in the X–chromosome of the mouse (*Mus musculus L.*)." *Nature* 190(4773): 372–373.

Lyon, M. F. (1971). "Possible mechanisms of X chromosome inactivation." *Nat New Biol* 232(34): 229–232.

Lyon, M. F. (1989). "X–chromosome inactivation as a system of gene dosage compensation to regulate gene expression." *Prog Nucleic Acid Res Mol Biol* 36: 119–130.

Lyon, M. F. (1995). "The history of X–chromosome inactivation and relation of recent findings to understanding of human X–linked conditions." *Turk J Pediatr* 37(2): 125–140.

Lyssiotis, C. A., R. K. Foreman, et al. (2009). "Reprogramming of murine fibroblasts to induced pluripotent stem cells with chemical complementation of Klf4." *Proc Natl Acad Sci USA* 106(22): 8912–8917.

Maestripieri, D. (2003). "Similarities in affiliation and aggression between cross–fostered rhesus macaque females and their biological mothers." *Dev Psychobiol* 43(4): 321–327.

Maestripieri, D. (2005). "Early experience affects the intergeneratonal transmission of infant abuse in rhesus monkeys." *Proc Natl Acad Sci USA* 102(27): 9726–9729.

Maienschein, J. (2008). "Epigenesis and preformationism." *Stanford encyclopediu of philosophy*. ed. E. N. Zalta. Stanford, CA: Stanford University.

Martin D. I., J. E. Cropley, et al. (2008). "Environmental influence on epigenetic inheritance at the Avy allele." *Nutr Rev* 66(Suppl 1): S12–S14.

Martin, D. I., R. Ward, et al. (2005). "Germline epimutation: A basis for epigenetic disease in humans." *Ann NY Acad Sci* 1054: 68–77.

Masip, M., A. Veiga, et al. (2010). "Reprogramming with defined factors: From induced pluripotency to induced transdifferentiation." *Mol Hum Reprod* 16(11): 856–868.

Mastroeni, D., A. McKee, et al. (2009). "Epigenetic differences in cortical neurons from a pair of monozygotic twins discordant for Alzheimer's disease." *PLoS One* 4(8): e6617.

Mattick, J. (2003). "Challenging the dogma: The hidden layer of non–protein–coding RNAs in complex organisms." *BioEssays* 25: 930–939.

Mattick, J. S., and I. Makunin (2006). "Non–coding RNA." *Hum Mol Genet* 15: R17–R29.

McCallum, H. (2008). "Tasmanian devil facial tumour disease: Lessons for consevation biology." *Trends Ecol Evol* 23(11): 631–637.

McClellan, J., and M. C. King (2010). "Genetic heterogeneity in human disease." *Cell* 141(2): 210–217.

McCormack, K., M. M. Sanchez, et al. (2006). "Maternal care patterns and behavioral development of rhesus macaque abused infants in the first 6 months of life." *Dev Psychobiol* 48(7): 537–550.

McGowan, P. O., A. Sasaki, et al. (2009). "Epigenetic regulation of the glucocorticoid receptor in human brain associates with childhood abuse." *Nat Neurosci* 12(3): 342–348.

Mcmillen, I. C., and J. S. Robinson (2005). "Developmental origins of the metabolic syndrome: Prediction, plasticity, and programming." *Physiol Rev* 85(2): 571–633.

Meaney, M. J., M. Szyf, et al. (2007). "Epigenetic mechanisms of perinatal programming of hypothalamic–pituitary–adrenal function and health." *Trends Mol Med* 13(7): 269–277.

Meder, A. (1993). "The effect of familiarity, age, dominance and rearing on reproductive success of captive gorillas." In *International studbook for the gorilla*, ed. R. Kirchshofer, 227–236. Frankfurt, Frankfurt Zoological Garden.

Michaud, E. J., M. J. van Vugt, et al. (1994). "Differential expression of a new dominant agouti allele (Aiapy) is correlated with methylation state and is influenced by parental lineage." *Genes Dev* 8(12): 1463–1472.

Milnes, M. R., D. S. Bermudez, et al. (2006). "Contaminant–induced feminization and demasculinization of nonmammalian vertebrate males in aquatic environments." *Environ Res* 100(1): 3–17.

Miltenberger, R. J., R. L. Mynatt, et al. (1997). "The role of the agouti gene in the yellow obese syndrome." *J Nutr* 127(9): 1902S–1907S.

Mintz, B., and K. Illmensee (1975). "Normal genetically mosaic mice produced from malignant teratocarcinoma cells." *Proc Natl Acad Sci USA* 72(9): 3585–3589.

Monroy, A. (1986). "A centennial debt of developmental biology to the sea urchin." *Biol Bull* 171: 509–519.

Morak, M., H. K. Schackert, et al. (2008). "Further evidence for heritability of an epimutation in one of 12 cases with MLH1 promoter methylation in blood cells clinically displaying HNPCC." *Eur J Hum Genet* 16(7): 804–811.

Moreira de Mello, J. C., E. S. de Araujo, et al. (2010). "Random X inactivation and extensive mosaicism in human placenta revealed by analysis of allele–specific gene expression along the X chromosome." *PLoS One* 5(6): e10947.

Morgan, H., H. G. Sutherland, et al. (1999). "Epigenetic inheritance at the agouti locus in the mouse." *Nat Genet* 23: 314–318.

Moss, L. (1992). "A kernel of truth? On the reality of the genetic program." *Phil Sci Assoc Proc* 1992: 335–348.

Murchison, E. P., C. Tovar, et al. (2010). "The Tasmanian devil transcriptome reveals Schwann cell origins of a clonally transmissible cancer." *Science* 327(5961): 84–87.

Murgia, C., J. K. Pritchard, et al. (2006). "Clonal origin and evolution of a transmissible cancer." *Cell* 126(3): 477–487.

Murphy, S. K., and R. L. Jirtle (2003). "Imprinting evolution and the price of silence." *BioEssays* 25(6): 577–588.

Namekawa, S. H., J. L. VandeBerg, et al. (2007). "Sex chromosome silencing in the marsupial male germ line." *Proc Natl Acad Sci USA* 104(23): 9730–9735).

Nathans, J. (1999). "The evolution and physiology of human color vision: Insights from molecular genetic studies of visual pigments." *Neuron* 24(2): 299–312.

Nathans, J., T. P. Piantanida, et al. (1986). "Molecular genetics of inherited variation in human color vision." *Science* 232(4747): 203–210.

Nathans, J., D. Thomas, et al. (1986). "Molecular genetics of human color vision: The genes encoding blue, green, and red pigments." *Science* 232(4747): 193–202.

Neel, J. V. (1962). "Diabetes mellitus: A 'thrifty' genotype rendered detrimental by 'progress'?" *Am J Hum Genet* 14: 353–362.

Neel, J. V. (1999). "The 'thrify genotype' in 1998." *Nutr Rev* 57(5 Pt 2): S2–9.

Nelson, C. M., and M. J. Bissell (2006). "Of extracellular matrix, scaffolds, and signaling: Tissue architecture regulates development, homeostasis, and cancer." *Annu Rev Cell Dev Biol* 22: 287–309.

Neugebauer, R., H. W. Hoek, et al. (1999). "Prenatal exposure to wartime famine and development of antisocial personality disorder in early adulthood." *JAMA* 282(5): 455–462.

Newman, S. A. (2009). "E. E. Just's 'independent irritability' revisited: The activated egg as excitable soft matter." *Mol Reprod Dev* 76(10): 966–974.

Nicholson, J. M., and P. Duesberg (2009). "On the karyotypic origin and evolution of cancer cells." *Cancer Genet Cytogenet* 194(2): 96–110.

Niemann, H., X. C. Tian, et al. (2008). "Epigenetic reprogramming in embryonic and foetal development upon somatic cell nuclear transfer cloning." *Reproduction* 135(2): 151–163.

Nijhout, H. F. (1990). "Metaphors and the role of genes in development." *BioEssays* 12(9): 441–446.

Nobrega, M. A., Y. Zhu, et al. (2004). "Megabase deletions of gene deserts result in viable mice." *Nature* 431(7011): 988–993.

O'Brien S. J., D. E. Wildt, et al. (1983). "The cheetah is depauperate in genetic variation." *Science* 221(4609): 459–462.

Ohno, S. (1969). "The preferential activation of maternally derived alleles in development of interspecific hybrids." *Wistar Inst Symp Monogr* 9: 137–150.

Okano, H. (2009). "Strategies toward CNS–regeneration using induced pluripotent stem cells." *Genome Inform* 23(1): 217–220.

Otani, K., A. Suzuke, et al. (2009). "Effects of the 'affectionless control' parenting style on personality traits in healthy subjects." *Psychiatrys Res* 165(1–2): 181–186.

Ou, L., X. Wang, et al. (2010). "Is iPS cell the panacea?" *IUBMB Life* 62(3): 170–175.

Owen, C. M., and J. H. Segars, Jr. (2009). "Imprinting disorders and assisted reproductive technology." *Semin Reprod Med* 27(5): 417–428.

Oyama, S. (1985). *The ontogeny of information: Developmental systems and evolution*. Cambridge, UK: Cambridge University Press.

Painter, R. C., C. Osmond, et al. (2008). "Transgenerational effects of prenatal exposure to the Dutch famine on neonatal adiposity and health in later life." *BJOG* 115(10): 1243–1249.

Painter, R. C., T. J. Roseboom, et al. (2005). "Adult mortality at age 57 after prenatal exposure to the Dutch famine." *Eur J Epedemiol* 20(8): 673–676.

Pardo, P. J., A. L. Pérez, et al. (2007). "An example of sex–linked color vision differences." *Color Res Appl* 32(6): 433–439.

Parikh, V. N., T. Clement, et al. (2006). "Physiological consequences of social descent: Studies in *Astatotilapia burtoni*." *J Endocrinol* 190(1): 183–190.

Passier, R., and C. Mummery (2003). "Origin and use of embryonic and adult stem cells in differentiation and tissue repair." *Cardiovasc Res* 58(2): 324–335.

Pathak, S., and A. S. Multani (2006). "Aneupliody, stem cells and cancer." *EXS* 96: 49–64.

Patton, G. C., C. Coffey, et al. (2001). "Parental 'affectionless control' in adolescent depressive disorder." *Soc Psychiatry Psychiatr Epidemiol* 36(10): 475–480.

Pearse, A. M., and K. Swift (2006). "Allograft theory: Transmission of devil facial–tumour disease." *Nature* 439(7076): 549.

Pembrey, M. E., L. O. Bygren, et al. (2006). "Sex–specific, male–line transgenerational responses in humans." *Eur J Hum Genet* 14(2): 159–166.

Petronis, A. (2001). "Human morbid genetics revisited: relevance of epigenetics." *Trends Genet* 17(3): 142–146.

Pezer, Z., and D. Ugarkovic (2008). "Role of non–coding RNA and heterochromatin in aneupliody and cancer." *Semin Cancer Biol* 18(2): 123–130.

Pigliucci, M. (2010). "Genotype–phenotype mapping and the end of the 'genes as blueprint' metaphor." *Phil Trans Royal Soc B* 365(1540): 557–566.

Pollard, K. S., S. R. Salama, et al. (2006). "An RNA gene expressed during cortical development evolved rapidly in humans." *Nature* 443(7108): 167–172.

Popova, B. C., T. Tada, et al. (2006). "Attenuated spread of X–inactivation in an X–autosome translocation." *Proc Natl Acad Sci USA* 103(20): 7706–7711.

Portin, P. (2009). "The elusive concept of the gene." *Hereditas* 146(3): 112–117.

Porton, I., and K. Niebrugge (2002). The changing role of handrearing in zoo–based primate breeding programs. In *Developments in primatology, Progress and prospects: Nursery rearing of nonhuman primates in the 21st century*, ed. G. P. Sackett, G. C. Ruppenthal, and K. Elias, 21–31. New York: Springer.

Prentice, A. M., B. J. Hennig, et al. (2008). "Evolutionary origins of the obesity epidemic: Natural selection of thrifty genes or genetic drift following predation release?" *Int J Obes (Lond)* 32(11): 1607–1610.

Prins, G. S. (2008). "Endocrine disruptors and prostate cancer risk." *Endocr Relat Cancer* 15(3): 649–656.

Provine, W. B. (1986). *Sewall Wright and evolutionary biology.* Cambridge, MA: MIT Press.

Ptak, C., and A. Petronis (2010). "Epigenetic approaches to psychiatric disorders." *Dialogues Clin Neurosci* 12(1): 25–35.

Puri, D., J. Dahwan, et al. (2010). "The paternal hidden agenda: Epigenetic inheritance through sperm chromatin." *Epigenetics* 5(5).

Rakyan, V., M. Blewitt, et al. (2002). "Metastable epialleles in mammals." *Trends Genet* 18: 438–353.

Rakyan, V. K., S. Chong, et al. (2003). "Trangenerational inheritance of epigenetic states at the murine *Axine(Fu)* allele accurs after maternal and paternal transmission." *Proc Natl Acad Sci USA* 100(5): 2538–2543.

Rakyan, V. K., J. Preis, et al. (2001). "The marks, mechanisms and memory of epigenetic states in mammals." *Biochem J* 356(Pt 1): 1–10.

Rassoulzadegan, M., V. Grandjean, et al. (2006). "RNA–mediated non–Mendelian inheritance of an epigenetic change in the mouse." *Nature* 441(7092): 469–474.

Rassoulzadegan, M., V. Grandjean, et al. (2007). "Inheritance of an epigenetic change in the mouse: A new role for RNA." *Biochem Soc Trans* 35(3): 623–25.

Ravelli, A. C., J. H. van der Meulen, et al. (1998). "Glucose tolerance in adults after prenatal exposure to famine." *Lancet* 351(9097): 173–177.

Ravelli, G. P., Z. A. Stein, et al. (1976). "Obesity in young men after famine exposure in utero and early infancy." *N Engl J Med* 295(7): 349–353.

Reik, W. (1989). "Genomic imprinting and genetic disorders in man." *Trends Genet* 5(10): 331–336.

Reik, W., M. Constancia, et al. (2003). "Regulation of supply and demand for maternal nutrients in mammals by imprinted genes." *J Physiol* 547(Pt 1): 35–44.

Reik, W., W. Dean, et al. (2001). "Epigenetic reprogramming in mammalian development."

Science 293: 1089-1092.

Renn, S. C., N. Aubin-Horth, et al. (2008). "Fish and chips: Functional genomics of social plasticity in an African cichlid fish." *J Exp Biol* 211(Pt 18): 3041-3045.

Revollo, J. R., and J. A. Cidlowski (2009). "Mechanisms generating diversity in glucocorticoid receptor signaling." *Ann N Y Acad Sci* 1179: 167-178.

Rheinberger, H.-J. (2008). "Gene." *Stanford encyclopedia of philosophy*. Stanford, CA: Stanford University.

Richards, E. J. (2006). "Inherited epigenetic variation—revisiting soft inheritance." *Nat Rev Genet* 7(5): 395-401.

Riggs, A. D. (2002). "X chromosome inactivation, differentiation, and DNA methylation revisited, with a tribute to Susumu Ohno." *Cytogenet Genome Res* 99(1-4): 17-24.

Rodriguez-Carmona, M., L. T. Sharpe, et al. (2008). "Sex-related differences in chromatic sensitivity." *Vis Neurosci* 25(3): 433-440.

Roemer, I., W. Reik, et al. (1997). "Epigenetic inheritance in the mouse." *Curr Biol* 7: 277-280.

Rogers, E. J. (2008). "Has enhanced folate status during pregnancy altered natural selection and possibly autism prevalence? A closer look at a possible link." *Med Hypotheses* 71(3): 406-410.

Roseboom, T. J., S. de Rooij, et al. (2006). "The Dutch famine and its long-term consequences for adult health." *Early Hum Dev* 82(8): 485-491.

Roseboom, T. J., J. H. van der Meulen, et al. (1999). "Blood pressure in adults after prenatal exposure to famine." *J Hypertens* 17(3): 325-330.

Roseboom, T. J., J. H. van der Meulen, et al (2000a). "Coronary heart disease after prenatal exposure to the Dutch famine, 1944-45." *Heart* 84(6): 595-598.

Roseboom, T. J., J. H. van der Meulen, et al (2000b). "Plasma lipid profiles in adults after prenatal exposure to the Dutch famine." *Am J Clin Nutr* 72(5): 1101-1106.

Ross, H. E., and L. J. Young (2009). "Oxytocin and the neural mechanisms regulating social cognition and affiliative behavior." *Front Neuroendocrinol* 30(4): 534-547.

Ross, J., D. Roeltgen, et al. (2006). "Cognition and the sex chromosomes: Studies in Turner syndrome." *Horm Res* 65(1): 47-56.

Rothwell, N. J., and M. J. Stock (1981). "Regulation of energy balance." *Annu Rev Nutr* 1:

235–256.

Ruppenthal, G. C., G. L. Arling, et al. (1976). "A 10–year perspective of motherless–mother monkey behavior." *J Abnorm Psychol* 85(4): 341–349.

Rayn, S., S. Thompson, et al. (2002). "Effects of hand–rearing on the reproductive success of western lowland gorillas in North America." *Zoo Biol* 21: 389–401.

Sales, K. M., M. C. Winslet, et al. (2007). "Stem cells and cancer: An overview." *Stem Cell Rev* 3(4): 249–255.

Sanjayan, M. A., and K. Crooks (1996). "Skin grafts and cheetahs." *Nature* 381(6583): 566.

Santos, F., and W. Dean (2004). "Epigenetic reprogramming during early development in mammals." *Reproduction* 127(6): 643–651.

Sapp, J. (2009). "'Just' in time: Gene theory and the biology of the cell surface." *Mol Reprod Dev* 76(10): 903–911.

Schickel, R., B. Boyerinas, et al. (2008). "MicroRNAs: Key players in the immune system, differentiation, tumorigenesis and cell death." *Oncogene* 27(45): 5959–5974.

Schier, A. F. (2007). "The maternal–zygotic transition: Death and birth of RNAs." *Science* 316(5823): 406–407.

Schubeler, D. (2009). "Epigenomics: Methylation matters." *Nature* 462(7271): 296–297.

Schultz, W. A., and J. Hatina (2006). "Epigenetics of prostate cancer: Beyond DNA methylation." *J Cell Mol Med* 10(1): 100–125.

Schulze–Tanzil, G. (2009). "Activation and dedifferentiation of chondrocytes: Implications in cartilage injury and repair." *Ann Anat* 191(4): 325–338.

Schwanzel–Fukuda, M., K. L. Jorgenson, et al. (1992). "Biology of normal luteinizing hormone–releasing hormone neurons during and after their migration from olfactory placode." *Endocr Rev* 13(4): 623–634.

Seckl, J. R. (2004). "Prenatal glucocorticoids and long–term programming." *Eur J Endocrinol* 151(Suppl 3): U49–U62.

Seckl, J. R. (2008). "Glucocorticoids, developmental 'programming' and the risk of affective dysfunction." *Prog Brain Res* 167: 17–34.

Seckl, J. R., and M. C. Holmes (2007). "Mechanisms of disease: Glucocorticoids, their placental metabolism and fetal 'programming' of adult pathophysiology." *Nat Clin Pract*

Endocrinol Metab 3(6): 479–488.

Seckl, J. R., and M. J. Meaney (2006). "Glucocorticoid 'programming' and PTSD risk." *Ann NY Acad Sci* 1071: 351–378.

Serbin, L. A., and J. Karp (2004). "The intergenerational transfer of psychosocial risk: Mediators of vulnerability and resilience." *Annu Rev Psychol* 55: 333–363.

Shi, W., A. Krella, et al. (2005). "Widespread disruption of genomic imprinting in adult interspecies mouse (Mus) hybrids." *Genesis* 43(3): 100–108.

Shire, J. G. (1989). "Unequal parental contributions: Genomic imprinting in mammals." *New Biol* 1(2): 115–120.

Shively, C. A., T. C. Register, et al. (2009). "Social stress, visceral obesity, and coronary artery atherosclerosis: Product of a primate adaptation." *Am J Primatol* 71(9): 742–751.

Shuldiner, A. R., and K. M. Munir (2003). "Genetics of obesity: More complicated than initially thought." *Lipids* 38(2): 97–101.

Shyue, S. K., D. Hewett–Emmett, et al. (1995). "Adaptive evolution of color vision genes in higher primates." *Science* 269(5228): 1265–1267.

Siddle, H. V., A. Kreiss, et al. (2007). "Transmission of a fatal clonal tumor by biting occurs due to depleted MHC diversity in a threatened carnivorous marsupial." *Proc Natl Acad Sci USA* 104(41): 16221–16226.

Sikela, J. M. (2006). "The jewels of our genome: The search for the geomic changes underlying the evolutionary unique capacities of the human brain." *PLoS Genet* 2(5): e80.

Simmons, R. A. (2007). "Developmental origins of diabetes: The role of epigenetic mechanisms." *Curr Opin Endocrinol Diabetes Obes* 14(1): 13–16.

Singh, S. M., and R. O'Reilly (2009). "(Epi)genomics and neurodevelopment in schizophrenia: Monozygotic twins discordant for schizophrenia augment the search for disease–related (epi)genomic alterations." *Genome* 52(1): 8–19.

Skinner, M. K., M. Manikkam, et al. (2010). "Epigenetic transgenerational actions of environmental factors in disease etiology." *Trends Endocrinol Metab* 21(4): 214–222.

Skuse, D. H., R. S. Jaems, et al. (1997). "Evidence from Turner's syndrome of an imprinted X–linked locus affecting cognitive function." *Nature* 387(6634): 705–708.

Smith, C. (1947). "The effects of wartime starvation in Holland on pregnancy and its product."

Am J Obst Gynecol 53: 599–608.

Smith, F. M., L. J. Holt, et al. (2007). "Mice with a disruption of the imprinted Grb10 gene exhibit altered body composition, glucose homeostasis, and insulin signaling postnatal life." *Mol Cell Biol* 27(16): 5871–5886.

Smithies, O. (2005). "Many little things: one geneticist's view of complex diseases." *Nat Rev Genet* 6(5): 419–425.

Snell, G. D., and S. Reed (1993). "William Ernest Castle, pioneer mammalian geneticst." *Genetics* 133(4): 751–753.

Song, B. S., S. H. Lee, et al. (2009). "Nucleologenesis and embryonic genome activation are defective in interspecies cloned embryos between bovine ooplasm and rhesus monkey somatic cells." *BMC Dev Biol* 9: 44.

Soto, A. M., and C. Sonnenschein (2004). "The somatic mutation theory of cancer: Growing problems with the paradigm?" *BioEssays* 26(10): 1097–1107.

Soto, A. M., and C. Sonnenschein (2010). "Environmental causes of cancer: Endocrine disruptors as carcinogens." *Nat Rev Endocrinol* 6(7): 363–370.

Speakman, J. R. (2006). "Thrifty genes for obesity and the metabolic syndrome—time to call off the search?" *Diab Vasc Dis Res* 3(1): 7–11.

Speakman, J. R. (2008). "Thrifty genes for obesity, an attractive but flawed idea, and an alternative perspective: The 'drifty gene' hypothesis." *Int J Obes* (Lond) 32(11): 1611–1617.

Stein, A. D., A. C. Ravelli, et al. (1995). "Famine, third-trimester pregnancy weight gain, and intrauterine growth: The Dutch Famine Birth Cohort Study." *Hum Biol* 67(1): 135–150.

Stein, Z., and M. Susser (1975). "The Dutch famine, 1944–1945, and the reproductive process. II. Interrelations of caloric rations and sic indices at birth." *Pediatr Res* 9(2): 76–83.

Stein, Z., M. Susser, et al. (1972). "Nutrition and mental performance." *Science* 178: 706–713.

Stocum, D. L. (2002). "Regenerative biology and medicine." *J Musculoskelet Neuronal Interact* 2(3): 270–273.

Stocum, D. L. (2004). "Amphibian regeneration and stem cells." *Curr Top Microbiol Immunol* 280: 1–70.

Stokes, T. L., B. N. Kunkel, et al. (2002). "Epigenetic variation in Arabidopsis disease resistance." *Genes Dev* 16(2): 171−182.

Stokes, T. L., and E. J. Richards (2002). "Induced instability of two Arabidopsis constitutive pathogen−response alleles." *Proc Natl Acad Sci USA* 99(11): 7792−7796.

Stoltz, K., P. E. Griffiths, et al. (2004). "How biologists conceptualize genes: An empirical study." *Stud Hist Phil Biol Biomed Sci* 35: 647−673.

Storz, G., S. Altuvia, et al. (2005). "An abundance of RNA regulators." *Annu Rev Biochem* 74: 199−217.

Stouder, C., and A. Paoloni−Giacobino (2010). "Transgenerational effects of the endocrine disruptor vinclozolin on the methylation pattern of imprinted genes in the mouse sperm." *Reproduction* 139(2): 373−379.

Strahl, B. D., and C. D. Allis (2000). "The language of covalent histone modifications." *Nature* 403(6765): 41−45.

Straube, W. L., and E. M. Tanaka (2006). "Reversibility of the differentiated state: Regeneration in amphibians." *Artif Organs* 30(10): 743−755.

Suay, F., A. Salvador, et al. (1999). "Effects of competition and its outcome on serum testosterone, cortisol and prolactin." *Psychoneuroendocrinology* 24(5): 551−566.

Suijkerbuijk, K. P., E. van der Wall, et al. (2007). "[Epigenetic processes in malignant transformation: The role of DNA methylation in cancer development]." *Ned Tijdschr Geneeskd* 151(16): 907−913.

Sun, Y. H., S. P. Chen, et al. (2005). "Cytoplasmic impact on cross−genus cloned fish derived from transgenic common carp (*Cyprinus carpio*) nuclei and goldfish (*Carassius auratus*) enucleated eggs." *Biol Reprod* 72(3): 510−515.

Susser, M., and B. Levin (1999). "Ordeals for the fetal programming hypothesis. The hypothesis largely survives one ordeal but not another." *BMJ* 318(7188): 885−886.

Swarbrick, M. M., and C. Vaisse (2003). "Emerging trends in the search for genetic variants predisposing to human obesity." *Curr Opin Clin Nutr Metab Care* 6(4): 369−375.

Szyf, M., I. C. Weaver, et al. (2005). "Maternal programming of steroid receptor expression and phenotype through DNA methylation in the rat." *Front Neuroendocrinol* 26(3−4): 139−162.

Taft, R. J., M. Pheasant, et al. (2007). "The relationship between nonprotein−coding DNA and eukaryotic complexity." *BioEssays* 29(3): 288–299.

Takahashi, K., K. Okita, et al. (2007). "Induction of pluripotent stem cells from fibroblast cultures." *Nat Protoc* 2(12): 3081–3089.

Taylor, P. D., and L. Poston (2007). "Developmental programming of obesity in mammals." *Exp Physiol* 92(2): 287–298.

ten Berge, D., W. Koole, et al. (2009). "Wnt signaling mediates self–organization and axis formation in embryoid bodies." *Cell Stem Cell* 3(4): 508–515.

Thomas, C. A. J. (1971). "The genetic organization of chromosomes." *Annu Rev Genet* 5: 237–256.

Thongphakdee, A., S. Kobayashi, et al. (2008). "Interspecies nuclear transfer embryos reconstructed from cat somatic cells and bovine ooplasm." *J Reprod Dev* 54(2): 142–147.

Tiberio, G. (1994). "MZ female twins discordant for X–linked diseases: A review." *Acta Genet Med Gemellol (Roma)* 43(3–4): 207–214.

Tobi, E. W., L. H. Lumey, et al. (2009). "DNA methylation differences after exposure to prenatal famine are common and timing– and sex–specific." *Hum Mol Genet* 18(21): 4046–4053.

Tokumoto, Y., S. Ogawa, et al. (2010). "Comparison of efficiency of terminal differentiation of oligodendrocytes from induced pluripotent stem cells versus embryonic stem cells in vitro." *J Biosci Bioeng* 109(6): 622–628.

Tovee, M. J. (1993). "Colour vision in New World monkeys and the single–locus X–chromosome theory." *Brain Behav Evol* 42(2): 116–127.

Trosko, J. E. (2009). "Review paper, Cancer stem cells and cancer non–stem cells: From adult stem cells or from reprogramming of differentiated somatic cells." *Vet Pathol Online* 46(2): 176–193.

Tu, S. M., S. H. Lin, et al. (2002). "Stem–cell origin of metastasis and heterogeneity in solid tumours." *Lancet Oncol* 3(8): 508–513.

Tweedell, K. (2008). "New paths to pluripotent stem cells." *Curr Stem Cell Res Ther* 3: 151–162.

Tyrka, A. R., L. Wier, et al. (2008). "Childhood parental loss and adult hypothalamic–pituitary–adrenal function." *Biol Psychiat* 63(12): 1147–1154.

Uhm, S. J., M. K. Gupta, et al. (2007). "Expression of enhanced green fluorescent protein in porcine - and bovine -cloned embryos following interspecies somatic cell nuclear transfer of fibroblasts transfected by retrovirus vector." *Mol Reprod Dev* 74: 1538 – 1547.

Urnov, F. D., and A. P. Wolffe (2001). "Above and within the genome: Epigenetics past and present." *J Mammary Gland Biol Neoplasia* 6(2): 153 – 167.

VandeBerg, J. L., P. G. Johnston, et al. (1983). "X - chromosome inactivation and evolution in marsupials and other mammals." *Isozymes Curr Top Biol Med Res* 9: 201 – 218.

Van Speybroeck, L., D. De Waele, et al. (2002). "Theories in early embryology." *Ann N Y Acad Sci* 981: 7 – 49.

Ventolini, G., R. Neiger, et al. (2008). "Incidence of respiratory disorders in neonates born between 34 and 36 weeks of gestation following exposure to antenatal corticosteroids between 24 and 34 weeks of gestation." *Am J Perinatol* 25(2): 79 – 83.

Verriest, G., and A. Gonella (1972). "An attempt at clinical determination by means of surface colours of the convergence points in congenital and acquired defects of colour vision." *Mod Probl Ophthalmol* 11: 205 – 212.

Virtanen, H. E., E. Rajpert – De Meyts, et al. (2005). "Testicular dysgenesis syndrome and the development and occurrence of male reproductive disorders." *Toxicol Appl Pharmacol* 207(2, Suppl): 501 – 505.

Voisey, J., and A. van Daal (2002). "Agouti: From mouse to man, from skin to fat." *Pigment Cell Res* 15(1): 10 – 18.

Vos, J. G., E. Dybing, et al. (2000). "Health effects of endocrine – disrupting chemicals on wildlife, with special reference to the European situation." *Crit Rev Toxicol* 30(1): 71 – 133.

Waddington, C. (1935/1946). *How animals develop*. London: Geroge Allen & Unwin.

Waddington, C. (1962). *New patterns in genetics and development*. New York: Columbia University Press.

Waddington, C. (1968). "The basic ideas of biology." In *Towards a theoretical biology*, ed. C. Waddington. Vol. 1: *Prolegomena*, 1 – 32. Edinburgh: Edinburgh University Press.

Wadhwa, P. D., C. Buss, et al. (2009). "Developmental origins of health and disease: Brief histor of the approach and current focus on epigenetic mechanisms." *Simin Reprod Med* 27(5): 358 – 368.

Wagschal, A., and R. Feil (2006). "Genomic imprinting in the placenta." *Cytogenet Genome Res* 113(1–4): 90–98.

Walker, B. R., and R. Andrew (2006). "Tissue production of cortisol by 11β–hydroxysteroid dehydrogenase type 1 and metabolic disease." *Ann N Y Acad Sci* 1083: 165–184.

Warner, M. J., and S. E. Ozanne (2010). "Mechanisms involved in the developmental programming of adulthood disease." *Biochem J* 427(3): 333–347.

Waterland, R. A., and K. B. Michels (2007). "Epigenetic epidemiology of the developmental origins hypothesis." *Annu Rev Nutr* 27(1): 363–388.

Waterland, R. A., M. Travisano, et al. (2007). "Diet–induced hypermethylation at agouti viable yellow is not inherited transgenerationally through the female." *FASEB J* 21(12): 3380–3385.

Watson, J. D. (1968). *The double helix: A personal account of the discovery of the structure of DNA.* New York: Atheneum.

Watson, J. D., and F. H. Crick (1953a). "Genetical implications of the structure of deoxyribonucleic acid." *Nature* 171(4361): 964–967.

Watson, J. D., and F. H. Crick (1953b). "Molecular structure of nucleic acids; a structure for deoxyribose nucleic acid." *Nature* 171(4356): 737–738.

Weaver, A., R. Richardson, et al. (2004). "Response to social challenge in young bonnet (Macaca radiata) and pigtail (Macaca nemestrina) macaques is related to early maternal experiences." *Am J Primatol* 62(4): 243–259.

Weaver, I. C. (2009). "Shaping adult phenotypes through early life environments." *Birth Defects Res C Embryo Today* 87(4): 314–326.

Weaver, I. C., N. Cervoni, et al. (2004). "Epigenetic programming by maternal behavior." *Nat Neurosci* 7(8): 847–854.

Weaver, I. C., F. A., Champagne, et al. (2005). "Reversal of maternal programming of stress responses in adult offspring through methyl supplementation: Altering epigenetic marking later in life." *J Neurosci* 25(47): 11045–11054.

Weaver, I. C., M. J. Meaney, et al. (2006). "Maternal care effects on the hippocampal transcriptome and anxiety–mediated behavios in the offspring that are reversible in adulthood." *Proc Natl Acad Sci USA* 103(9): 3480–3485.

Weksberg, R., C. Shuman, et al. (2005). "Beckwith-Wiedemann syndrome." *Am J Med Genet C Semin Med Genet* 137C(1): 12-23.

Weksberg, R., and J. A. Squire (1996). "Molecular biology of Beckwith-Wiedemann syndrome." *Med Pediatr Oncol* 27(5): 462-469.

Wells, J. C. (2009). "Ethnic variability in adiposity and cardiovascular risk: The variable disease selection hypothesis." *Int J Epidemiol* 38(1): 63-71.

White, S. A., T. Nguyen, et al. (2002). "Social regulation of gonadotropin-releasing hormone." *J Exp Biol* 205(Pt 17): 2567-2581.

Whitlock, K. E., N. Illing, et al. (2006). "Development of GnRH cells: Setting the stage for puberty." *Mol Cell Endocrinol* 254-255: 39-50.

Williams, C. A., H. Angelman, et al. (1995). "Angelman syndrome: Consensus for diagnostic criteria. Angelman Syndrome Foundation." *Am J Med Genet* 56(2): 237-238.

Wilmut, I., A. E. Schnieke, et al. (1997). "Viable offspring derived from fetal and adult mammalian cells." *Nature* 385(6619): 810-813.

Wilson, B. D., M. M. Ollmann, et al. (1995). "Structure and function of ASP, the human homolog of the mouse agouti locus." *Hum Mol Genet* 4(2): 223-230.

Witchel, S. F., and D. B. DeFranco (2006). "Mechanisms of disease: Regulation of glucocorticoid and receptor levels—impact on the metabolic syndrome." *Nat Clin Pract Endocrinol Metab* 2(11): 621-631.

Wohlfahrt-Veje, C., K. M. Main, et al. (2009). "Testicular dysgenesis syndrome: Foetal origin of adult reproductive problems." *Clin Endocrinol (Oxf)* 71(4): 459-465.

Wolff, G. L. (1996). "Variabillity in gene expression and tumor formation within genetically homogeneous animal populations in bioassays." *Fundam Appl Toxicol* 29(2): 176-184.

Wolff, G. L., R. L. Kodell, et al. (1998). "Maternal epigenetics and methyl supplements affect agouti gene expression in Avy/a mice." *FASEB J* 12(11): 949-957.

Wolff, G. L., D. W. Roberts, et al. (1986). "Prenatal determination of obesity, tumor susceptibility, and coat color pattern in viable yellow (Avy/a) mice. The yellow mouse syndrome." *J Hered* 77(3): 151-158.

Wolfram, S. (2002). *A new kind of science.* Champagn, IL: Wolfram Media.

Wong, A. H., Gottesman, I. I., et al. (2005). "Phenotypic differences in genetically identical organisms: The epigenetic perspective." *Hum Mol Genet* 14(Spec 1): R11–R18.

Wright, S. (1916). "An intensive study of the inheritance of color and other coat characters in guinea pigs with special reference to graded variation." *Carnegie Inst Wash Publ* 241: 59–160.

Wright, S. (1927). "The effects in combination of the major color factors of the guinea pig." *Genetics* 12: 530–569.

Wroe, S., C. McHenry, et al. (2005). "Bite club: Comparative bite force in big biting mammals and the prediction of predatory behavior in fossil taxa." *Proc Biol Sci* 272(1563): 619–625.

Yan, S. Y., M. Tu, et al. (1990). "Developmental incompatibility between cell nucleus and cytoplasm as revealed by nuclear transplantation experiments in teleost of different families and orders." *Int J Dev Biol* 34(2): 255–266.

Yehuda, R., A. Bell, et al. (2008). "Maternal, not paternal, PTSD is related to increased risk for PTSD in offspring of Holocaust survivors." *J Psychiatr Res* 42(13): 1104–1111.

Yehuda, R., and L. M. Bierer (2007). "Trangenerational transmission of cortisol and PTSD risk." *Prog Brain Res* 167: 121–135.

Yehuda, R., S. M. Engel, et al. (2005). "Transgenerational effects of posttraumatic stress disorder in babies of mothers exposed to the World Trade Center attacks during pregnancy." *J Clin Endocrinol Metab* 90(7): 4115–4118.

Ying, S. Y., D. C. Chang, et al. (2008). "The microRNA (miRNA): Overview of the RNA genes that modulate gene function." *Mol Biotechnol* 38(3): 257–268.

Youngson, N. A., and E. Whitelaw (2008). "Transgenerational epigenetic effects." *Annu Rev Genomics Hum Genet* 9(1): 233–257.

Zeisel, S. H. (2009). "Importance of methyl donors during reproduction." *Am J Clin Nutr* 89(2): 673S–677S.

Zilberman, D., and S. Henikoff (2005). "Epigenetic inheritance in Arabidopsis: Selective silence." *Curr Opin Genet Dev* 15(5): 557–562.

찾아보기 |

7번 염색체 ························· 151
15번 염색체 ···················· 169, 172

DNA 메틸기전달효소(Dnmt) ·········99
FWA 대립유전자 ················ 142, 179
fwa 돌연변이 ······················ 142
GR 유전자 ··············· 82, 100, 104, 106
IGF2(인슐린 유사 성장인자 2) ····· 27, 170
IGF2 억제자 ················ 170, 173~174
IGF2 유전자 ······················ 170, 173
NGF(NGFI-A : 신경성장인자유발가능인
  자 A) ······················· 83~84, 123
NGF 유전자··· 114~115, 117~118, 120, 123
RNA ······················ 40, 162~163, 197
RNA 간섭 ··························· 198
X염색체 ························· 150~163

X염색체 비활성화···153~158, 161~163,
  168, 172, 197, 233
X염색체 비활성화 중추(Xic)············ 154
X염색체 비활성화 특정적 전사물(Xist)····
  155
X우먼 ········ 151~152, 156, 161, 163, 233
XO 여성 ····························· 168
Y염색체 ····················· 150, 156, 167

ㄱ

각인 조절 영역(ICR) ···················· 172
개 전염성 생식기 종양(CTVT) ··· 213, 219
《결백을 증명하다》(칸세코)················49
과소 메틸화 ························ 221, 226
구아닌 ······························· 38

근원 부모 효과 ················167, 169, 179
글루코스 ·······································74
글루코르티코이드 수용체(GR) 75~76,
  98
글루코르티코이드 스트레스 호르몬···74

ㄴ

남성호르몬 수용체 ·······54~55, 58, 60, 76
낭성섬유증 ····································44
내분비 교란물질 ··················175~177
네덜란드 기근 ······13, 21, 23, 25~28, 96,
  100, 143~144, 170
뇌하수체 ·············57~58, 60, 74~75, 80
뉴런 ···6, 10, 24~25, 57, 59, 74, 80, 153,
  183, 188, 193, 195, 200, 214
닐, 제임스 ······························92~93

ㄷ

다능성 세포 ································195
다미앵 신부 ·······················227~228
다윈, 찰스 ·································186
다형질 발현 ································135
단백질 합성 ··40~43, 102~103, 197, 235
단일능성 세포 ······························195
대립유전자 ···························34~36,
  43, 106, 131, 133~135, 137~139, 171,

173~174, 178
대사 증후군 ···92, 96, 100~102, 104, 176
데빌 안면 종양증(DFTD) ················211
동형접합 ······································35
드리슈, 한스 ············187~192, 199, 205
〈디어 헌터〉································65~80, 85

ㄹ

라루사, 토니 ································49
라이거 ·······································167
라이트, 슈얼 ······················129~137, 145
루푸스 ·································213, 234
린, 마야 ······································65
린네, 칼 폰 ·································128

ㅁ

마라톤 전투 ·································78
마운트 윌리엄 국립공원 ················210
마이크로RNA ·······················197~198
맥과이어, 마크 ······························49
메신저RNA(mRNA) ···············40, 197
메틸기(CH_3) ··············26, 83, 102, 139
메틸화 ······················26~28, 83~86,
  99~100, 102~104, 116, 120, 137~140,
  142, 155, 171~172, 197, 220~221,
  224, 226, 233

멘델, 그레고르 ······ 30~31, 36, 131, 133, 140, 167, 179
멘델의 법칙 ································· 131
멜라닌 ······································· 136
면역계 ············74, 176, 211~213, 224, 229
모건, 토머스 헌트 ········ 30~34, 36, 38, 43~44, 129~133, 145, 192
무작위성 ······························· 7, 132, 233
미니, 마이클 ······· 81, 114, 120~121, 123

ㅂ

바소체 ······································· 155
바커, 제임스 ··························· 97~98
발생 생물학 ························· 183, 226
발생 유전학 ·························· 130, 145
발암물질 ······················· 217, 223, 226
배아줄기세포 ·········183, 194, 196, 200, 203~204, 207, 225,
백혈병 ····························· 215, 222~223
번역 ······················40~42, 98, 197~198
번역 후 변형 ······························· 42
베트남 전쟁 ······························ 65, 78
벡위스비대만 증후군(BWS) ······· 170, 173
변연계 ······································ 54
부신 ···································· 75, 98
부신겉질자극호르몬(ACTH) ······· 74~75
부신겉질자극호르몬분비호르몬(CRH) ·74

비셸, 메리 ······························· 225~226
비스페놀 A ································· 175
비타민 B12 ································· 104
빈클로졸린 ······························· 175~177
빌름스 종양 ································· 170
빌헬미나 병원 ······························· 23
뼈엉성증(골다공증) ······················· 168

ㅅ

사회적 유전 ········111, 114, 117, 121, 124, 143, 146
상위성 ····································· 131
색각 ··················151, 154, 158, 161~162
생식샘 ····················· 52, 136, 169, 184
생식샘자극호르몬(GT) ······ 52, 57~58, 60
생식샘자극호르몬분비호르몬(GTRH) ··57
성 연관 형질 ······························· 151
성계 ·············· 183~184, 187~188, 199, 204~205
세포 분열 ······27, 83, 156, 183, 187~188, 194, 218
세포 분화 ····9, 195, 197~199, 206~207, 235
세포간 매질 ································ 225
세포질 ······································ 54
소수능성 ·································· 195
수오미, 스티븐 ······························ 113

스미스, 클레멘트 ·················· 21
스트레스 반응 ········· 72~77, 79~86,
   100~102, 117~122, 135, 143~146, 234
스트레스 편향 ························ 77
시상하부 ······· 6, 54, 57~58, 74~75, 80,
   115~117
시상하부-뇌하수체-생식샘(HPG) 축 ···· 58
시토신 ······························· 38
신경 줄기세포 ················ 195, 203
신장질환 ··························· 176
신체줄기세포 ·· 196, 203~204, 214~215,
   218
실버러셀 증후군 ··················· 174
심장세포 ···························· 25
심장혈관질환 ············ 92, 144, 165
싸움 혹은 도주 반응 ················ 74

◯

아구티 유전자 자리 ········ 133~135, 233
아데닌 ······························ 38
아라비돕시스 탈리아나 ············· 141
아른험 네덜란드 ···················· 19
아미노산 ························ 38, 41
아트라진 ·························· 175
아프리카 시클리드(아스타토틸라피아 부
   르토니) ··························· 59
안젤만 증후군(AS) ·········· 169~170

애정 없는 통제 ···················· 118
액신 유전자 ······················· 140
《약물에 취해》(칸세코) ··········· 48~49
어미 없는 어미 ··········· 111, 120, 122
에스트라디올 ···················· 51, 76
에스트로겐 ········· 51~53, 115~116, 175
에스트로겐 수용체 ········· 115~116, 123
엔텔레케이아 ················ 190~191
엽산 ···················· 104~105, 138
옥시토신 ·························· 115
옵신 유전자 ················· 151, 154
왓슨, 제임스 ···················· 38, 132
외상후스트레스장애(PTSD) ········ 72,
   77~79, 84
워딩턴, 콘래드 ···················· 206
워싱턴, 조지 ················ 164~166
원뿔세포 ······· 151, 153~161, 193~195,
   207
유전 부호 ·························· 38
유전자 발현 ······ 55, 57, 59, 76, 98~100,
   102, 104, 142, 194, 199, 202, 221
유전자 자리 ····· 34~35, 38, 95, 106, 131,
   133~135, 137, 140, 233
유전자 조절 ················· 12, 25~26,
   43, 46, 52, 56~57, 65, 82, 85, 100, 103,
   163, 189, 198, 218~219, 221~222, 232
유전자량 보전 ················ 152, 162
유전적 배경 ················· 136~137

융모생식샘자극호르몬 ········· 52
이중나선 ············ 7, 38~39
이형접합 대립유전자 ············ 35

ㅈ

자가면역질환 ············ 213
자연 실험 ············ 21
잡종 발생장애 ············ 177
저항(R) 유전자 ············ 141
전구 단백질 ············ 40, 42, 197
전립샘암 ············ 176, 215
전사 ············ 40~41, 46, 53, 83, 98, 197
전사인자 ······ 53~54, 60, 82~84, 98~99, 142
전성설 ········· 184~195, 199, 201~202, 204~206
절약 유전자 가설 ············ 92~93
절약 표현형 ············ 97~98
접합체 ······ 180, 184~188, 194~195, 204
정동장애 ············ 22
조르스 ············ 177
조산 ············ 77
종양 억제 유전자 ····· 216~217, 220~221, 230
종양 유전자 ······ 216~218, 220~221, 230
진화 생물학 ············ 130
집단 유전학 ············ 130

ㅊ

천축서과 ············ 128
치명적 노랑(A^L) 돌연변이 ············ 135

ㅋ

칸세코, 호세 ······ 48~49, 51~54, 56~57, 60~61
칼만 증후군 ············ 6~8, 233
캐슬, 윌리엄 ············ 129~130, 133
코르티손 ············ 76
코르티솔 ············ 74~77, 80~83, 100
콜린 ············ 104
크릭, 프랜시스 ············ 38, 132

ㅌ

타이곤 ············ 167
탈메틸화 ············ 8~9, 84, 172, 221, 224
태내 환경 ··· 9, 13, 24, 27, 79, 96, 98~99, 138, 144
태아 프로그래밍 ············ 97, 105
태즈메이니아데빌 ···· 208~214, 217, 219, 223, 226~227, 229~231
터너 증후군 ············ 167~169, 179
테스토스테론 ······· 50~51, 53~61, 76, 83
토구치, 오드리 ············ 228
티민 ············ 38, 41

ㅍ

페로몬 ·· 140
폐질환 ·· 23
포도당 못견딤증(불내성) ···················· 23
포배 ········183~184, 194~195, 204~205
포크너, 윌리엄 ······························· 166
폴리염화바이페닐(PCB) ··················· 175
표준적 유전자 ·································· 46
표현형 ································· 31, 132
프라더윌리 증후군(PWS) ········169~170, 172, 179

후성설 ·········· 185~186, 190~191, 193, 201~202, 204~206
후성유전적 유전 ·············· 28, 124, 138, 140~141, 143~146, 179~180, 234
후성유전적 유전자 조절 ···46~47, 83, 197
후성유전적 재프로그래밍·· 140, 143, 145, 178
흑색종 ······························· 200~201
히스톤 ·······102~104, 106, 155, 197, 220

ㅎ

하우스키핑 유전자 ·························· 153
할로, 해리 ············· 112~114, 117, 120, 122~123
합성 스테로이드 ······················ 48~51
해마 ············80~82, 84, 100, 117~118
행동주의 ······································ 113
헌팅턴병 ······································· 95
헤로도토스 ····································· 78
홀배수체 ························ 218~222, 230
홉스, 토머스 ································ 208
환경 독소 ······························ 175, 217
후각 기원판 ····································· 6
후성대립유전자 ······························ 44
후성돌연변이 ················· 142~143, 221

쉽게 쓴 후성유전학

초판 1쇄 발행일 2013년 12월 10일
초판 9쇄 발행일 2024년 8월 30일

지은이 리처드 C. 프랜시스
옮긴이 김명남

발행인 조윤성

편집 최안나 **디자인** 박지은 **마케팅** 서승아
발행처 ㈜SIGONGSA **주소** 서울시 성동구 광나루로 172 린하우스 4층(우편번호 04791)
대표전화 02-3486-6877 **팩스(주문)** 02-585-1755
홈페이지 www.sigongsa.com / www.sigongjunior.com

글 © 리처드 C. 프랜시스 2013

이 책의 출판권은 ㈜SIGONGSA에 있습니다. 저작권법에 의해
한국 내에서 보호받는 저작물이므로 무단 전재와 무단 복제를 금합니다.

ISBN 978-89-527-7069-1 03470

*SIGONGSA는 시공간을 넘는 무한한 콘텐츠 세상을 만듭니다.
*SIGONGSA는 더 나은 내일을 함께 만들 여러분의 소중한 의견을 기다립니다.
*잘못 만들어진 책은 구입하신 곳에서 바꾸어 드립니다.

WEPUB 원스톱 출판 투고 플랫폼 '위펍' _wepub.kr
위펍은 다양한 콘텐츠 발굴과 확장의 기회를 높여주는
SIGONGSA의 출판IP 투고·매칭 플랫폼입니다.